权威·前沿·原创

皮书系列为
"十二五""十三五"国家重点图书出版规划项目

贵州蓝皮书

BLUE BOOK OF
GUIZHOU

贵州大生态战略发展报告
（2019）

ANNUAL REPORT ON BIG ECOLOGICAL ENVIRONMENT
STRATEGY DEVELOPMENT IN GUIZHOU (2019)

主　　编／李　胜　麻勇斌
执行主编／周之翔
副 主 编／姚　鹏　才海峰

社会科学文献出版社
SOCIAL SCIENCES ACADEMIC PRESS（CHINA）

图书在版编目（CIP）数据

贵州大生态战略发展报告. 2019 / 李胜，麻勇斌主编. -- 北京：社会科学文献出版社，2019.6
（贵州蓝皮书）
ISBN 978 - 7 - 5201 - 4998 - 3

Ⅰ. ①贵… Ⅱ. ①李… ②麻… Ⅲ. ①生态环境建设 - 研究报告 - 贵州 - 2019 Ⅳ. ①X321. 273

中国版本图书馆 CIP 数据核字（2019）第 103590 号

贵州蓝皮书
贵州大生态战略发展报告（2019）

主　　编 / 李　胜　麻勇斌
执行主编 / 周之翔
副 主 编 / 姚　鹏　才海峰

出 版 人 / 谢寿光
责任编辑 / 陈　颖
文稿编辑 / 宋　静　张　超

出　　　版 / 社会科学文献出版社·皮书出版分社（010）59367127
　　　　　　地址：北京市北三环中路甲 29 号院华龙大厦　邮编：100029
　　　　　　网址：www. ssap. com. cn
发　　　行 / 市场营销中心（010）59367081　59367083
印　　　装 / 三河市东方印刷有限公司

规　　　格 / 开　本：787mm × 1092mm　1/16
　　　　　　印　张：25.75　字　数：387 千字
版　　　次 / 2019 年 6 月第 1 版　2019 年 6 月第 1 次印刷
书　　　号 / ISBN 978 - 7 - 5201 - 4998 - 3
定　　　价 / 158.00 元

本书如有印装质量问题，请与读者服务中心（010 - 59367028）联系

《贵州蓝皮书·贵州大生态战略发展报告（2019）》编委会

主要编撰者简介

李　胜　1976 年生，汉族，贵州省社会科学院党委常委、副院长。先后就读于青岛海洋大学、云南师范大学、中国人民大学，主修经济学、哲学、政治学，哲学硕士、法学博士。主要研究方向为马克思主义原理、思想政治教育、社会发展、发展经济。2008～2018 年在中共贵州省委宣传部工作，先后担任理论处副处长、理论处处长、宣传教育处处长、社科规划办主任，2012～2013 年参加省直赴平塘县党建扶贫队。2018 年调任贵州省社会科学院。在《国外理论动态》等多个省级以上刊物发表文章，参与或主持多项国家级、省级课题。

麻勇斌　1963 年生，苗族，贵州省社会科学院历史研究所所长、研究员，贵州省黔学研究院执行院长、贵州三线建设研究院执行院长，国务院特殊津贴专家，贵州省委办公厅"服务决策专家库"专家，贵州省人大常委会咨询专家，贵州省非物质文化遗产保护专家委员会委员。主要研究方向为苗族巫文化、民族文化产业、乡土建筑文化、生态文化。主持国家级、省部级课题多项，参与中宣部马工程重大课题 1 项。公开出版《贵州苗族建筑文化活体解析》等 7 部著作，计 260 余万字；发表学术论文 50 余篇；主编《王朝文文集——苗学研究与苗族发展》和《苗学研究》（第四辑至第十辑）等有关苗学研究成果 400 余万字；先后 6 次荣获国家民委、贵州省政府颁发的哲学社会科学优秀成果奖、文艺奖。

周之翔　1972 年生，汉族，历史学博士，贵州省社会科学院历史研究所副研究员，贵阳孔学堂入驻学者。学术兼职：贵州省黔学研究院副院长，贵阳孔学堂阳明心学与当代社会心态研究院秘书长等。主要研究方向：中国文化史、宋明理学、生态文明建设、湘黔等地方文化研究。主持完成国家清史修纂工程项目"湘军"子课题 1 项，主持完成湖南省社科规划基金项目 1 项。参加中宣部"马克思主义理论建设与实践工程"重大实践经验总结课题"贵州省牢牢守住发展和生态两条底线" 1 项。参加国家社科规划基金项目多项。发表论文 20 余篇，出版史籍点校整理著作 1 部。

姚 鹏 1988 年生，苗族，贵州省社会科学院历史研究所助理研究员，硕士。研究方向：地理标志产品认证、生态学、民族医药学。参与省部级课题 4 项，主持省领导圈示课题 1 项，参与编制贵州省地方标准 10 余项，参与《贵州省地理标志发展报告（2017）》、《中国薏仁米产业发展报告（2017）》及《中国薏仁米产业发展报告（2018）》蓝皮书编写，在省级以上刊物发表学术论文 10 余篇。

才海峰 1989 年生，汉族，贵州省社会科学院民族研究所助理研究员，硕士。主要研究方向：民族社会学、生态学。参与省部级课题 1 项，主持省领导圈示课题 1 项，参与省领导圈示课题 3 项，主持地厅级课题 1 项，参与地厅级课题 4 项，在省级以上刊物发表论文 10 余篇。

出版说明

　　为深入阐释贵州在习近平新时代中国特色社会主义思想指引下，认真贯彻落实习近平总书记对贵州工作的重要指示，落实高质量发展要求，守好发展和生态两条底线，推进大扶贫、大数据、大生态三大战略行动，加快国家大数据综合试验区、国家生态文明试验区、国家内陆开放型经济试验区建设方面的生动实践，中共贵州省委宣传部、贵州省社会科学院策划推出贵州实施大扶贫、大数据、大生态三大战略行动蓝皮书。

　　《贵州大生态战略发展报告（2019）》对贵州省和各市、州实施大生态战略行动的具体实践进行了全面调查和研究，对贵州在绿色屏障构筑、绿色制度建设、绿色家园建设、绿色文化培育和生态扶贫等方面进行了具体研究，并对贵州生态文明贵阳国际论坛、河长制的实施、磷化工"以渣定产"以及生态渔业发展等进行了专题探讨，同时收录了贵州实施大生态战略行动、推进生态文明建设的重要规范性法规文件和大事记，是贵州干部群众和生态文明建设学习者爱好者了解贵州大生态战略行动的重要参考读物。

摘　要

党的十八大以来，贵州牢记嘱托、感恩奋进，认真贯彻落实习近平总书记对贵州的重要指示精神，抢抓建设国家生态文明试验区战略机遇，抓住用好国家生态文明试验区"金字招牌"，2017年4月，明确提出了"大生态"战略行动，使之成为引领全省经济社会全面发展的纲目，与"大扶贫""大数据"共同构筑三足鼎立的重大战略行动格局。大生态战略行动实施两年以来，生态效益绿色经济正在持续井喷，绿色发展助推脱贫攻坚正在不断凸显，绿色体制机制政策效果正在叠加释放，把贵州生态文明建设和经济社会的全面协调发展推进到新的历史阶段。

《贵州蓝皮书·贵州大生态战略发展报告（2019）》，分为总报告、分报告、区域报告、专题报告和附录等五部分，第一次以蓝皮书的形式全面总结了贵州生态文明建设的情况，分析了存在的问题，提出了相应的对策建议。总报告系统总结了2018年贵州省大生态战略行动实施以来采取的重要措施、取得的成绩和经验，深入分析了2018年大生态战略行动推进的机遇与挑战，并对2019年推进大生态战略行动提出了对策建议。分报告以贵州大生态战略行动绿色屏障构筑、绿色制度建设、绿色家园建设、绿色文化培育、生态扶贫为主题，分别总结了各大主题的建设进展、措施与经验，对下一步工作推进进行情况分析，并提出相应的建议。区域报告具体总结了贵阳市、遵义市、六盘水市、安顺市、毕节市、铜仁市、黔东南州、黔南州、黔西南州以及贵安新区2018年以来推进大生态战略行动的情况与措施，指出相关问题，并提出相应的对策建议。专题报告调查、研究了生态文明贵阳国际论坛十年来的发展运行与成效经验，对论坛的下一步运行提出了建议。此外，还就贵州推进"河长制"等课题进行了专题研究，总结了贵州在河长制、磷化工企业"以渣定产"和生态渔业发展等方面的特色和经验。总体来看,贵州全省及各市、州和贵安新区的大生态战略在"五个绿色""五个结合""六个坚持""五场战役"等方面已经形成了高效、系统、协调的行动格局,在绿色经济、绿色治理、绿色屏障、绿色文化、绿色家园、生态脱贫等方面已经取得了重大成效,对后发地区实现绿色赶超积累了宝贵经验,形成一系列具有可复制性、可推广性的模式和路径。

大生态战略行动是贵州创造性地贯彻落实习近平生态文明思想和对贵州系列重要指示精神的重大举措,对于贵州守好发展和生态两条底线、推进国家生态文明试验区建设、促进供给侧改革和高质量发展、开创百姓富生态美的多彩贵州新未来具有重要意义,在全国具有首创性,对西部地区具有示范性。进入新时代,贵州将加快推进绿色贵州建设,加快构建绿色产业体系,持续打好污染防治攻坚战,以推进国家生态文明试验区为抓手全面深化生态文明体制改革,加快推进大扶贫、大数据、大生态三大战略行动融合发展,深化生态文明开放、交流与合作,推进形成生态文明宣传大格局,谱写好百姓富生态美的多彩贵州华美新篇章。

关键词: 贵州　大生态　战略行动

Abstract

Since the Eighteenth National Congress of the Communist Party of China, Guizhou has been earnestly implementing President Xi Jinping's directives concerning Guizhou's development and has been seizing strategic opportunities of developing the National Ecological Civilization Test Zone. Putted forward in April 2017, the ecological environment strategy has led provincially economic and social development and has been listed as the three main strategies of Guizhou together with the poverty alleviation strategy and the big data strategy. Since then, ecological benefits of the green economy as well as the dividend of the green system have been increased, while the green development has promoted poverty alleviation consistently. Comprehensive and coordinated development among the Eco-civilization, economy and society of Guizhou has ushered in a new era.

Covering the general report, sub reports, regional reports, special reports and an appendix, this Blue Book is the first attempt for Guizhou to summarize the situation of the Eco-civilization development and raise suggestions related. Summarizing key measures, progress and experience of the implementation of the ecological environment strategy by Guizhou since 2017, the general report deeply analyzes opportunities and challenges in 2019 and provides suggestions related. Covering five themes namely the construction of the green barrier, the development of the green system, the construction of the green homeland, the cultivation of the green culture and poverty alleviation through ecological measures, sub reports summarizes key progress, measures and experience independently and raises suggestions for future tasks. Regional reports concretely summarize situation, measures and suggestions related for Guiyang, Zunyi, Liupanshui, Anshun, Bijie, Tongren, Qiandongnan, Qiannan, Qianxinan and Guian New Area since 2017. Special reports provide suggestions improving the Eco Forum Global Guiyang based on investigation and researches on the forum's operation and experience in the past ten years. Furthermore, special reports are conducted in fields of the River Chief System as well as traditional experience and ecological knowledge for rice planting by Miao Nationality and summarize characteristics and experience relating to the River Chief System, production according to the waste residue by Phosphorus chemical industry and ecological fisheries. By efficient and systematical coordination among governments at all levels on the ecological environment strategy, great effects have been achieved in fields of the green economy, the green governance, the green barrier, the green culture, the green homeland and poverty alleviation. Valuable experience has been gained and a number of replicable and scalable models have been formed for the latecomer.

The ecological environment strategy is a significant measure by Guizhou to creatively implement the Eco-civilization thoughts and directives concerning Guizhou's development by President Xi Jinping. It is of nationwide original significance and leading significance in west China for Guizhou to balance the relationship between development and ecological environment, promote the construction of the National Ecological Civilization Test Zone as well as the supply-side structural reform and improve the well-being and ecological qualities in future. Stepping into the new era, Guizhou has been exerting sustained efforts to accelerate the construction of the green industry system, eliminate the pollution and promote the reform of the system of the Eco-civilization as well as the coordination among the big data, the poverty alleviation and the ecological environment strategy. Further, Guizhou has been continuously deepening the opening, exchange and cooperation of the Eco-civilization so as to enhance people's well-being as well as ecological environmental quality in Guizhou.

Keywords: Guizhou; The Ecological Environment; Strategy

目 录

Ⅰ 总报告

Ⅱ 分报告

Ⅲ 区域报告

Ⅳ 专题报告

Ⅴ 附录

皮书数据库阅读**使用指南**

CONTENTS

I   General Report

II   Sub Reports

III   Regional Reports

Ⅳ　Special Reports

Ⅴ　Appendices

总 报 告

General Report

B.1

贵州大生态战略行动发展概况与
2018~2019年形势预测

"贵州大生态战略行动发展报告"课题组 *

摘　要： 系统总结了2017年贵州省大生态战略行动实施以来采取的重要
措施、取得的成绩和经验，深入分析了2019年大生态战略行动
推进的机遇与挑战，并对2019年推进大生态战略行动提出了对

---

* 课题组组长：李胜，贵州省社会科学院副院长，法学博士，主要研究方向为马克思主义原理、
思想政治教育、社会发展、发展经济；执行组长：周之翔，贵州省社会科学院历史研究所副
研究员、博士，贵阳孔学堂入驻学者；课题组主要成员：麻勇斌，贵州省社会科学院历史研
究所所长、研究员；李照，中共贵州省委政策研究室干部；李文龙，中共贵州省委政策研究
室干部；邢启顺，贵州省社会科学院民族研究所副所长、副研究员；姚鹏，贵州省社会科学
院历史研究所助理研究员；才海峰，贵州省社会科学院民族研究所助理研究员；罗以洪，贵
州省社会科学院区域经济研究所副研究员；谢忠文，贵州省社会科学院文化研究所副研究员；
张云峰，贵州省社会科学院党建研究所副研究员；黄昊，贵州省社会科学院历史研究所副研
究员；陈加友，贵州省社会科学院工业经济研究所副研究员；刘杜若，贵州省社会科学院对
外经济研究所副研究员。本报告主要撰写人为周之翔、李照、李文龙、李胜、罗以洪、谢忠
文、姚鹏、陈加友、刘杜若。

策建议。贵州大生态战略行动在"五个绿色""五个结合""六个坚持""五场战役"等方面已经形成了高效、系统、协调的行动格局，在绿色经济、绿色治理、绿色屏障、绿色文化、绿色家园、生态脱贫等方面已经取得了重大成效，对后发地区实现绿色赶超积累了宝贵经验，形成一系列可复制、可推广的模式和路径。在经济发展新常态下，深入推进大生态战略要在开展国土绿化、加快绿色发展方式变革、推进污染防治攻坚、建好国家生态文明试验区、实施绿色扶贫富民惠民、推进大数据与大生态融合发展等方面持续发力、久久为功。贵州将以中央环保督察整改为契机，继续推进大生态战略行动，绿色制度体系将进一步完善，绿色基础设施建设将进一步夯实，绿色民生福祉将得到大幅度提升，绿色经济的增速将继续领跑全国。

关键词： 贵州　大生态战略行动　生态文明试验区

党的十八大以来，贵州牢记嘱托、感恩奋进，认真贯彻落实习近平总书记对贵州"守好发展和生态两条底线""创新发展思路，发挥后发优势""像对待生命一样对待生态环境"等重要指示精神①，抢抓国家生态文明试验区建设的重大战略机遇，用好这块"金字招牌"，将贵州生态文明建设和经济社会的全面协调发展推进到新的历史阶段，生态环境持续向好，经济社会发展全面进步，是党的十八大以来党和国家事业大踏步前进的一个缩影。2017年4月，中国共产党贵州省第十二次代表大会明确提出了大生态战略行动，成为引领全省经济社会发展的纲目之一，与大扶贫、大数据共同构筑了三足鼎立的重大战略行动格局。大生态战略行动实施两年以来，生态效益绿色经济正在持续井喷，绿色发展助推脱贫攻坚正在不断凸显，绿色体制机

---

① www.xinhuanet.com//2017－10/19/c_1121828266.htm.

制的政策效应正在叠加释放，全面总结大生态战略行动的措施、成果与经验，分析下一步的机遇与挑战，并提出建议和预测，对贯彻落实习近平总书记关于生态优先、绿色发展，推动"共抓大保护、不搞大开发"的指示精神，推进贵州国家生态文明试验区建设，筑牢长江经济带、粤港澳大湾区高质量发展的生态屏障，具有重要现实意义。

一　实施大生态战略行动的背景及意义

大生态是指人类为实现可持续发展必须达到的自然生态与社会生态和谐发展的整体运行状态。罗马俱乐部1972年发表研究报告《增长的极限》，预言人类经济增长不可能无限持续下去，进而预测因环境恶化而带来的世界性灾难即将来临，可持续发展逐渐成为人类应对日益严峻的生态环境危机的发展路径。因此，从全球视角认识人、社会与自然关系，从根本上解决经济增长方式，实现人类可持续发展是一个宏大而严肃的课题。本质上说，大生态是一场多维度、多层面展开的生存方式和发展方式的大变革，决定了我国生态文明建设是覆盖生产方式、生活方式、空间结构、产业结构、价值理念和社会治理等诸多领域的复杂系统工程。贵州是长江、珠江上游的生态屏障，丰富的自然资源、良好的生态环境、国家的大力支持，是实施大生态战略行动的重要基础，贵州实施大生态战略行动既是重大政治问题，也是重大民生问题，对贵州发展意义深远。

（一）牢记嘱托、感恩奋进，牢牢守好发展和生态两条底线的必然要求

习近平总书记对贵州生态文明建设特别关心、格外关注，先后多次指示贵州，"扎实推进生态文明建设""守住发展和生态两条底线，培植后发优势，奋力后发赶超，走出一条有别于东部、不同于西部其他省份的发展新路"①"开创

---

① http：//cpc. people. com. cn/n/2015/0706/c117005 - 27261404. html.

百姓富、生态美的多彩贵州新未来"①。习近平总书记对贵州的这些重要指示，为贵州加强生态文明建设指明了前进方向、提供了强大动力，是做好贵州各项工作的根本遵循。贵州要牢记嘱托、感恩奋进，把发展和生态两条底线守牢守好，这就要求把生态文明建设放在战略全局的位置，深入贯彻习近平生态文明思想，完成国家生态文明试验区建设任务。

（二）推动新一轮西部大开发形成新格局重要支撑极的战略路径

党的十九大提出要"强化举措推进西部大开发形成新格局"，党中央出台了《关于新时代推进西部大开发形成新格局的指导意见》，提出要围绕抓重点、补短板、强弱项，更加注重抓好大保护。良好的生态环境、区位优势和交通枢纽地位，是贵州后发赶超的优势，大生态战略行动将更好地促进贵州把资源优势、生态优势转化为经济发展优势，实现经济洼地向经济高地的跨越，为国家新一轮西部大开发建立生态文明建设与经济高质量发展样板和标杆，成为新一轮西部大开发形成新格局中重要的支撑极。

（三）打赢脱贫攻坚战、同步实现全面小康的战略选择

贵州是全国脱贫攻坚的主战场，打赢脱贫攻坚战既是贵州发展的历史性机遇，是光荣使命，也是严峻考验。截至 2018 年底，贵州尚有 155 万农村贫困人口，这些贫困群众大多分布在石漠化程度深、水土流失严重、生态环境恶劣的高寒深山区石山区。既要让这 155 万贫困群众脱贫致富奔小康，又要保护好良好的生态环境，实现百姓福和生态美的有机统一，必须要大力实施大生态战略行动，积极发展生态产业，将绿水青山变成金山银山。

（四）满足人民美好生活需要、提升群众获得感幸福感安全感的现实要求

生态环境建设事关党的使命宗旨、事关人民幸福生活、事关民族永续发

---

① www. xinhuanet. com//2017 – 10/19/c_ 1121828266. htm.

展。随着社会发展和人民生活水平不断提高，人民群众从"求生存"到"求生态"，从"盼温饱"到"盼环保"，对水、空气、食品等的安全性和环境、生态的舒适性等期盼越多、标准越高、要求越严，生态环境更加决定着人民群众的幸福指数。到2020年，贵州要与全国同步全面建成小康社会，必须不断满足人民群众对优美生态环境的需要，提供更多优质生态产品与美化、绿化、净化的生产生活空间，使美丽环境、优美生态成为勤劳贵州人民幸福生活的新增长点和多彩贵州美丽形象的新亮点。

二　贵州大生态战略行动实施内容与路径

自被列为首批三个国家生态文明试验区之一以来，贵州相继得到了中央一系列的重大政策支持，这也为贵州在新的起点上推动绿色发展奠定了坚实的基础，提供了无穷的原动力。以短期治标为出发点，长期治本为落脚点，标本兼治为行动要义，贵州不断加大对全省生态文明建设的统筹领导力度，全面系统地加强顶层设计，有条不紊地安排部署国家生态文明试验区建设。通过顶层设计筹划蓝图和系统谋划构建支柱，初步形成了以"五个绿色""五个结合""五场战役"为主要内容和特色的大生态战略行动路线图。

（一）以"五个绿色"为主要内容

大生态战略行动是涵盖经济社会全面发展的基础性、前瞻性建设行动，贵州结合国家要求、生态文明建设的理论要求与省情实际，将大生态战略行动的内容具体化为经济、家园、制度、屏障、文化等五个绿色。第一是发展以四型产业为主的绿色经济。以"生态产业化、产业生态化"为指导方针，引导具有技术含量、就业容量和环境质量的四型绿色产业加快发展、逐步壮大，加快建立及完善具有自身特色的绿色产业体系（见表1）。第二是打造以山水城市、绿色小镇及美丽乡村为主题的绿色家园。将绿色理念全面贯穿、融合于家园建设之中，加快城乡建设中的建筑绿色化进程。第三是完善以生态优先绿色发展为导向的绿色制度。不断完善绿色发展的市场规则、管控机制和绿色发展的指标体系，加快构建符合贵州实际、具有贵州特色的地方性法规，推动生态文明立法、执法、司法相统一。第四是以打好生态建设和污染治理为抓手筑牢绿色屏障。一方面大力猛攻污染防治的"突围战"，另一方面坚持不懈地打好生态建设的攻坚战，以确保全省的森林覆盖率在2020年达到60%以上。第五是培育多层次全方位进生活入思想的绿色文化。设立"贵州生态日"，深入开展绿色生活行动，推动绿色低碳出行，支持各地方、各部门开展特色鲜明的环保模范城市、园林城市、卫生城市以及绿色企业、绿色学校、绿色社区、绿色家庭等绿色创建活动。

表1　贵州"四型"产业主要内容

贵州"四型"产业	主要内容
生态利用型产业	山地旅游业
	大健康医药产业
	现代山地特色高效农业
	林业产业
	饮用水产业
循环高效型产业	原材料精深加工产业
	绿色轻工业
	再生资源产业
低碳清洁型产业	大数据信息产业
	清洁能源产业
	新能源汽车产业
	新型建筑建材产业
	民族特色文化产业
环境治理型产业	节能环保服务业
	节能环保装备制造业

资料来源：根据贵州省发展改革委发布《绿色经济"四型"产业发展引导目录》整理。

（二）以"五个结合"为外延路径

贵州提出要突出"生态＋"，把大生态理念贯穿经济社会发展各方面和全过程，做到立足生态抓生态，又跳出生态抓生态，实现生态与各方面工作的互促共进。将大生态与大扶贫有机结合，实现百姓富生态美有机统一；将大生态与大数据有机结合，实现传统产业数据化转型升级高质高效低污染发展，实现环境监测智能化，使预警更为科学灵敏；将大生态与大旅游有机结合，使生态建设与旅游互相支撑；将大生态与大健康有机结合，让绿色与健康相伴相随；将大生态与大开放有机结合，让绿色更加开放，一体推进国家生态文明试验区和国家内陆开放型经济试验区，达到"1＋1＞2"的效果。

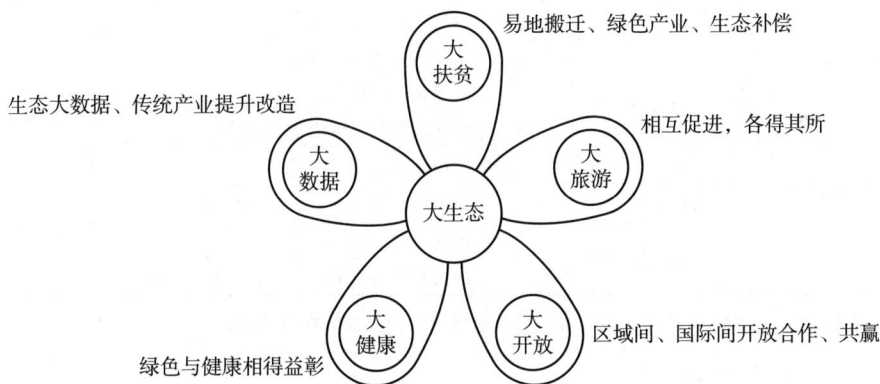

图1 大生态与大扶贫、大数据、大旅游、大健康、大开放五个结合示意

资料来源：根据《国家生态文明试验区（贵州）方案》整理。

（三）以"五场战役"为行动先导

随着贵州经济社会的持续高速发展，污染已逐渐成为贵州实施大生态战略行动面临的主要问题，贵州以最大的决心打好污染防治攻坚战，提出了坚决打赢蓝天保卫战役、碧水保卫战役、净土保卫战役、固废治理战役、乡村环境整治战役等"五场战役"，让生态文明建设成果既能得到广大人民群众的肯定认可，也能在历史长河中经得起检验。

表 2　五场战役主要内容

污染防治"五场战役"	主要内容
蓝天保卫战役	扬尘污染治理
	工业企业大气污染综合治理
	散烧燃煤治理
碧水保卫战役	城市黑臭水体攻坚
	饮用水水源地保护攻坚
	"双十"工程
	"百千万"清河行动
	"零网箱·生态鱼"渔业发展
	协同打好长江经济带水生态修复攻坚战
	城乡污水处理设施建设
净土保卫战役	土壤污染防治和修复
	工业企业污染防治
	医疗废物及其他废物污染防治
	垃圾污染防治
固废治理战役	重点抓好磷化工企业"以渣定产"治理
乡村环境整治战役	推进农村人居环境整治
	加快解决农村的垃圾、污水、厕所问题

资料来源：根据 2018 年、2019 年《贵州省政府工作报告》综合整理。

三　贵州实施大生态战略行动的措施与成效

大生态战略行动实施以来，贵州始终坚持"发展和生态两条底线一起守、绿水青山和金山银山两座山一起建、百姓富和生态美两个成果一起收"的战略行动方针，加快推进国家生态文明试验区建设，协同推进长江经济带建设，走出了把发展与生态统筹起来、统一起来的新路子，2019 年贵州省政府工作报告指出：全省 2018 年森林覆盖率达到 57%，新增造林面积 870万亩，县级以上城市空气质量优良天数比率保持 97% 以上，主要河流水质优良率达到 97.4%，主要河流出境断面水质优良率保持 100%，城市（县城）污水、生活垃圾无害化处理率分别提高到 91.49% 和 91.96%，万元生产总值能耗下降超过4%①。以"四型"产业为主的绿色经济在全省 GDP 中的比重已超过40%。同时，全省的 GDP 增长速度连续8年居全国前列。2018年12月，全国生态文明建设年度评价结果公报显示，贵州的公众生态环境满意程度在全国各省份中排名第二。

表3 贵州省2015～2018年主要资源环境指标情况

指标	2015 年	2016 年	2017 年	2018 年
森林覆盖率(%)	50.00	52.00	55.3	57.00
森林面积(万公顷)	880.00	916.00	974.20	1006.67
完成造林面积(万公顷)	28.00	35.20	66.67	34.67
森林蓄积量(亿立方米)	4.13	4.25	4.49	4.68
县级以上城市空气质量优良天数比率(%)	—	96.6	96.5	97.0
森林公园(个)	78	94	97	—
城市生活垃圾无害化处理率(%)	84.7	88.7	90.6	91.49
城市污水处理率(%)	90.0	90.5	90.8	91.96
二氧化硫去除率(%)	76.1	85.0	84.6	
烟(粉尘)去除率(%)	99.2	99.6	99.9	
每万元地区生产总值能耗上升或下降(%)	-7.46	-6.96	-7.01	
规模以上工业万元增加值能耗上升或下降(%)	-10.84	-6.10	-8.53	
绿色经济占地区生产总值比重(%)	—	33	37	40

资料来源：根据2016年、2017年、2018年、2019年《贵州省政府工作报告》，《贵州统计年鉴》(2016、2017、2018) 综合整理。

（一）着力发展绿色经济，绿色转型不断加快

1. 绿色经济倍增计划稳步有力

2016年9月，印发《贵州省绿色经济"四型"产业发展引导目录（试

---

① 《2019年贵州省政府工作报告》，人民网，http://gz.people.com.cn/GB/n2/2019/0201/c390588_32604421.html。

行)》，目录中包含了山地旅游业、大健康医药产业等 15 个大项产业及 400 项具体条目，发布了 300 余个与大生态及绿色经济相关的项目，总投资达到 2500 多亿元，同时也建立了全国首个"绿色金融"保险服务创新实验室。设立贵州省节能低碳产业基金，基金规模 5 亿元，期限 10 年；设立的贵州赤水河流域生态环境保护投资基金，规模 20 亿元，期限 10 年①。2018 年全省 1625 户实体经济企业与大数据实现深度融合，大数据与实体经济深度融合发展水平指数 36.9，比 2017 年提升 3.1②。建成 2 个国家工程技术研究中心，高新技术企业突破 1000 家，通过支持澳能（毕节）压缩空气储能等一批以绿色科技为支撑的项目，在压缩空气储能、光伏发电、新能源汽车、绿色材料等绿色产业领域取得了显著的经济和社会效益，新经济、民营经济占比分别达到 19% 和 55%，绿色经济占地区生产总值比重从 2016 年的 33%，提高到 2017 年的 37%、2018 年的 40%。

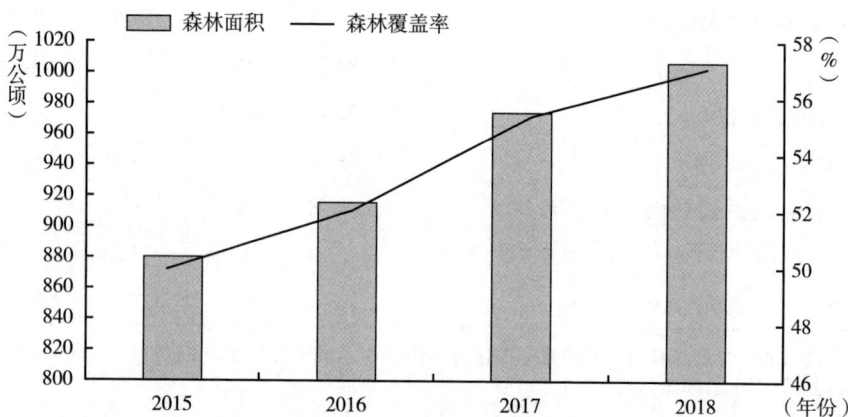

图 2 贵州省 2015～2018 年森林覆盖面积统计

资料来源：根据 2016 年、2017 年、2018 年、2019 年《贵州省政府工作报告》综合整理。

---

① 《中国共产党贵州省第十二次代表大会报告关键词解读》。
② 《2019 年贵州省政府工作报告》，人民网，http://gz.people.com.cn/GB/n2/2019/0201/c390588_32604421.html。

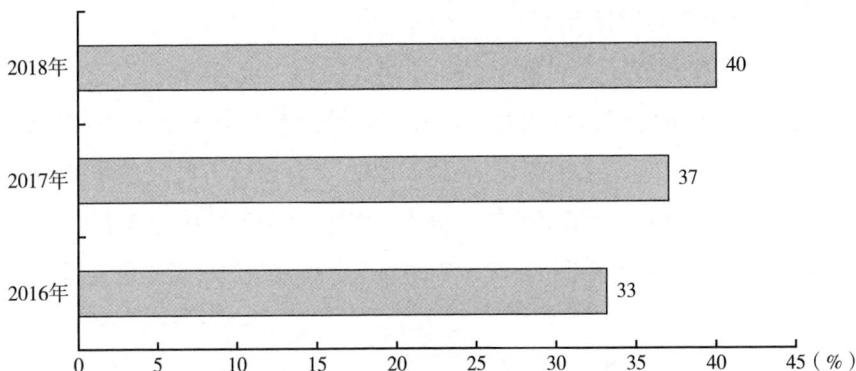

图3 贵州省2016～2018年绿色经济占生产总值比重统计

资料来源：根据2017年、2018年、2019年《贵州省政府工作报告》综合整理。

2. "双千工程"有重大突破

"千企改造"成效明显。自2016年"千企改造"启动以来，技改升级的工业企业达到3740余户、项目4290余个，完成投资2583亿元，占规模以上工业企业总数比重接近70%。2018年的"千企改造"企业数达到了1688户，项目数达到了1892个，投资总额达到了1600亿元，带动的技改投资也达到1000亿元以上。制定实施《贵州省绿色制造三年行动计划（2018～2020年）》。"工业云"获批国家"2018年工业互联网创新工程"批支持项目，主要工业设备联网上云数量达到1684台。2018年新增省级工业品牌培育示范企业10户、企业技术中心11户、技术创新示范企业7户。同时经遴选，全省的省级"千企改造"龙头企业达到89户，而高成长性企业达到127户，共启动实施的示范项目数达到了278个，投资总额达到近400亿元。"千企引进"实现突破性进展，仅2017年就新引进省外投资项目5000多个，2018年引进技术含量高、成长性好的企业1100多家，其中苹果、高通、华为、富士康、腾讯、阿里巴巴等120多家500强企业落户贵州。新增规模以上工业企业680户，上云企业突破1万户①。

---

① 《2019年贵州省政府工作报告》，人民网，http://gz.people.com.cn/GB/n2/2019/0201/c390588_32604421.html。

3. 能源运行新机制运行良好

2018 年，贵州省印发《关于进一步落实能源工业运行新机制加强煤电要素保障促进经济健康运行的意见》和《加快煤炭工业转型升级高质量发展三年行动方案》，全省关闭煤矿 74 处，压减产能 1038 万吨，采煤机械化程度达到 71.7%，比上年提高 8.6 个百分点，发电量达到 2118 亿千瓦时，电煤供应量达到近年来最好水平，持续多年的冬季电煤紧张状况得到极大缓解①。

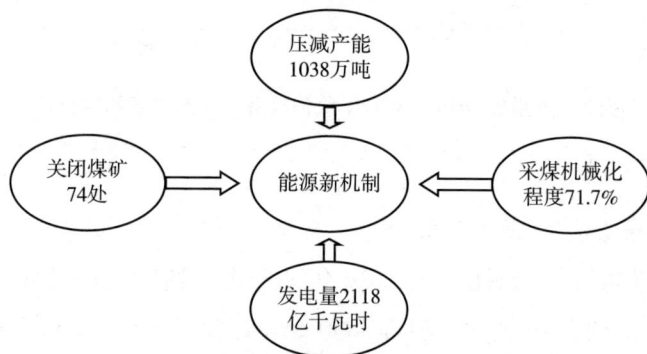

图 4 贵州省 2018 年运行能源新机制效果

资料来源：根据《2019 年贵州省政府工作报告》整理。

4. 农林产业迅速壮大

贵州省提出在全省来一场振兴农村经济的深刻的产业革命，全省范围内 500 亩以上的坝区农业结构实现有效调整，调减的 785.19 万亩低效玉米被种植为高效经济作物，刺梨、石斛、油茶、竹四类产业种植面积分别达到 260.31 万亩、11.3 万亩、263.4 万亩、419.93 万亩。已初步建立全省林业项目库，筛选入库的项目数达到 771 个。同时与 6 家银行达成并签订了战略合作协议，林业招商引资签约的项目达到 183 个。培育国家级林业龙头企业 4 家，省级龙头企业达 178 家，各类新型林业经营主体 166 个。建成并投入使用的国家森林康养基地达到 40 家，省级森林康养试点基地达到 32 家。贵

---

① 《2019 年贵州省政府工作报告》，人民网，http://gz.people.com.cn/GB/n2/2019/0201/c390588_32604421.html。

定县被授予"国家森林生态标志产品生产基地创建试点县"称号，13家企业被授予"国家森林生态标志产品建设试点单位"称号，15家企业的生态产品通过国家认证，盘州市获批为"国家级出口刺梨食品农产品质量安全示范区"，贵州林业品牌竞争力正逐步增强。

（二）着力加强生态扶贫，绿色福祉不断提升

贵州作为全国的脱贫攻坚主战场，是贫困人口集中区，同时也是重要生态功能区和生态脆弱区，这也让贵州成为污染防治攻坚战主要战场之一。近年来，贵州始终将生态保护与脱贫攻坚紧密结合起来，协同打好脱贫与污染防治两场攻坚战，开辟出一条既能实现发展来消除贫困，又能保护生态环境的新路，最终实现百姓富与生态美的有机统一。

1. 易地扶贫搬迁成绩卓然

易地扶贫搬迁取得阶段性显著成效，2016年完成搬迁45万人，2017年完成搬迁76万人，2018年完成搬迁6.82万人，整体搬迁自然村寨达10090个，近200万群众搬出山沟。贵州易地扶贫搬迁也入选中央在十九大前夕举办的"砥砺奋进的五年"大型成就展。

2. 生态扶贫十大工程已见成效

2018年1月，印发《贵州省生态扶贫实施方案（2017～2020年）》（黔府办发〔2018〕1号），提出实施退耕还林建设扶贫工程、森林生态效益补偿扶贫工程等生态扶贫十大工程。2018年，兑现退耕还林补助资金23.53亿元、公益林生态效益补偿资金10.07亿元。通过生态护林员实现精准扶贫，全省生态护林员提供长期就业岗位6万个，直接带动20万以上贫困人口脱贫。通过林业重大生态工程实施带动脱贫，全省83%左右的林业建设项目资金安排在集中连片贫困地区，327个林业工程项目优先吸纳建档立卡贫困劳动力逾16万人次参与工程建设，支付劳务报酬3.19亿元，人均获得近2000元劳务报酬。①

---

① 《2018年贵州省国土绿化公报》，http://www.guizhou.gov.cn/zfsj/tjgb/201903/t20190318_
2316992.html。

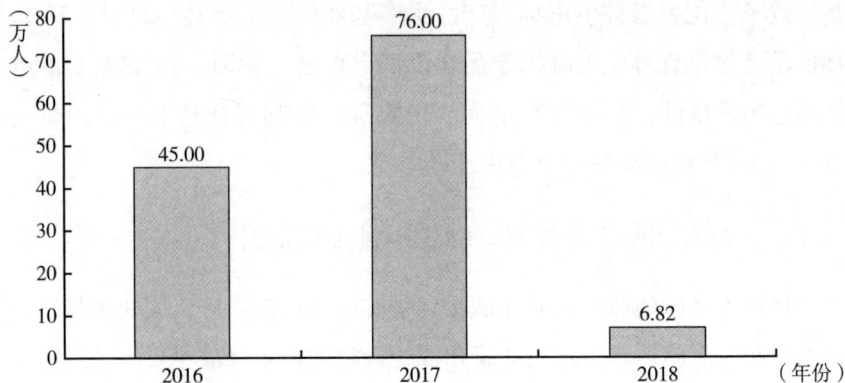

图 5　贵州省 2016～2018 年易地扶贫搬迁人口统计

资料来源：根据 2017 年、2018 年、2019 年《贵州省政府工作报告》综合整理。

3. 绿色产业扶贫推进较快

2017 年 6 月，贵安新区成为全国首批同时也是西南地区唯一获准开展绿色金融改革创新的国家级试验区，先后实施亚玛顿光电公司光伏扶贫项目、贵安新区电投公司分布式能源项目、贵澳农业公司绿色订单等项目，助推绿色产业扶贫。2018 年，贵州实施绿色产业扶贫项目达 1.5 万余个，200余万贫困群众受益，有力推动了贵州打赢脱贫攻坚战。

（三）着力加强绿色治理，环境质量更加优美

贵州积极推进生态环境治理，不断增强以绿色理念引领绿色发展的领导力和行动力，对各类破坏生态环境的行为"零容忍"，让绿色发展成为"硬约束"而不是"橡皮筋"。

1. 中央环保督察整改任务落实迅猛

2017 年 4 月 26 日至 5 月 26 日，中央第七环境保护督察组对贵州开展环境保护督察工作。2018 年 11 月 4 日至 12 月 4 日，中央第五生态环境保护督察组对贵州开展环境保护督察"回头看"。针对中央环保督察反馈的问题，贵州迅速出台了《贵州省贯彻落实中央第七环境保护督察组督察贵州反馈意见整改方案》，细化问题、落实责任，实行挂图作战。强力推进草海自然

保护区问题整改，保护区内主要违章建筑基本拆除。① 强化监督问责，先后2批次开展"五个一批"专项行动，排查出具体问题233个；跟踪督察问题整改情况，约谈干部1212名，问责干部378名，处理314人。强化保障，累计投入整改资金533.4亿元。② 贵州省整改情况通报显示，截至2018年8月底，中央环保督察组反馈的72个问题已完成整改49个，72个问题分解成385个子问题完成整改330个，其余问题正在有序推进整改。中央环保督察反馈的3478件群众举报投诉件全部办结，责令整改企业1538家，约谈1208人，问责375人③。

2. "双十"污染治理扎实推进

2017年3月，印发《贵州省环境保护十大污染源治理工程实施方案》和《贵州省十大行业治污减排全面达标排放专项行动方案》（黔府办发〔2017〕9号），梳理排查出重点区域、重点流域、重点企业的十大污染源，由省领导包干负责进行工程化治理。同时，对污染物排放量大的磷化工等十大行业实施治污减排全面达标排放专项行动，共涉及重点企业1808家，2017年已完成755家达标整治，2018年已通过整治达标542家，停产或关停503家，8家正在整治。

3. 磷化工企业"以渣定产"成效明显

按照"谁排渣谁治理，谁利用谁受益"的原则，提出磷化工企业"以渣定产"，将企业消纳磷石膏与当年磷酸等产品生产挂钩，以当年利用磷石膏的数量确定磷化工企业当年的产量。相继出台《关于推进磷石膏资源综合利用的意见》《磷石膏"以渣定产"工作方案》《贵州省磷化工产业转型升级方案》等政策文件。磷石膏板材、砌块、复合材料和建筑装饰材料等推广应用初具规模，正霸公司、蓝图公司等一批磷石膏资源综合利用项目相

---

① 最新统计数据显示：共拆除草海保护区规划红线内违建房屋5590户、面积61.8万平方米，贵州省人民政府网，www. guizhou. gov. cn/xwdt/gzyw/201905/t20190510_ 2532146. html。

② 《贵州省对外公开中央环境保护督察整改情况》，贵州省人民政府网，www. guizhou. gov. cn/xwdt/gzyw/201809/t20180928_ 1660351. html。

③ 《贵州省对外公开中央环境保护督察整改情况》，贵州省人民政府网，www. guizhou. gov. cn/xwdt/gzyw/201809/t20180928_ 1660351. htm。

继建成投产。2018 年贵州磷石膏综合利用率达 67%，比 2017 年提高 24 个百分点。[①]

4. 治理破坏生态环境行为力度不断加大

坚决铁腕整治破坏生态环境的行为，2017 年以来，全省共查处环境违法案件 5000 余件，处罚金额 4.8 亿元，移送公安机关行政拘留案件 303 件，向司法机关移送涉嫌环境犯罪案件 30 件。[②] 2018 年全省各级环保部门共查办环境行政处罚案件 1184 件，罚款金额 16516 万元。全面落实森林管护，全面禁止天然林商品性采伐，持续推进"绿剑 2018""清网行动"等专项执法行动，全省纳入 2018 年调度达到刑事立案标准的涉林案件 4278 起，移送司法机关 3899 起；纳入 2018 年调度涉林行政案件 6191 起，查结 4997 起。依法办理建设项目使用林地 2207 项，使用林地面积 17.32 万亩。[③]

5. 污染防治"五场战役"成绩斐然

蓝天保卫战方面，出台《贵州省打赢蓝天保卫战三年行动计划》，全面完成国家"大气十条"目标任务，国家考核结果为"优秀"。碧水保卫战方面，与云南、四川两省共同签署《赤水河流域横向生态补偿协议》。推进流域横向生态补偿，在乌江、清水江、红枫湖、赤水河四大流域开展生态补偿，补偿金额 3.1 亿元。修订《贵州省饮用水水源环境保护办法》，新增 55 个水源地、依法依规调整优化 34 个水源地保护区，开展环境隐患排查及专项整治 1649 个农村千人以上集中式饮用水水源地。拆除网箱 33752.5 亩，实现全域"零网箱"。净土保卫战方面，顺利完成 2018 年重点行业重金属污染物减排年度目标。对独山县锑矿采选、冶炼行业执行特别排放限值，提高排放标准。完成 3 个土壤污染修复与治理技术应用年度试点项目。按国家要求建立并录入"全国污染地块土壤环境管理系统"的地块名单有 96 块。

---

① 《2019 年贵州省政府工作报告》，人民网，http：//gz. people. com. cn/GB/n2/2019/0201/c390588_ 32604421. html。

② www. guizhou. gov. cn/xwdt/gzyw/201809/t20180928_ 1660351. html.

③ 《2018 年贵州省国土绿化公报》，贵州省人民政府网，http：//www. guizhou. gov. cn/zfsj/tjgb/201903/t20190318_ 2316992. html。

固废治理战役方面，出台《关于加快磷石膏资源综合利用的意见》，100万吨/年磷酸钙资源循环利用和100万吨/年高纯度硫酸钙、纳米硫酸钙可研已完成，200万立方米/年磷石膏墙板生产线已投产。编制完成《贵州省第一批一般工业固体废物公共贮存、处置场选址规划》，完成19个工业园区渣场选址。全省县级以上城市建成区医疗废物无害化处置实现"全覆盖"，新增危险废物处置能力25万吨/年。乡村环境整治战役方面，实施村庄规划管理、农村生活垃圾全面治理、农村生活污水治理梯次推进、村容村貌整治等四大工程，2018年中央、省级投入30034万元支持424个行政村开展以农村饮用水源地保护、农村污水及垃圾处理为主的环境整治，农村"厕所革命"超额完成，全省完成93.7万户农村户用卫生厕所改造，完成5320个村级公共厕所改造。截至2018年底，全省拥有587.71万户农村户用卫生厕所，1.06万个行政村建有公共厕所，1177个行政村粪污得到资源化利用。①

（四）着力建设绿色生态，绿色屏障更加稳固

贵州自然生态环境具有两面性，一方面生态良好，另一方面又十分脆弱。为此，贵州把生态建设摆在突出位置，在生态建设上攻坚突破，牢牢守好山青、天蓝、水清、地洁四条生态底线，坚决守好贵州这片宝贵的生态环境。

1. 绿色贵州建设行动持续深入

贵州分两次实施绿色贵州建设三年行动计划，2015～2017年顺利实现目标，共计完成营造林面积1928万亩。从2018年12月开始，又实施三年行动计划，确保实现2020年森林覆盖率达到60%以上目标。2015年以来，贵州连续5年全面推行五级干部春节后上班第一天带头上山植树造林，带动全省工程化植树造林。

2. 生态修复力度加大

2018年，全省石漠化综合治理面积达到144.19万亩、退耕还林面积达

---

① 赖盈盈：《贵州扎实推进农村人居环境整治各项工作》，《贵州日报》2019年3月14日第8版。

到 9.6 万亩、天然林资源保护面积达到 10 万亩、长江防护林面积达到 10 万亩、珠江防护林面积达到 3.6 万亩,其他营造林面积 342.61 万亩。2018 年 7 月 2 日,第 42 届世界遗产大会在波斯湾西岸巴林首都麦纳麦举行,随着梵净山成功列入世界自然遗产名录,贵州的世界自然遗产达到 4 处,成为中国最多的省份(见表 4)。

表 4 中国(贵州)的世界自然遗产名录

序号	名称	所在地	入选时间
1	黄龙	四川	1992.12.7
2	九寨沟	四川	1992.12.7
3	武陵源	湖南	1992.12.7
4	三江并流	云南	2003.7.2
5	四川大熊猫栖息地	四川	2006.7.12
6	中国南方喀斯特	贵州(2 处)、云南重庆、广西	2007.6.27(一期) 2014.6.23(二期)
7	三清山	江西	2008.7.8
8	中国丹霞	贵州、福建、湖南、广东、江西、浙江	2010.8.1
9	澄江化石地	云南	2012.7.1
10	天山	新疆	2013.6.21
11	神农架	湖北	2016.7.17
12	可可西里	青海	2017.7.7
13	梵净山	贵州	2018.7.2

3. 省市县乡村五级河长体系全面建立

出台《全面推行河长制总体工作方案》,结合实际将国家河长制的"六大任务"细化成 11 项任务。构建五级党政领导的河长体系。省委书记、省长担任省级总河长,同时兼任乌江干流及其流域内 6 座大型水库的省级河长。在八大水系干流及主要一二级支流、县级以上饮用水水源地,聘请水利环保专家等义务担任民间河湖监督员。全省设省市县乡村五级河长 22755 名,聘请河湖监督员、保洁员近 2.5 万人,实现各类水域全覆盖,全省出境断面水质优良率保持 100%。

4. 绿色家园建设进展较快

创建国家级园林城市 3 个、省级园林城市 4 个、省级园林县城 1 个。新增城市（县城）建成区绿地面积 4827.01 万平方米，城市公园绿地面积 652.20 万平方米。新增城市绿道绿廊 70.90 公里。不断加大国省干线公路绿化建设，2018 年全省在建高速公路绿化资金投入 11.49 亿元，全省高速公路养护工程（绿化）投入 3.87 亿元。实施"多彩贵州·青春绿动——绿色大学城三年行动计划"，在植树节前后组织动员 13.5 万人次团员青年植树 1.02 万亩。深入推进森林城市建设，建成国家森林城市 2 个，省级森林城市 32 个、森林乡镇 70 个、森林村寨 193 个、森林人家 1100 户。①

（五）着力深化绿色改革，制度保障更加夯实

1. 生态文明制度建设走在前列

大力推进《国家生态文明试验区（贵州）实施方案》落实，相继对 100 余项生态文明制度进行改革。率先在全国制定出台《贵州省环境保护失信黑名单管理办法（试行）》，以信用监督促进企业持续改进环境保护。研究制定《贵州省生态环境损害赔偿制度改革试点工作实施方案》，积极构建"补植复绿""矿山修复"等多种方式的生态环境损害修复治理机制。率先出台并实施全国首部省级生态文明地方性法规《贵州省生态文明建设促进条例》，颁布实施《贵州省大气污染防治条例》等 30 余件配套法规。在环保法庭设置、环境行政公益诉讼、生态司法修复、生态文明律师服务团和生态环境保护人民调解委员会建设等方面全国领先。率先发布了全国第一份生态环境损害赔偿司法确认书。其中，组建环保法庭、颁布生态文明建设促进条例等创新举措在全国产生较大影响。此外，走在全国前列的还有编制自然资源资产负债表、自然资源资产离任审计以及环保公益诉讼、绿色金融、生态补偿等多项试点工作。

2. 生态产品价值实现机制试点省建设初见成效

全省已有 16 个县市纳入国家重点生态功能区，绿色农产品的无公害、

---

① 《2018 年贵州省国土绿化公报》。

有机、绿色及地理标志产品产地认证面积达到了51.2%，有机农产品认证量排名全国第二。在全国率先出台生态扶贫专项制度，实施生态扶贫十大工程，开展单株碳汇精准扶贫试点。

3. 区域协作机制迈向新阶段

与长江经济带有关省（市）建立了司法鉴定工作协调发展合作机制，云、贵、川三省共同设立了赤水河流域横向生态保护补偿基金，与重庆建立了绿色产业、绿色金融等领域务实合作机制，打好借助外力与自身努力"组合拳"，协同治理突出的环境问题。

（六）着力厚植绿色文化，生态氛围更加浓厚

1. 连续成功举办生态文明贵阳国际论坛

2018年，论坛年会共有来自35个国家和地区的2426名嘉宾参会，全球共有120余家媒体1200名记者参与报道，习近平总书记再次发来贺信，联合国秘书长安东尼奥·古特雷斯专门发来视频致辞，论坛的国际化、高端化及品牌化已日益凸显。

2. 设立贵州生态日

确立每年6月18日为"贵州生态日"，同时举办生态日相关推广宣传系列活动，如"保护母亲河·河长大巡河""巡河、巡山、巡城"等，全省的五级干部、河长的植树增绿及巡河护绿制度已进入常态化。

3. 绿色创建活动影响大效果好

全省生态县、生态村等生态文明创建活动蓬勃开展，共创建国家级生态示范区11个、生态县2个、生态乡镇56个、生态村14个，省级生态县7个、生态乡镇374个、生态村515个。① 2018年，全省评选出30名（十大生态护林员、十大环保卫士、十大生态环保志愿者）在生态文明建设工作中表现突出的个人为全省生态文明建设先进个人。

---

① 《2018多彩贵州大事记》，《贵州日报》2018年12月22日第5版。

表5　贵州生态文明建设先进个人名单

序号	十大生态护林员	十大环保卫士	十大生态环保志愿者
1	吴宗能　遵义市正安县和溪镇护林员	曲明昕　贵阳市环境监测中心站主任	雷月琴　贵阳市物资回收公司职工
2	杨正达　贵州省国有扎佐林场护林员	罗应鹏　遵义市环境监测中心站原副站长	黄成德　贵阳公众环境教育中心主任
3	王永仁　黔西南州望谟县国有林场护林员	李菁华　黔南州环境监测中心站副站长	王吉勇　贵阳黔仁生态公益发展中心主任
4	黄开华　贵阳市开阳县禾丰乡护林员	董理　贵州省环境监察局主任科员	袁子婵　遵义市湄潭县农牧局水产工作（渔政管理）站副站长
5	张有光　安顺市普定县坪上镇丰林火焰山护林员	阳家茂　六盘水市钟山区环境监察大队大队长	张高峰　六盘水市委办公室秘书二科副科长
6	王春　毕节市赫章县雉街乡天保工程林管员	邹伟　贵州省公安厅治安总队民警	皮晓江　安顺市水务局质安站高级工程师
7	杨林　六盘水市六枝特区岩脚镇建档立卡贫困人口生态护林员	单光磊　贵州省公安消防总队司令部战训处助理工程师	方艺　毕节市织金县青年志愿者协会会长
8	蔡仕清　铜仁市石阡县汤山镇护林员	罗光黔　清镇市人民法院环境资源审判庭庭长	高治江　黔南州林业局森林资源管理科科长
9	向德义　黔东南州黄平县旧州镇建档立卡贫困人口生态护林员	龙霞　黔东南州凯里市环境保护局副局长	王龙刚　呵护地球环保志愿者协会秘书处负责人
10	岑义胜　黔南州独山县麻万镇麻万居委会生态护林员	李能　铜仁市环境保护局副主任科员	杨光红　贵州医科大学公共卫生学院党委书记

资料来源：《关于表彰全省生态文明建设先进个人的决定》（黔发改环资〔2018〕686号）。

四　贵州实施大生态战略行动的实践经验

贵州大生态战略行动推进两年来，积累了许多富有实践意义的经验。新时代推进大生态战略行动不断取得新成就、迈向新阶段，需要保持战略定力，始终做到"六个坚持"。

（一）坚持顶层设计与试验探索相结合，构建大生态战略行动的完备体系

生态文明建设是一项系统工程，不仅需要从国家与省域层面全面深入考虑，搞好顶层设计和整体部署，而且需要从推进视角先行试验方面做好实践探索和经验总结。贵州相继出台《关于推动绿色发展建设生态文明的意见》《关于全面加强生态环境保护坚决打好污染防治攻坚战的实施意见》，系统构建了大生态战略行动的"四梁八柱"。相继开展领导干部自然资源资产离任审计试点、生态文明大数据建设等制度创新试验，在贵阳市、遵义市、贵安新区开展生活垃圾强制分类试点。

（二）坚持抓具体与抓深入相结合，推动大生态战略行动项目化落实

注重把大生态战略行动具体化，将大生态战略行动主要任务细化为绿色产业、绿色家园、绿色屏障、绿色制度、绿色文化"五个绿色"，又将绿色产业细化为四型十五种产业，绿色家园细化为山水城市、绿色小镇、美丽乡村、和谐社区，绿色屏障细化为打好生态建设"攻坚战"、污染治理"突围战"、环境监管"持久战"。将污染防治攻坚战细化为蓝天保卫、碧水保卫、净土保卫、固废治理以及乡村环境整治五个方面，做到有抓手、有重点，可操作、能落实，有力推动了大生态战略行动落地见效。

（三）坚持绿水青山与金山银山相结合，将生态优势转化为发展优势

牢固树立绿色财富观、资源观、开发观，把"绿色＋"融入经济社会发展各方面，协同推动经济高质量发展和生态环境高水平保护，真正实现"生态建设高颜值，经济发展高品质"，经济增速连续8年位居全国前列。充分利用优美的自然生态环境，依托全域山地资源优势，大力发展乡村旅游、绿色旅游，培育"山地公园省·多彩贵州风"旅游品牌，旅游业持续保持"井喷式"发展势头，绿水青山源源不断带来了金山银山。

（四）坚持脱贫攻坚与生态建设相结合，推动"绿色贫困"转向"美丽富饶"

贵州重要生态功能区、生态脆弱区与贫困人口集中区高度重合，是精准脱贫和污染防治两大攻坚战的共同战场。贵州坚持以脱贫攻坚统揽经济社会发展全局，在大生态战略行动中，深入实施生态扶贫十大工程，大力实施易地扶贫搬迁，以生态建设保护和修复为抓手，促进贫困人口增收脱贫、稳定致富，在脱贫致富中不断加强生态修复和环境保护，实现了大扶贫与大生态的良性互动、共生双赢。

（五）坚持重点治理与全面建设相结合，污染防治攻坚战和生态文明建设持久战协同推进

生态建设和污染防治，一攻一守，密不可分。贵州坚持协同发力做好减法降低污染物排放量，做好加法扩大环境容量。坚持重点治理与整体推进相结合，既集中力量打好污染防治攻坚五场战役，着力解决环境突出问题，又持之以恒抓好生态文明建设持久战，深入推进绿色贵州建设，开展大规模国土绿化行动，实现了治污与增绿的两手抓、双促进。

（六）坚持抓住"关键少数"与发动"绝大多数"相结合，推动形成共建共享的生态文明建设格局

生态环境是最普惠的公共产品，任何单位和个人身在其中，都不能置身事外。各级党委政府是重要的组织实施者，企业是污染排放的重要主体。贵州坚持抓住各级党员领导干部和各类污染排放企业这些"关键少数"，引导和带动广大人民群众这些"绝大多数"，增强全民节约意识、环保意识、生态意识，营造了齐心协力推进大生态战略行动、共建生态文明的良好氛围。

五　贵州推进大生态战略行动的环境分析

（一）面临的重大机遇

1. 生态文明建设上升为中华民族永续发展的根本大计，上升为党的执政理念和国家意志，为贵州大生态战略行动奠定了坚实的政治基础

党的十八大提出，建设生态文明，是关系人民福祉、关乎民族未来的长远大计。党的十九大提出，建设生态文明是中华民族永续发展的千年大计。在全国生态环境保护大会上，习近平总书记深刻指出：生态文明建设是关系中华民族永续发展的根本大计。从"长远大计"上升到"千年大计"，再上升为"根本大计"，新时代的生态文明建设战略地位进一步凸显、战略作用进一步增强，在政治上为贵州深入推进大生态战略行动奠定了坚实基础。

2. 牢牢守好发展和生态两条底线，开创百姓富、生态美的多彩贵州新未来成为全省共识，为大生态战略行动奠定了坚实的思想基础

省委、省政府高度重视在发展中保护，在保护中发展，坚持走经济效益、社会效益、环境效益同步提升的路子，把守好"两条底线"和树立正确的政绩观，不简单以 GDP 论英雄，坚持把生态质量评价作为全面建设小康社会的三项核心指标之一，列入以县为单位开展同步小康创建活动，强化政府的相关绩效考核，让生态与发展相互促进、实现共赢。五级干部植树增绿、五级河长巡河护绿成为一种工作生活习惯，多彩贵州绿成为新时代贵州发展最厚重的主色调。百姓富、生态美有机统一，成为全省各级干部和群众的思想自觉和行动自觉。

3. 良好的生态环境优势和不断提升的环境保护能力，为大生态战略行动提供了扎实的支撑条件

大生态战略行动实施以来，贵州不断加强环保能力建设，在重点减排工程、环保实事、污染防治设施建设、管理能力建设等方面取得积极进展，全面提升了工业化、城镇化进程中的治污支持能力。这为推动绿色、循环、低

碳的生态经济发展，使贵州成为资源能源富集，生态环境脆弱、经济欠发达地区转型发展和绿色崛起的典范提供了扎实的物质资源。

4. 不断健全和完善的生态文明体制机制，为大生态战略行动提供了有力的制度支持

贵州在生态文明体制机制改革上大胆先行先试，抓住源头严防、过程严管、后果严惩三个环节，通过探索建立自然资源资产产权制度、划定生态红线、建立生态补偿机制等建立和完善源头严防制度体制；通过实施严格的水、大气环境质量监测及领导干部约谈制度、环境污染第三方治理、排污权交易等完善过程严管制度体系；通过编制自然资源资产负债表、制定生态环境损害责任追究办法、开展领导干部自然资源资产离任审计试点等完善后果严惩制度体系，抓住了具有引领示范意义的生态文明建设重点，推动了生态文明体制机制的全面深化改革。

5. 着力发展有利于发挥生态环境优势的新兴绿色产业，契合倡导绿色发展的世界潮流，为大生态战略行动提供了良好的发展机遇

贵州选择培育以大数据产业为重点的电子信息产业、新医药和健康养生产业、以文化旅游为重点的现代服务业，遵循山地经济规律的现代高效农业、新型建筑业和建材产业五大产业及打好烟、酒、茶、药、食品"五张名片"作为发挥贵州生态优势的新兴产业，契合当今世界绿色发展成为国际竞争和新一轮工业革命的重要内容的时代潮流。在以绿色、循环、低碳为特征的技术革命和经济发展加快的进程中，以绿色产业、能源资源、气候环境为焦点的国际竞争与合作持续增多。许多发达国家纷纷加快发展新兴产业和节能环保产业，积极推广应用低碳技术，为贵州学习借鉴发达国家先进经验、加快经济转型升级提供了重要机遇。

6. 以生态文明贵阳国际论坛和中瑞合作项目等为主的国际交流合作不断加强，为大生态战略行动搭建了前沿的合作平台

作为全国唯一以生态文明为主题的国家级国际性论坛，生态文明贵阳国际论坛年会已成为向世界传播生态文明理念、倡导绿色转型的国际性高端平台，引起了海内外各界人士、国际政要和联合国环境组织专家的广泛关注。

"美丽瑞士"与"多彩贵州"通过山地经济、绿色发展等纽带，把贵州省打造为"东方瑞士"的国际合作，进一步打开了贵州与世界对话生态文明的窗口，搭建了贵州与世界生态文明建设领域合作的平台。

（二）面临的重大挑战

1. 生态文明建设"三期"叠加的挑战

习近平总书记在全国生态环境保护大会上对我国生态文明建设新的历史方位做出了判断，指出我国生态文明处于关键期、攻坚期、窗口期。"三期"的重大判断指出了贵州生态文明建设的重大挑战所在。关键期表明当前生态环境保护的紧迫性和严峻性；攻坚期表明人民群众对优美生态环境的需求达到一个新的高度，需要提供更多优质生态产品以满足人民日益增长的绿色需要；窗口期表明环境治理提高到了新水平。

2. 推动经济高质量发展的挑战

当前，全国处在增长速度换挡期、结构调整阵痛期、前期刺激政策消化期阶段，随着经济发展进入新常态，党和国家深入贯彻新发展理念，大力推动供给侧结构性改革，推动经济高质量发展，传统产业在国民经济中的比重逐渐下降，绿色、节能、循环、低碳的发展方式渐成主流。在这样的大背景下，贵州的水泥、煤炭、磷肥、铝业等传统优势产业发展面临转型升级的巨大压力，要实现换挡不改势，必须既加快转变经济发展方式，促进产业"绿色转型"，推动经济"绿色增长"，又要从生态中挖掘新的增长点，围绕生态环境保护培育新的产业链。

3. 同步实现全面小康的挑战

到 2020 年，贵州既要让 155 万贫困群众脱贫致富奔小康，又要保护好良好的生态环境，推动"绿色贫困"转向"美丽富饶"，双重任务艰巨而繁重，面临着"腹背受敌""两面作战"的严峻挑战。同时，当人们不再为物质产品短缺而发愁，期待享受良好的生态红利时，这种由"盼温饱"向"盼环保"、由"求生存"向"求生态"的变化，对增强有效生态供给提出了新的挑战。

4.资源环境约束趋紧带来严峻挑战

长期以来，贵州经济发展较多依赖投资拉动，这种增长方式与资源环境承载压力的矛盾越来越凸显。据测算，未来五年，全省地区生产总值预计超过2万亿元、城镇化率提高到52%以上，按照目前消耗强度，仅水和能源需求量就将分别提高35%、55%左右。

此外，贵州推进大生态战略行动还存在一些基础性问题。生态环境保护形势依然艰巨，生态环境十分脆弱，生态治理难度加大，生态环境投入不足。绿色产业整体竞争力不强，绿色产业规模还不大，层次还不高，产业集聚还不够，产业结构偏重偏低。生态文明制度改革动力不足，可复制可推广的制度成果还不多，以绿色为导向的指挥棒尚未真正建立，对改革效果的总结评估不够。生态文明建设的合力还不强，一些地方和部门抓发展与抓保护存在脱节现象等。

六　深入推进大生态战略行动的对策建议

在总体原则上，贵州深入推进大生态战略行动，必须高举习近平新时代中国特色社会主义思想伟大旗帜，坚持以习近平生态文明思想为指引，坚持生态优先、绿色发展，紧扣社会主要矛盾变化，按照高质量发展的要求，牢牢守好发展和生态两条底线，深入推进国家生态文明试验区建设，加快构建生态文明体系，筑牢长江、珠江上游生态屏障，阔步走向生态文明新时代，奋力开创百姓富、生态美的多彩贵州新未来。具体行动建议如下。

（一）大规模开展国土绿化，加快推进绿色贵州建设

1.持续开展工程化造林

统筹推进环城林带、绿色通道、主要水源地、乡村绿化等重点区域绿化，不断增加森林资源总量。加快森林城市体系建设，协同开展城郊、社区、厂区和庭院绿化。整合各部门生态治理项目，统筹实施山水林田湖草综合治理，实行造林绿化整村推进。

2. 高标准保护生态环境

实行最严格的森林资源保护管理制度，加强林业生态红线管控，严格林地用途管制，禁止天然林商品性采伐。强化生物多样性保护，开展自然保护地功能界定和调整，严格野外用火和林业有害生物防控，加强林业灾害防治能力建设。高质量做好生态保护红线勘界定标和城镇开发边界划定工作，划定管好生态保护红线、永久基本农田、城镇开发边界三条控制线。支持以梵净山、赤水河谷、苗岭、荔波为重点区域申报国家公园。支持通过赎买、置换等方式调整优化生态公益林、商品林，采取多种方式对红线范围内居民实施搬迁。紧盯 51 个万亩大坝、200 多个千亩大坝和其他优质耕地，实行建档管理、动态监测，对违法改变用途的要实行责任倒查。

3. 深入实施退耕还林工程

聚焦长江珠江上游生态屏障重点区域，深入实施退耕还林等生态工程，统筹生态价值、经济价值、旅游价值，推进绿色贵州建设。将 25 度以上坡耕地、严重石漠化耕地、重要水源地 15~25 度坡耕地、陡坡梯田和严重污染耕地纳入新一轮退耕还林范围。特别是对黔西南、毕节、安顺、黔南、六盘水等重度和极重度石漠化地区，注重细化举措、图斑作业、实地验收，一个山头一个山头开展绿化攻坚行动。到 2020 年，全省森林覆盖率达 60%，水土流失治理率大幅提高，使贵州大地处处绿水青山，成为养眼养身养心的绿色家园。

4. 创新造林绿化方式

探索先造后补、以奖代补、赎买租赁、贴息保险、以地换绿多种形式，培育新型造林主体。深化"互联网＋国土绿化工作"。借鉴"河长制"经验，探索实施"林长制"，构建省市县乡村五级林长制体系，分别设立总林长、副总林长和林长，全省动员、全民动手、全社会共同参与，营造尊重自然、爱林护绿的浓厚氛围。

（二）推进绿色化发展转型，加快构建绿色产业体系

1. 大力发展绿色农业

要按照"八要素"要求，以农业供给侧结构性改革为主线，深入推进

振兴农村经济的深刻的产业革命，为打赢脱贫攻坚战提供强有力的产业支撑。要按照省委、省政府部署，巩固春风行动成果，全力打好夏秋攻势，大力推广"龙头企业＋合作社＋农户"的模式，规模化、标准化、组织化推进茶叶、蔬菜、食用菌、中药材、生态畜禽、石斛、刺梨等绿色产业，推动贵州绿色优质产品走向国内外市场。

2. 大力发展绿色制造业

按照高端化、绿色化、集约化要求，以"双千工程""万企融合"为抓手，深入实施绿色制造三年专项行动，继续淘汰落后产能，推动传统产业转型升级、新兴产业成长壮大。重点推动航天航空、数控机床、先进零部件等产业优化升级，加快贵遵安军民融合产业带建设。推进化工、冶金、有色等传统产业采用先进技术、优化生产流程和产品结构，延长产业链条、实现循环发展。促进酒、烟、茶、绿色食品、民族医药、天然饮用水等特色产业规模化品牌化。做强精细煤化工重点项目，加快煤层气、页岩气开采利用，支持贵阳吉利等新能源项目加速发展。推广新型绿色建材，鼓励装配式建筑。全面推进大数据与实体经济融合发展，培育引进带动作用强的大数据企业，在北斗导航和智能终端、智能机器人、智能运载工具等领域取得突破。通过五年左右的努力，基本建成符合贵州发展实际的绿色制造体系。

3. 大力发展绿色服务业

完善生态旅游管理体制，扎实推进山地旅游业与生态农业、林业、康养业融合发展，全面提升乡村旅游标准化水平，积极创建生态旅游示范区。大力发展集道地药材、民族医疗、养老养生、智慧健康于一体的大健康服务产业。促进商贸、餐饮绿色转型。鼓励企业建立绿色供应链系统，大力倡导绿色出行。

4. 大力发展绿色金融

积极推动贵安新区绿色金融改革创新试验区建设，鼓励金融机构设立绿色金融事业部，创新绿色金融产品和服务，构建多层次绿色金融组织体系、服务体系和支撑体系。加快贵州绿色金融交易中心建设，开发绿色信贷产品，支持技改工程、绿色农林产品加工、循环产业、清洁能源、新材料、大数据等绿色产业,特别是支持实体经济绿色发展。建好用好绿色产业扶贫投资基金、大健康绿色产业发展基金,引导符合条件的企业发行绿色债券。加大营商环境整治力度,打造大生态发展的良好投融资环境。

(三)持续打好污染防治攻坚战,提升大生态发展战略基础能力

1. 加强水污染防治

以开展城市黑臭水体攻坚行动为污水治理关键抓手,持续强力推进"双十"工程和"百千万"清河行动,坚决整治向河流直排污水的行为。全面落实河(湖)长制,综合施策抓好江河湖库保护,推进千人以上集中式饮用水源地保护区突出环境问题整治,加强草海保护和修复。标本兼治解决部分流域部分河段水质不达标问题,限期治理排放不达标的企业,根除污染隐患。强力推进县城以上城市污水收集管网配套建设、重点区域污水处理设施提标改造和黑臭水体综合治理。扎实推进网箱养殖清理整治和全面取缔网箱养殖行动,持续巩固"零网箱·生态鱼"渔业发展成果。

2. 加强空气污染防治

以留住"蓝天白云"为根本目标,以建筑工地、城市道路交通、工业企业、矿山工地扬尘为治理重点,深入开展扬尘污染治理和工业企业大气污染综合治理行动,持续推动火电机组超低排放改造,强化水泥、焦化等行业稳定达标排放监督。深入开展散烧燃煤治理行动,划定高污染燃料禁燃区和限燃区,持续推进燃煤锅炉淘汰,大力发展城市清洁能源,让"贵州没有雾霾"成为常态、成为品牌。

3. 加强土壤污染防治

以保护"舌尖上的安全"为主要目标,以土壤污染管控和修复为重要手段,全面实施土壤污染防治行动计划。突出重点区域、行业和污染物,有效管控各类土壤环境风险。构建企业周边土壤环境质量主体责任制,严防工业企业造成土壤污染。划定农用地土壤环境质量等级,开展好土地分类管理。全面开展土壤污染状况详查,开展重金属行业企业排查整治行动,严厉打击涉重金属非法排污企业。加大对退化、污染、损毁农田的改良和修复力度。

4. 加强固体废弃物治理

强化企业主体责任，深入推进磷石膏"以渣定产"，综合评估技术路线与经济价值、近期目标与远期效益，探索提取最优方案消纳磷石膏，确保实现产销平衡、无新增堆存量。赤泥、锰渣、钡渣等其他工业废渣也比照磷石膏处理办法，强化渣场渗滤液污染防范，推进安全处置和综合利用。新增生活垃圾要通过焚烧发电、资源化综合利用、水泥窑协同处置等方式，全面进行无害化、资源化、减量化处理。

5. 加强乡村环境整治

紧紧围绕实施乡村振兴战略，发展全域旅游等，积极推广节肥、节药、节水和清洁生产技术。以县为单位整体推进农村污水、垃圾处理设施规划、建设和管理，新起点新标准实施新一轮"四在农家·美丽乡村"行动计划，解决好农村垃圾处理、农业面源污染和白色污染治理等环境突出问题，加快推进农村厕所革命。

（四）以推进国家生态文明试验区建设为抓手，全面深化生态文明体制改革

1. 大力推进"多规合一"

以生态文明理念统领新时代规划工作，借鉴先进地区做法，总结贵州省试点经验，按照省级空间规划编制办法，通过全面推进"多规合一"统筹生产生活生态空间布局，发改、自然资源、生态环保等部门应在全省开展规划大检查，列出问题清单，提出修编建议。

2. 着力完善生态扶贫制度

继续落实好生态护林员制度，到2020年生态护林员人数增加到约10万人，建立统一规范的森林管护队伍和管理制度；推广实施单株碳汇交易扶贫；支持贫困地区建立基于生态资源开发的股份合作型、劳动就业型、经营型等分享机制。

3. 着力完善自然资源产权制度

深入推进全省自然资源资产负债表编制工作，对生态、能矿、旅游、生

物等优势资源进行市场化改革，全面推开自然资源统一确权登记。做好景区、国有林场和优质水源等资产的统一管理与开发，着力抓好旅游景区所有权、管理权、经营权相分离改革试点。完善集体所有自然资源资产继承流转制度。维护家庭联产承包责任制以来农村集体和承包户的合法产权，与时俱进研究农村土地承包再延长 30 年的配套制度，统筹做好集体自然资源资产所有权确权和承包权延期颁证，制定使用权继承、转包、交易、入股、开发等细则，使集体资源变资产有章可循。

4. 着力完善生态补偿制度

扎实做好易地扶贫搬迁，兑现城乡土地增减挂钩制度，加快迁出地区生态修复。总结推广赤水河流域生态补偿经验，在黔中水利枢纽工程关联地区和相关流域，深入开展生态补偿制度。

5. 着力加强生态法治建设

全面清理地方性法规、政府规章和规范性文件，及时启动"立、改、废"工作。推动全省各级法院环境资源审判机构全覆盖、检察机关提起生态环保公益诉讼县级全覆盖，探索建立向地方人大报告环保公益诉讼案件制度，完善生态环境保护民事诉讼制度。整合组建生态环境保护综合执法队伍，构建更加权威统一高效的环境执法体制。建立生态环境保护综合执法、公安、检察、审判等机关信息共享、案情通报、案件移送制度，加大对生态环境违法犯罪行为的制裁和惩处力度。

（五）深入推进绿色扶贫，持续释放绿色发展红利

1. 抓好易地扶贫搬迁

按照"六个坚持"和后续管理"五个体系"的要求，统筹好迁入地安置和迁出地保护两个方面，做到安居与乐业并重、搬迁与脱贫同步、生态改善与群众增收并举。严把安置房建设标准关和工程质量关。按照"宜耕则耕、宜林则林、宜建则建"的原则，对迁出地土地进行复垦或生态修复，让迁出地的各类资源成为搬迁户的收入来源。

2. 深化绿色产业扶贫

深入实施十大生态扶贫产业工程，打好林业产业脱贫，深入推广"三变"改革经验，支持农民以林权等入股林业经营主体，盘活资源资产，让林农长期分享股权收益。扶持引导贫困户依托森林风景、湿地景观等生态资源和珍稀动植物资源，创办森林旅馆、森林驿站、森林人家等小微经济实体。积极引导贫困群众因地制宜发展林下经济、林下种养等绿色产业。

3. 做细生态补偿脱贫

结合生态环境保护和治理，争取中央更多财政转移支付，用好生态保护补偿和生态保护工程资金，探索有效的生态补偿脱贫路子。促进更多有劳动能力的贫困人口就地转为生态护林员，拓宽贫困人口就业和增收渠道。加大林业重点工程向贫困地区倾斜支持力度，支持贫困户参与退耕还林、天然林保护、珠江防护林等林业重点工程项目建设。鼓励和支持各地采取就业补贴、场地租赁补贴、贷款贴息等措施，引导林业经营主体为贫困户提供就业岗位。

（六）推进大数据与生态融合，促进生态产品高质量发展

1. 运用大数据提供优质生态产品

依托国家大数据（贵州）综合试验区建设，为市场提供更多适销对路的大数据商用生态产品和服务，增加大数据生态产品服务的供给能力。积极发展生态产品全产业链的数据存储、采集、处理、交易、安全等核心业务，培育生态相关产业智能终端产品及服务的相关业态，不断丰富生态相关产业中的智能制造、智慧健康、旅游、物流等衍生业态发展。研发和生产更多生态新产品及服务，实现大数据生态产业的总量、质量的快速增长。

2. 利用大数据更好地保护生态环境

推进生态环境保护大数据应用，运用遥感、大数据、云计算等技术，更加精准有效地推动生态建设和污染防治，提高自然生态修复能力。以提升环境管理信息化和智能化水平为目标，建立以大数据为技术手段的环境在线监控体系，加大行业重点污染源自动监控设施建设力度。建设涵盖大气、水、

土壤、噪声等要素的环境质量监测网络，健全完善生态环境监测数据集成共享机制，推动环境质量、重点污染源、生态状况大数据监测全覆盖，实现多部门数据融合集成、互通共享，让污染源无所遁形，助推生态环境治理体系和治理能力现代化。

3. 运用大数据改造提升传统产业

探索以行业产业为单位打造一批智能化平台，对传统产业进行技术改造、流程再造，提高产业技术含量和环境质量，最大限度减少对生态环境的影响。加大互联网、大数据、人工智能、物联网、3D 打印、智能制造、节能减排、新材料及新能源、生态修复等相关生态技术的推广应用，改造提升传统生态技术。在能源领域，优先利用天然气、页岩气、生物沼气等生物燃料，推广可再生能源资源利用，提升可再生能源在能源消费中的比重，最大限度减少带来污染的直接煤炭燃烧，提升电网智能化水平和能源利用效率。

（七）深化生态文明交流合作，共同构建人类命运共同体

1. 树好用好生态文明贵阳国际论坛品牌

以习近平总书记致生态文明贵阳国际论坛 2018 年年会贺信为新起点，强化会议成果运用，做好经验总结，扩大对外交流，不断深化拓展论坛内涵，不断提高办会水平，把生态文明贵阳国际论坛办成全球生态文明建设与可持续发展领域最高规格、最大规模、最国际化的交流平台，办成服务于党和国家构建人类命运共同体战略目标的重大载体。深化与世界各国共同促进生态文明建设的交流合作，有针对性地认真思考怎样站在更高层次规划论坛发展方向、目标和内涵，更加精准设置选题，更加精准做好嘉宾邀请工作，更加精准落实倡议，持续提升论坛质量、扩大论坛国际影响力。

2. 加强"两江"等区域协作协同发展

突出生态环境联防联控、基础设施互联互通、公共服务共建共享，加强与重庆、四川、云南等长江上游四省市省际协商，加快推进中新互联互通南向通道（渝黔桂）建设，打造长江黄金水道"大动脉"。按照《重庆市人民政府、贵州省人民政府合作框架协议》，加强渝黔交通互联互通、对外开

放、科技创新、农产品产销、旅游发展等领域务实合作。以深化与上海等扶贫协作和对口帮扶为突破口，推动解决区域发展不平衡不协调问题，推进与长江经济带各省市合作提高到更宽领域、更高层次、更高水平。加强与广西、广东等珠江流域省份协同创新发展，协同实施沿江重大生态修复工程，建立健全生态环保联防联治和预警应急机制，探索河长跨省区治理模式，推动生态环境联合执法、联合监测、共同治理。积极借鉴福建、江西、海南等试验区的经验做法，主动加强交流对接，加快贵州省试验区建设。

3. 主动沿着"一带一路"方向走出去

按照《贵州省推动企业沿着"一带一路"方向"走出去"行动计划》，积极主动用好国际国内"两个市场、两种资源"，促进投资与贸易融合发展，推进国际产能和装备制造合作，进一步扩大对外开放。支持贵州企业在中东、北非等磷矿资源富集地区建立磷化工生产基地，带动产业链上下游企业"走出去"发展壮大。以中国—东盟教育交流周、酒博会、贵洽会、数博会、生态文明论坛、民博会、澜湄合作、妥乐论坛等国际论坛、合作机制为依托，举办面向"一带一路"沿线国家的经贸活动，加强绿色产业、绿色文化、生态扶贫等方面交流合作。

（八）推进形成生态文明宣传格局，厚植大生态战略行动的文化沃土

1. 大力弘扬贵州人文精神

深化对"天人合一、知行合一"的贵州人文精神研究，总结其中蕴含的绿色理念和智慧，引导全社会增强生态伦理、生态道德和生态价值观念。以人与自然和谐为主题，选择一批具有代表性的森林公园、湿地公园、自然保护区和学校、机关、厂矿、村寨，建设生态文明或生态文化教育示范基地。依托森林公园、自然保护区等，建立森林博物馆和植物园。积极开展绿色文化理论和应用研究，创作一批绿色文化优秀作品，更好满足群众的绿色文化需求。

2. 开展多层次多形式的生态文明宣传教育

采取形式多样的手段传播环保知识，广泛宣传生态文明理念，调动公民参与生态建设与环境保护的积极性和主动性。开展生态环保知识和技能培训活动，培养公民参与生态建设与环境保护的能力。广泛听取公民对涉及自身环境权益的发展规划和建设项目的意见，尊重群众的环境知情权、参与权和监督权，维护群众的环境权益。

3. 大力推广绿色生活方式

积极宣传、倡导绿色低碳生活方式，让绿色生活成为人们自觉的行为习惯。全面推进绿色消费，倡导绿色饮食、住、行，积极发展绿色休闲产业，在全社会开展反奢侈浪费和不合理消费的斗争。大力创建节约型机关、绿色家庭、绿色学校以及森林城市、森林村寨等。

七　结语：趋势与展望

当前，世界各国对气候变化、环境污染等关系人类发展的问题越来越重视，生态文明已成为外交领域中共同点最多、分歧点最少的话题。2018年，习近平总书记在致生态文明贵阳国际论坛的贺信中指出，要高度重视生态环境保护，秉持绿水青山就是金山银山的理念，倡导人与自然和谐共生，坚持走绿色发展和可持续发展之路，共同建设一个清洁美丽的世界。

大生态战略行动既是贵州顺应世界文明发展大势、贯彻落实习近平生态文明思想的战略抉择，也是突破既要赶又要转、实现经济社会与环境保护协调发展的重要路径。大生态战略行动实施以来，成绩可圈可点，但离中央的要求和人民群众对良好生态环境的愿望还有较大差距。中央第五生态环境保护督察组对贵州近年来生态文明建设的成效给予了充分肯定，同时也准确指出了贵州在生态文明建设领域存在思想认识不到位、责任不落实、整改进展滞后等问题，这是贵州大生态战略行动的短板和薄弱环节。下一步，贵州将以国家生态文明试验区建设为抓手，深入推进大生态战略行动，以更加严格的制度、更加扎实的作风抓好整改，解决生态环境脆弱、历史欠账较多、环境保护投入不足等问题，转变经济发展方式，推动经济社会高质量发展，进一步筑牢长江、珠江上游生态屏障，扛起国家生态文明建设试验区的政治责任。

（一）全民环保深入人心，绿色意识更加凝聚

生态是最普惠的福祉，环保意识已经随着多彩贵州良好的生态环境、优美的青山绿水、清新鲜香的空气深入人心。生态日的开展，河（湖、库）长制、林长制等的实行将进一步推进全民环保认识和环保意识水平的提升。中央第五生态环境保护督察组"回头看"督察和中央第七环境保护督察组督察意见的反馈，将进一步警醒贵州生态脆弱的客观条件并未变化，环境历史欠账还未消解，生态环境保护与修复依然任重道远。这些情况，都将从多个方面促进贵州绿色意识的进一步凝聚。

（二）生态环境更加优美，绿色屏障更加稳固

贵州将在2019年对生态环境问题发起猛攻，在生态建设上，将大规模推进国土绿化，以达到2020年森林覆盖率实现60%的目标。在污染防治上，会更大力度推进磷化工企业"以渣定产"，实现磷石膏新增堆存量为零的目标；更大力度推进南明河、草海、乌江流域等水污染防治，更大力度推进农村人居环境整治，建设更美丽的家园。同时，既需要持续抓好2017年中央环保督察组反馈问题整改，也需要抓好"回头看"反馈问题整改，双重任务会传导更大的整改动力，进一步推进贵州生态环境质量改善。

（三）绿色经济不断壮大，生态脱贫成效显著提升

2019年是贵州脱贫攻坚决战之年，2020年是决胜之年。在决战决胜的时代背景下，在2020年与全国同步全面建成小康社会的目标引领下，发挥好生态环境的比较优势，推进"生态产业化、产业生态化"，以大数据为引领的现代高科技产业将推动高质量发展迈出新步伐，以农业供给侧结构性改

革为主线将推动农村产业革命实现突破性进展，工业、服务业、农业绿色化发展水平将快速提升，特别是石斛、刺梨、竹木等精深加工能力将大大提高，茶叶、蔬菜、食用菌、中药材等绿色生态产业会更加风行天下。推进农村绿色经济发展，为打赢脱贫攻坚战提供强有力的产业支撑。2019 年，贵州的绿色经济增长速度将继续领跑全国。

分　报　告

Sub Reports

B.2
贵州绿色屏障构筑情况与形势分析

徐自龙　姚　鹏　才海峰*

摘　要： 构筑绿色屏障，是贵州实施大生态战略行动，推动绿色发展、建设生态文明的五大任务之一。从明确提出大生态战略行动的两年多来，贵州省深入贯彻落实习近平生态文明思想，实施"青山""蓝天""碧水""净土"四大工程，深入实施新一轮退耕还林、国土绿化、绿色贵州建设等一系列行之有效的举措，协同推进沿江重大生态保护与修复工程，严格贯彻执行环境保护法律法规，加快垂管制度改革，推进综合执法队伍特别是基层队伍能力建设，全力构筑可持续发展的绿色长城。

---

* 徐自龙，中共贵州省委政策研究室干部；姚鹏，硕士，贵州省社会科学院历史研究所助理研究员，研究方向：地理标志产品产地认证、生态学；才海峰，硕士，贵州省社会科学院民族研究所助理研究员，研究方向：民族社会学。

关键词： 绿色屏障　生态建设　环境保护　贵州

中共贵州省委十一届七次全会审议通过的《中共贵州省委贵州省人民政府关于推动绿色发展建设生态文明的意见》，明确将构筑绿色屏障作为贵州推动绿色发展、建设生态文明的五大任务之一。贵州省第十二次党代会进一步将筑牢绿色屏障作为深入推进大生态战略行动的重要任务之一。从明确提出大生态战略行动的两年多来，贵州省深入贯彻落实习近平生态文明思想，坚持守好发展和生态两条底线，一届接着一届干，实施"青山""蓝天""碧水""净土"四大工程，着力打好生态建设"攻坚战"、污染治理"突围战"、环境监管"持久战"，全力构筑可持续发展的绿色长城。

一　构筑绿色屏障的主要做法及成效

（一）打好生态建设"攻坚战"，绿色贵州持续巩固

贵州省深入把握山水林田湖草是一个生命共同体的整体系统观，针对贵州自然生态脆弱的实际，把生态建设摆在突出位置，持续加大山水林田湖草生态系统综合保护力度，深入推进绿色贵州建设。

1. 加大生态修复力度

实施绿色贵州建设行动计划，加快推进新一轮退耕还林还草、石漠化综合治理、水土流失综合治理，全面绿化宜林荒山荒地。从 2015 年开始，贵州省连续四年组织省市县乡村五级干部春节上班后第一天带头上山植树造林，带动全省工程化植树造林。2016~2018 年，贵州省完成退耕还林 957.4 万亩，完成营造林 1915 万亩，治理石漠化面积 3150 平方公里，治理水土流失面积 6951.7 平方公里，全省森林覆盖率提高到 57%。①

---

① 根据《2017~2019 年贵州省人民政府工作报告》整理。

表1　2016～2018年贵州省推进国土绿化情况

年份	退耕还林（万亩）	营造林（万亩）	治理石漠化面积（平方公里）	水土流失面积（平方公里）	森林覆盖率（%）
2016	130	398	1000	2000	52
2017	477.4	1027	1116	2808	55.3
2018	350	490	1034	2143.7	57
总计	957.4	1915	3150	6951.7	57

资料来源：根据2017、2018、2019年《贵州省人民政府工作报告》综合整理。

2. 全面推进流域保护

全面推行省市县乡村五级河长制，对省内每一条河流都明确一位河长，构建起五级党政领导主抓、主干、主责的河长体系，加大河流保护力度。省委书记、省长担任省级总河长，同时兼任贵州最大河流乌江干流及其流域内6座大型水库的省级河长，省级领导同志均分别担任一条重点河流的省级河长。在乌江、赤水河等八大水系干流及主要一二级支流、县级以上168个集中式饮用水水源地，聘请水利环保专家等义务担任民间河湖监督员。共设省市县乡村五级河长22755名，实现各类水域河长制全覆盖，持续开展"保护母亲河·河长大巡河"和"巡河、巡山、巡城"等系列活动，推动河长制落地生效。把实施重大生态修复工程作为推动长江经济带发展的优先选项，坚持多彩贵州拒绝污染，深入开展长江经济带生态环境保护专项行动和长江沿线饮用水水源地专项检查行动，着力打造长江珠江上游绿色屏障建设示范区。

3. 大力推进国土空间开发保护

在生态保护红线功能区划定上，贵州作为长江和珠江上游地区的重要生态屏障，为有效保护重点生态功能区和生态环境敏感区，调整划定了生态保护红线面积4.59万平方公里，占贵州国土面积的26.06%，并明确红线功能区"一区三带多点"格局，即：武陵山—月亮山区，主要是生物多样性和水源涵养；乌蒙山—苗岭生态带、大娄山—赤水河中上游生态带和南盘江—红水河生态带，主要是水源涵养、水土保持和生物多样性保护。在加强耕地保护和占补平衡上，按照国家规定要求，划定永久基本农田5257万亩。

在主体功能区规划上，作为 7 个省级空间规划试点省之一，贵州制定了省级空间规划编制办法，出台完善主体功能区战略和制度实施方案，督促 25 个重点生态功能区严格执行产业准入负面清单。在自然保护区建设上，贵州省全面开展长江经济带战略环评"三线一单"划定工作，完成省级"三线一单"划定并报批实施全省生态保护红线管控，认真履行自然保护区监管职责，严格管理涉及自然保护区的建设项目，有力提升了全省自然保护区管理总体水平。尤其是 2017 年以来，贵州省以环保督察为契机，深入开展"绿盾 2018"国家级自然保护区监督检查专项行动，依法依规严肃查处、取缔自然保护区内各种违法违规活动，推动自然保护区建设取得了明显成效。据《2018 年贵州省国土绿化公报》统计，截至 2018 年，贵州省各类国家级自然保护地总数达 114 处，其中：全省国家级自然保护区达 11 处、国家级湿地公园达 45 处、国家级森林公园达 30 处、国家级地质公园 10 处、国家级风景名胜区 10 处。① 尤其是梵净山成功申报世界自然遗产地后，贵州世界自然遗产地总数达到 4 处，成为全国自然遗产地最多的省份。

（二）打好污染治理"突围战"，环境质量持续改善

贵州省始终把打好污染防治攻坚战作为决胜全面建成小康社会必须完成的任务，认真贯彻落实党中央、国务院各项决策部署，以治气、治水、治土、治渣四大任务为重点，坚持"建、治、改、管"四措并举，着力解决影响高质量发展和群众关心关注的突出环境问题，较好地完成了污染治理各项目标任务，环境质量持续改善。中央第七环保督察组向贵州反馈督察情况时指出，贵州环境质量在全国处于领先位置。

1. 治气方面

出台《贵州省打赢蓝天保卫战三年行动计划》，推进"大气十条"各项重点任务有效落实。扎实开展扬尘专项治理，省级环保、住建、交通部门联

---

① 《2018 年贵州省国土绿化公报》，贵州省林业局网站，http：//www. gzforestry. gov. cn/xwzx/mtgz/201903/t20190318_ 3776348. html？from = singlemessage&isappinstalled = 0。

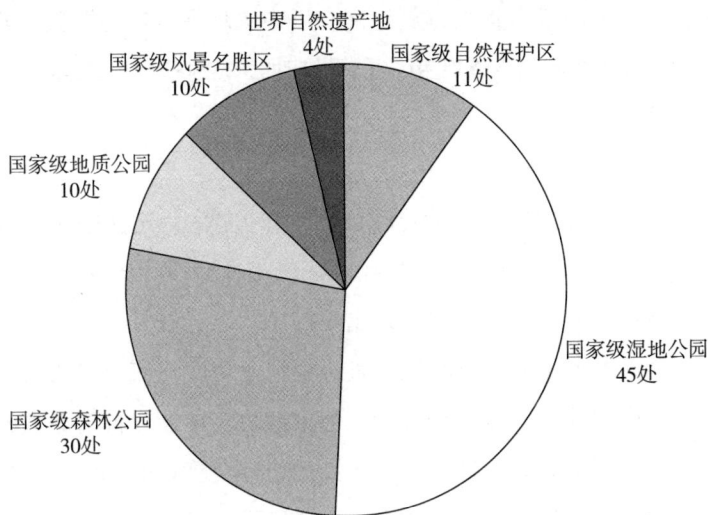

图1　贵州省创建各类自然保护区统计

资料来源：根据《2018 年贵州省国土绿化公报》统计整理。

合开展监督检查，对火电、水泥、平板玻璃、焦化行业进行重点督查，持续推进化工、印刷等重点行业挥发性有机物治理。加快推进建成区燃煤锅炉淘汰、油气污染治理、黄标车及老旧车淘汰等大气污染治理举措。完成 88 个县（市、区、特区）高污染燃料禁燃区和限燃区划定。2018 年，县城以上城市空气质量优良天数占比保持在 97% 以上。

2. 治水方面

积极探索推进流域横向生态补偿，与云南、四川两省共同签署《赤水河流域横向生态补偿协议》，共同出资 2 亿元，设立赤水河流域横向补偿资金；在乌江、清水江、红枫湖、赤水河四大流域开展生态补偿。全面加强饮用水源地保护，修订《贵州省饮用水水源环境保护办法》，新增 55 个水源地、依法依规调整优化 34 个水源地保护区，认真组织开展县级集中式饮用水水源地环境保护专项行动，对 1649 个农村千人以上集中式饮用水水源地开展环境隐患排查及专项整治，2018 年主要河流出境断面水质优良率保持 100%。深入推进乌江、清水江磷化工污染治理，对瓮福、开磷等重点企业实施总磷特别排放限值，提高排放标准。以中央环保督察为契机，累计投入17.93 亿元取缔网箱养殖 33543 亩，积极推动"零网箱·生态鱼"发展，实现全流域零网箱。

3. 治土方面

编制《贵州省土壤污染防治行动计划工作方案》，建立中央和省级土壤污染防治专项资金，重点支持贵阳市清镇市、铜仁市万山区、黔南州福泉市等地开展土壤污染防治。完成农用地土壤污染状况详查及样品采集、分析测试等工作，全面开展土壤污染状况详查，摸清土壤环境底数，土壤污染状况详查工作走在全国前列。建立全省疑似污染地块名单，在摸清底数的基础上开展分类管控，实施分级治理，建立污染地块环境管理的部门联动机制，实现对污染土地的动态管理。深入推进重金属污染防治，出台实施《贵州省"十三五"重点行业重点重金属污染物减排方案》，对独山县锑矿采选、冶炼行业执行特别排放限值，提高排放标准。

4. 治渣方面

率先启动磷化工企业"以渣定产"，针对磷化工产生的固体废渣磷石膏这一主要的水土污染源，贵州省在全省层面针对磷石膏确立"谁排渣谁治理，谁利用谁受益"的原则，提出"增量为零、减少存量"的要求，对省内磷化工企业实施"以渣定产"，将磷石膏产生企业消纳磷石膏情况与磷酸等产品生产挂钩，以当年综合利用磷石膏的数量确定磷化工企业当年的产量，倒逼企业加快磷石膏资源综合利用。相继推动出台《省人民政府关于推进磷石膏资源综合利用的意见》《磷石膏"以渣定产"工作方案》《贵州省磷化工产业转型升级方案》等政策文件，全面实施磷石膏"以渣定产"，启动编制《贵州省磷化工产业中长期发展规划研究》，明确要求 2018 年实现磷石膏产消平衡，新增堆存量为零，从 2019 起实现磷石膏消大于产，逐年消纳磷石膏堆存量。磷石膏板材、砌块、复合材料和建筑装饰材料等推广应用初具规模，正霸公司、蓝图公司等一批磷石膏资源综合利用项目相继建成投产。2018 年，磷石膏资源综合利用率达到 64%，同比提高 9 个百分点。编制《贵州省第一批一般工业固体废物公共贮存、处置场选址规划》，完成

19 个工业园区渣场选址，全省县级以上城市建成区医疗废物无害化处置实现"全覆盖"。

同时，持续推进十大污染源治理和十大行业治污减排全面达标排放专项行动"双十"工程。从 2017 年开始，每年梳理排查出重点区域、重点流域、重点企业的十大污染源，由省领导包干负责进行工程化治理。2017 年明确贵阳市洋水河磷矿开采及磷化工企业污染源、六盘水市水城河环境污染源、铜仁市大龙片区电解锰污源染等十大污染源治理；2018 年明确遵义市湘江河流域水环境污染、安顺市东片区生活污水处理、毕节市 15 个县级污水处理厂提标改造等十大污染源治理。对污染物排放量大的磷化工、火电、煤矿、水泥、城镇生活污水、氮肥、有色金属、铁合金、酿造、屠宰等十大行业实施治污减排全面达标排放专项行动，共涉及重点企业 1808 家，截至2018 年底已基本完成整改。

（三）打好环境监管"持久战"，环境保护深入人心

贵州省始终把环境监管作为一项长期任务，坚持"督政"与"督企"相结合，明确各级政府的环保责任红线，建立环境监管定责、履责、问责工作机制，不断增强各类企业的环保意识、法制观念和社会责任感，以零容忍态度严厉打击环境违法行为，构筑起环境监管的坚实长城。

1. 严格执行环保审批

在全省深入推进战略环评和规划环评工作，按照"多彩贵州拒绝污染"和"五个一律不批"原则，严把环境准入关，从决策源头预防环境污染和生态破坏。仅 2018 年，因产业准入政策、重大环境影响（选址、环境容量）等原因不予审批建设项目 50 余个。但针对新兴战略性产业、基础设施、脱贫攻坚和民生工程建设项目则开辟"绿色通道"，既为绿色发展扩增量，为生态文明建设负面清单减存量，又为经济社会发展腾容量。对符合国家和地方法律法规的环评文件则严格要求审批零积压，着力提升全省环评管理服务水平。同时，强化对各地环评管理工作的督查指导，为市、县规划和项目环评审批管理做好服务。

2. 持续加强环境监管执法

建立森林保护"六个严禁"和环境保护"六个一律"制度，以"六个一律"环保"利剑"执法专项行动、环保执法大检查、环保百日攻坚执法行动等为抓手，打击环境违法行为取得明显成效。截至 2018 年 10 月底，由省环保、公安、检察部门联合组织开展的"守护多彩贵州·严打环境犯罪"2018~2020 执法专项行动中，贵州省共出动执法人员 64462 人次，检查企业 25071 家，立案查处各类环境违法案件 1734 家。同时，环境保护部门与公安、检察院、法院和司法机关建立执法联动机制；与四川、云南、广西等省（区）分别建立赤水河流域、万峰湖流域跨省区域联合执法机制，有力打击了环境违法行为。深入推进中央生态环境保护督察问题整改，截至2018 年底，中央环保督察组移交的 72 个问题已整改完成 66 个；同时，制定《贵州省环境保护督察方案（试行）》，成立省级层面的环境保护督察工作领导机构，启动两轮省级环境保护督察，有力解决了群众反映强烈的重大生态环境问题。

3. 加强生态环境风险防控

在全省全面开展环境风险排查，建立完善应急预案，省市县三级共编制环境应急专项预案 219 个、企事业单位编制环境应急预案 1425 个，基本形成覆盖政府、生态环境部门和企事业单位的全省环境应急预案体系。出台《贵州省企业突发环境事件风险分析评估技术指南》，建立环境风险企业名单及台账，对环境风险企业实施风险评估和分类管控，全面防范重、特大突发环境事件发生，未出现重大环境污染事件。同时，加强环保部门与应急、消防、交通、气象等部门建立会商协同应对机制，与周边省份签订应急联动处置协议，充分整合环境应急救援力量，协同预防和处置突发环境污染事件，有力提升全省环境突发事件应急处置能力。加大对环境应急装备的投入力度，建成环境应急物资库、环境风险源系统、环境应急指挥中心、环境应急指挥一体化系统等生态环境风险防控体系，环境风险防范和处置能力得到有效提高。

4. 积极推进生态环境大数据建设

加快完善生态环境监测体系，基本完成全省环境监测站实验室用房、基本仪器设备、环境应急监测能力等七大建设任务，在"八大水系"主要河流断面建成水质自动监测站 81 个，建成河流监测断面和集中式饮用水水源地自动监测数据联网系统，建成乌江、清水江、赤水河等重点流域、县城及以上集中式饮用水源地、土壤环境管理、排污许可及固体废物监管等方面的业务管理平台或信息系统建设。启动建设生态环境大数据中心、环境质量数据库、污染源自动监控管理、重点流域环境质量管理、环境应急决策指挥系统等重点应用管理平台，搭建起环境质量统一发布平台，推动污染源超标排放报警、联动执法、空气和水环境质量预警预报等智能化大数据应用。同时，积极开展生态文明大数据综合平台建设，着力打造长江经济带、泛珠三角区域生态文明数据存储和服务中心。出台实施《贵州省生态环境数据资源管理办法》，初步实现全省生态环境关联数据资源整合汇聚。建立全省统一的企业环境信用信息管理平台，依法向社会公布三批环境保护失信黑名单，有效督促排污者守法治污。

二　形势分析

贵州省实施大生态战略行动提出的绿色屏障构筑包括生态建设、环境治理、环境监管等内容，是当前推进生态文明建设、解决生态环境问题、打好污染防治攻坚战的最主要部分。进入新时代，推动贵州绿色屏障建设面临着新机遇、新问题、新任务。

（一）面临的新机遇

从全国来看，2018 年 6 月 13 日，全国生态环境保护大会召开，习近平总书记发表重要讲话，深刻指出生态文明建设是关系中华民族永续发展的根本大计，深刻阐释了生态文明建设的极端重要性，将生态文明建设提高到新的高度，对加强生态环境保护、打好污染防治攻坚战做出部署，充分体现中央推进生态文明建设的战略决心。中央关于生态文明建设和生态环境保护做出的一系列决策部署，为贵州省推进生态建设、加强环境治理指明了前进方向，也必将提供更多的政策、项目、资金支持。

从全省来看，贵州省深入贯彻落实习近平总书记对贵州工作的重要指示精神，牢牢守好发展和生态两条底线，坚决贯彻落实党中央、国务院决策部署，坚持生态优先、绿色发展，坚决打好污染防治攻坚战，纵深推进大生态战略行动，加快建设国家生态文明试验区，以解决大气、水、土壤污染等突出问题为重点，实施"青山""蓝天""碧水""净土"四大工程，着力打好生态建设"攻坚战"、污染治理"突围战"、环境监管"持久战"，生态文明建设成效显著，在新时期推动绿色屏障建设打下了坚实基础。

贵州作为长江、珠江上游的重要生态屏障，作为全国3个国家生态文明试验区之一，良好的生态环境既是贵州的发展优势和竞争优势，又是人民群众对美好生活需要的重要组成部分和贵州省要实现的重要目标，加强生态文明建设和生态环境保护，守好发展和生态两条底线既是关系"四个意识"强不强的重大政治问题，也是关系发展眼光远不远的重大战略问题，更是关系幸福指数高不高的重大民生问题。国家大力推动生态文明建设、加强生态环境保护的大背景，必将为贵州省生态文明建设提供发展机遇、广阔空间，要着力将各种有利条件和利好因素转化为推动贵州生态文明建设的强大动力，坚决打好污染防治攻坚战，建好生态文明试验区，让优美生态成为贵州最亮丽的名片。

（二）面临的新任务

习近平总书记对贵州生态文明建设特别关心、格外关注。2017年10月，在参加党的十九大贵州省代表团讨论时进一步强调，要"守好发展和生态两条底线，创新发展思路，发挥后发优势"，"开创百姓富、生态美的多彩贵州新未来"。2018年7月7日，习总书记又再次向生态文明贵阳国际论坛年会发来贺信，勉励论坛年会要"有助于各方增进共识、深化合作，推进全球生态文明建设"。习近平总书记的这些重要指示，对贵州生态文明建设和生态环境保护既深切关怀又寄予重托，为贵州省加强生态文明建设和生态环境保护指明了前进方向，也对贵州生态文明建设和生态环境保护提出了更高要求，必须切实认真学习、深刻领会、深入贯彻。

当前，中共中央、国务院推动生态环境保护要求越来越高、越来越严格。中共中央、国务院深入推进中央环保督察，把中央环保督察作为加强生态文明和环境保护的重要制度安排，在环保督察上动真格求实效，绝不走过场，对各级地方党委政府尤其是地方党政"一把手"严格履行建设生态文明、保护生态环境的政治责任提出了更高要求。

贵州省生态环境保护大会暨国家生态文明试验区（贵州）建设推进会对加强生态文明建设和生态环境保护做出明确安排，强调要集中力量打好蓝天保卫、碧水保卫、净土保卫、固废治理、乡村环境整治五场标志性战役，解决好生态环境突出问题。贵州省委省政府《关于全面加强生态环境保护坚决打好污染防治攻坚战的实施意见》明确提出，到 2020 年，全省绿色低碳循环发展有效推进，生态环境质量总体优良，主要污染物排放总量持续减少，环境风险得到有效控制的目标，并量化提出，到 2020 年，全省地表水水质优良率保持 95%，县级城市集中式饮水水源地水质达标率达 99% 以上，全省县级以上城市空气环境质量指数优良天数保持 95% 以上，森林覆盖率达到 60% 等目标。这些目标任务对贵州加强生态文明建设和生态环境保护的要求越来越高，已经到"船到中流浪更急、人到半山路更陡"的时候，往上攀登愈进愈难、愈进愈险，必须保持更加坚定的信心、采取更加务实的举措推动生态建设和环境保护目标任务如期完成。

（三）面临的新问题

贵州省生态建设和环境保护在取得巨大成就的同时，也还存在许多突出困难和问题，需要在下步工作中加以解决。

1. 思想认识还有差距

对新时代全面深入推进生态文明建设，强化督察执法和目标考核的形势变化分析不够，认识不足，对上级工作要求、整改标准、推动方式的新变化反应不快，适应性不足。思想观念、形势研判与推进生态文明建设的要求还有差距，存在明显的层级递减现象，很大程度上还没有从惯性思维和以往的行为方式上转变过来。有的地方不适应严格的环境监管带来的限制，不想管、不愿管的错误认识有所抬头。

2. 推动环境质量持续改善的难度越来越大

贵州省生态环境质量保持高水平既是名声在外的品牌，同时也是艰巨的任务和巨大的压力。全省工程减排的空间日益收窄，必须把改善生态环境质量的工作重点转移到加大环境监管力度、进一步提升精细化管理能力和水平上来。资金、技术等要素保障压力较大，生态环保投入资金缺口较大，锰渣、磷石膏、赤泥等大宗固体废物的综合利用与污染防治均需下大力气开展科技攻关、开发应用。

3. 环境综合管理能力仍不能适应新形势需要

环境形势研究预判、综合管理能力有待提高，专业队伍有待加强，监测执法能力依然不强，环境质量预测预警能力有待提高，环保投入力度需要进一步加强，全省环境在线监控监测体系还需进一步完善。

4. 环保设施不足仍然是短板

自 2013 年以来，贵州省加大投入，建成了一大批环保设施，提高了治污水平。但是，环保设施总量不足仍然是环保工作中的突出短板，全省大部分农村没有污水和垃圾处理设施。

三　对策建议

（一）聚焦重点打好污染防治攻坚战

集中力量打好蓝天保卫、碧水保卫、净土保卫、固废治理、乡村环境整治五场标志性战役，是贵州省新时代纵深推进污染防治攻坚战的重要抓手，推动环境治理关键要将这五场战役作为当前和今后一段时期贵州省生态环境保护工作的重中之重抓实抓好,在整体推进生态文明建设和生态环境保护中予以重点把握。要深入开展扬尘污染和"散乱污"企业综合整治,加强大气环境质量管控,严防污染天气发生。建立健全水环境质量应急管理机制,统筹好水资源管理、水环境保护和水生态修复,统筹好城市和农村污染防治,抓好饮用水水源地突出问题整治、黑臭水体和农业农村污染防治。全面开展涉镉等重金属重点行业企业排查整治工作,加大重金属历史遗留废渣治理。推进磷石膏、电解锰渣等大宗工业固体废物资源综合利用和有效处置。深入开展工业渣场污染治理,进一步推进医疗废物处置体系建设。深化"双十"污染治理机制,组织各地梳理生态环境较为突出的问题,实行党政领导包干督办制,限期完成治理。

(二)扎实推进大规模国土绿化

深入实施新一轮退耕还林、国土绿化、绿色贵州建设等一系列行之有效的行动,打好石漠化治理攻坚战、持久战,深入推动绿色贵州建设与农村产业结构调整、康养旅游等相结合,创新"互联网+义务植树"等形式,提高全民义务植树参与度,促进社会各界积极参与义务植树。深入开展城乡绿化美化,以创建国家级、省级园林城市为抓手,提高城市绿化水平,加大工业园区绿化、城郊绿化、城镇绿化、乡村绿化、废弃工矿地生态恢复、四旁植树等力度,推动绿化成为开展各项建设的前置条件。完善森林经营补贴制度,大力发展速生丰产林、工业原料林以及珍贵大径材林,坚持不懈抓好森林防火、森林病虫害防治工作,实行"占一还一"的措施,建立和落实林地分级管理、差别管理、定额管理等长效机制。深化生态示范单元创建,规范和加强自然保护区管理,严格管理涉及自然保护区的建设项目,大力提升全省自然保护区管理总体水平。

(三)协同推进长江上游生态屏障建设

协同实施沿江重大生态保护与修复工程,恢复与改善重要河流、湖库、湿地和城镇水环境、水生态状况。大力推进长江防护林体系建设,重点推进流域防护林建设。建立健全与长江流域省市的生态环保联防联治机制，建立跨区域、跨部门、跨领域突发环境事件应急响应机制，出台和实施长江经济带生态保护补偿机制，探索河长跨省区治理模式，推动生态环境联合执法、联合监测、共同治理。

（四）持续加大环境监管力度

严格贯彻执行环境保护法律法规，持续开展生态环境保护执法专项行动，对企业污染防治设施运行、涉危涉重企业在线监控设施运行作假、饮用水水源保护区内的违法项目、违法违规建设项目等领域保持高压执法态势，对重点问题实施专项督察，依法严厉打击各类环境犯罪行为。强化与司法机关联动，采取联合突击检查、挂牌督办、开展专项行动等方式，通过纳入环保信用"黑名单"等监管措施，加大执法监管力度。

（五）切实提高环境治理水平

加快垂管制度改革，推进综合执法队伍特别是基层队伍能力建设，加强环境治理部门间横向、纵向统筹协调，加强环保部门与下级地方党委政府的沟通对接，推动形成生态环境工作合力，加强污染防治攻坚和问题整改。积极推动环境治理大数据平台建设，对环境风险企业进行精细化管理，强化涉及危险化学品、危险废物、重金属等重大环境风险源的风险防范工作，加强突出生态环境风险问题整治，开展区域环境风险评估，强化突发环境事件应急演练，督促指导企业切实落实环境安全主体责任。进一步畅通群众反映问题渠道，及时妥善处理各类环境信访举报案件，及时解决群众反映的环保热点、难点、险点问题，切实维护群众的合法环境权益。开展大气、水、土壤污染防治等领域科技攻关，推进区域性、流域性生态环境问题研究。

B.3
贵州绿色制度建设情况与形势分析

黎秋梅　姚　鹏*

摘　要： 在贵州建设国家生态文明试验区，有利于发挥贵州的生态环境优势和生态文明体制机制创新成果优势，探索一批可复制可推广的生态文明重大制度成果。自2016年中央将贵州列为首批国家生态文明试验区以来，贵州在生态文明建设体制机制改革方面先行先试，不断探索更为科学合理的制度体系，以适应转方式调结构优供给、推动绿色发展的需要，取得了一些重要成果。

关键词： 生态文明　绿色制度　贵州

制度建设是生态文明建设的重要保障，贵州生态文明建设取得一系列成绩的背后，与生态文明制度改革创新的实践离不开关系。近年来，贵州率先出台首部省级、市级层面的生态文明建设条例，制定了生态文明体制改革实施方案，搭好了生态文明制度改革的四梁八柱。这些制度创新成果，为贵州探索绿色经济之路、创建全国生态文明先行示范区奠定了良好的基础。

一　主要做法及成效

国家生态文明试验区的核心任务是为全国生态文明制度改革探索经验。

---

* 黎秋梅，中共贵州省委政策研究室干部；姚鹏，硕士，贵州省社会科学院历史研究所助理研究员，研究方向：地理标志产品认证、生态学。

根据中办国办印发的《国家生态文明试验区（贵州）实施方案》，贵州要围绕长江和珠江上游绿色屏障建设、西部地区绿色发展、生态脱贫攻坚、生态文明法治建设、生态文明国际交流合作"五大示范区"战略定位，开展绿色屏障建设制度创新试验、开展促进绿色发展制度创新试验、开展生态脱贫制度创新试验、开展生态文明大数据建设制度创新试验、开展生态旅游发展制度创新试验、开展生态文明法治建设创新试验、开展生态文明对外交流合作示范试验、开展绿色绩效评价考核创新试验等八项制度创新试验[①]。

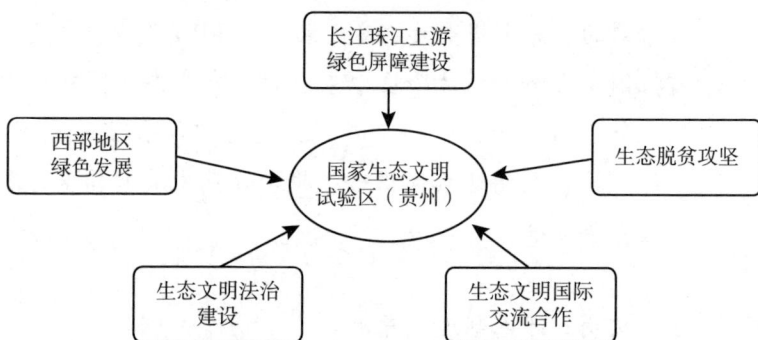

图1　国家生态文明试验区（贵州）战略定位图

资料来源：根据《国家生态文明试验区（贵州）实施方案》统计整理。

（一）探索推进生态保护和责任追究的体制机制

1. 出台措施加强生态保护

在空间规划体系和用途管制制度方面，出台《贵州省生态保护红线》，划定生态保护红线面积为 45900.76 平方公里，占全省面积 17.61 万平方公里的 26.06%[②]；编制完成六盘水市、三都县、雷山县空间规划，出台省级

---

① 吴承坤：《贵州生态文明八项制度创新试验：绿就是金》，《中国经济导报》2018 年 7 月 12 日，http：//www.ceh.com.cn/cjpd/2018/07/1069857.shtml。

② 贵州省人民政府：《省人民政府关于发布贵州省生态保护红线的通知（黔府发〔2018〕16 号）》，http：//www.guizhou.gov.cn/zwgk/zcfg/szfwj_8191/qff_8193/201807/t20180702_1396225.html。

空间规划编制办法；坚持数量和质量并重，划定永久基本农田 5257 万亩，层层签订责任书 2.5 万份，设立保护标识牌 792 块；调整生态保护红线划定范围，开展环境功能区划技术方案制定工作；制定城乡规划修改审查报批工作规则，在贵阳市以及安顺、兴义等 14 个城市（县城）总体规划中明确了城镇开发边界；安顺市、遵义市获批"城市双修"国家试点，在兴义、福泉、威宁等开展省级试点建设；印发实施土地整治规划（2016～2020 年）和城镇建设用地总量控制管理实施方案，提升土地质量，从严控制城镇建设用地。在健全山林保护制度方面，出台推进农业林业领域政府和社会资本合作实施方案、石漠化综合治理社会资本合作项目资金管理暂行办法，在部分项目地开展石漠化社会资本合作试点；印发健全森林生态保护补偿机制的实施方案，明确自 2018 年起将地方公益林补偿标准每亩提高 2 元，达到每亩 10 元，补偿金额从财政预算列支；全面推行矿山资源绿色开发利用方案"三合一"制度。在完善大气环境保护制度方面，建成省级和贵阳市重污染天气监测预警应急体系，启动编制以贵阳市、安顺市、遵义市为重点的黔中城市群大气污染联防联控规划；启动开展县级以上城镇高污染燃料禁燃区划定工作；建成在用机动车环境监管平台，实现国家、省、市、站点四级联动；实行大气环境空气质量周调度制度，对全省 9 个市（州）中心城市和 88 个县（市、区）的大气、水环境质量按月公布并排名。在健全水资源环境保护制度方面，印发全面推行河长制总体工作方案以及 1544 个各级河长制工作方案，全省 3337 条河流共设五级河长 24450 名，聘请河湖民间义务监督员 11220 名，实现所有河流、湖泊、水库河长制全覆盖；出台"十三五"水资源消耗总量和强度双控行动计划落实方案等政策文件，分解下达市县两级用水效率控制目标，并在河长制目标责任书中予以明确；出台城镇污水处理费征收使用管理实施办法，进一步规范污水处理费征收使用管理；开展以县级行政区为单元的水资源承载能力监测预警机制建设，完成 2015年、2020 年和 2030 年阶段性管理目标分解，建成省市县三级"三条红线"指标体系；制定水域滩涂规划编制指南，遵义市播州区等 9 个县（区）编制完成养殖水域滩涂规划；实施草海综合治理 5 大工程，在全省全面取缔网箱养鱼；出台《省人民政府办公厅关于健全生态保护补偿机制的实施意见》，与云南、四川签订《赤水河流域横向生态保护补偿协议》，按比例共同出资 2 亿元，设立赤水河流域横向生态补偿基金，率先在西部地区建立跨省域横向生态补偿制度。在完善土壤环境保护制度方面，全面开展土壤污染状况详查工作，建立土壤环境质量状况定期调查制度，明确每 10 年开展 1 次。建立受污染地块建设用地准入制度，对未经治理修复或者修复不符合标准的地块，不予以办理用地手续；出台《贵州省湿地保护修护制度实施方案》，加强湿地保护和修复，确保到 2020 年全省湿地面积保有量不低于 20.97 万公顷；建立全省污染地块再利用情况半年统计报告备案制度。同时，加快推进自然资源统一确权登记试点，启动自然资源统一确权登记试点实施方案，完成赤水市、绥阳县、钟山区、思南县、普定县全域全要素自然资源和独立自然资源统一确权登记。在推动节能环保方面，加快健全矿山资源绿色化开发机制，印发矿业权出让收益征收管理实施办法（试行）、矿业权出让制度改革试点实施方案等，将矿业权出让收益征收方式从收缴制调整为征收制，明确由省税务局统一进行征收，从根本上改变原来分散在各部门的征收格局；依托省公共资源交易中心，对全省矿业权出让、转让等进行统一监管；加快建立绿色发展引导机制，制定节能环保产业发展实施方案和绿色制造三年行动计划，明确加快节能环保产业发展和绿色制造的主要目标、重点任务和支持政策；出台关于加快磷石膏资源综合利用的意见，在 2018 年全面实施磷石膏"以渣定产"，提高全省磷石膏资源综合利用效率，推动磷化工产业绿色、创新、集约、高效发展；印发"十三五"建筑节能与绿色建筑规划、绿色建筑评价标准、建筑工程绿色施工管理规程等政策和标准规范，设立绿色建筑评价机构，推动形成了绿色建筑设计、施工、运维全方位的标准体系。印发《贵州省生活垃圾分类制度实施方案》，在贵阳市、遵义市、贵安新区启动生活垃圾强制分类，到 2020 年底，基本形成垃圾分类相关法规、规章，形成可复制、可推广的生活垃圾分类模式。印发控制污染物排放许可制实施方案，实现从污染预防到污染治理和排放控制的全过程监管。

表 1　贵州生态保护主要工作

类别	主要内容
空间规划体系与用途管制方面	制定《贵州省自然生态空间用途管制实施办法》
	开展生态保护红线勘界定标和环境功能区划工作
	完成永久基本农田划定工作,实行动态监测
	划定城镇开发边界,实施城市生态修复等工作
	出台贵州"十三五"土地整治规划
山林保护方面	健全水土流失和石漠化治理机制
	健全森林生态保护补偿机制的实施方案
	严格执行矿产资源开发利用、土地复垦、矿山环境恢复治理"三案合一"
大气环境保护方面	实施燃煤火电、水泥等重点行业大气污染物特别排放限值
	建立黔中地区大气污染联防联控机制
	2018 年制定县级以上城市限制燃煤区和禁止燃煤区划定方案,尽快实现城区"无煤化"
	建立更加严格的机动车环保联动监测机制
	实行县(市、区)政府所在地大气环境质量排名发布制度,并对大气环境质量未达标或严重下降地方政府主要负责人实行约谈制度
水资源环境保护方面	全面推行河长制
	实行水资源消耗总量和强度双控行动
	以工业园区污水、垃圾处理设施为重点,落实污水垃圾处理收费制度
	全面建立以县为单位第三方治理的新机制
土壤环境保护方面	以农用地和重点行业企业用地为重点,开展土壤污染状况详查
	实施农用地分类管理,制定实施受污染耕地安全利用方案
	对受污染地块实施建设用地准入管理,防范人居环境风险
节能环保方面	2017 年制定绿色制造三年专项行动计划
	制定节能环保产业发展实施方案
	建立林业剩余物综合利用示范机制
	推行垃圾分类收集处置

2. 开展绿色绩效评价考核

建立绿色评价考核制度。通过制定生态文明建设目标评价考核办法及绿色发展指数,率先在全国开展对地方生态文明建设目标完成情况的年度评价考核。发布《贵州省林业生态红线保护党政领导干部问责暂行办法》和

《贵州省生态环境损害党政领导干部问责暂行办法》，2017年起每年开展生态文明建设目标评价考核，发布各市（州）绿色发展指数，考核结果直接影响领导干部的综合评价、奖惩任免和相关专项资金分配。开展自然资源资产负债表编制。开展领导干部自然资源资产离任审计。印发贯彻落实领导干部自然资源资产离任审计规定（试行）的实施意见、自然资源资产离任审计工作指导意见、开展领导干部自然资源资产离任审计试点实施方案等制度文件，构建了自然资源资产审计评价指标体系，特别是于2014年在全国率先开展领导干部自然资源资产离任审计试点基础上，继续扩大审计试点范围，加强审计结果的应用，及时将审计结果存入被审计领导干部廉政档案，作为干部考核、任用的依据。取消地处重点生态功能区的10个县GDP考核，强化环境保护"党政同责""一岗双责"，实行党政领导干部生态环境损害问责①。完善环境保护督察制度。印发环境保护督察方案（试行）、加强环境保护督察机制建设的八条意见及任务分工方案，开展对9个市（州）、贵安新区及省直管县的环境保护督察，实现全省环保督察巡查全覆盖；配合完成中央环保督察组对贵州省的环境保护督察及"回头看"工作，认真完成督察组交办的群众举报投诉件，并研究制定了督察反馈的问题整改方案。

表2　贵州绿色绩效评价考核

序号	主要内容
1	2017年起每年发布各市(州)绿色发展指数
2	实施生态文明建设目标评价考核
3	编制自然资源资产负债表
4	全面开展领导干部自然资源资产离任审计
5	对各市(州)、贵安新区开展环境保护督察
6	实行党委和政府领导班子成员生态文明建设一岗双责制

① 王淑宜：《贵州："五个绿色"奏响高质量发展乐章》，《贵州日报》2019年4月8日，http://gzrb.gog.cn/system/2019/04/08/017190573.shtml。

（二）探索推进绿色发展的体制机制

1. 完善促进绿色发展市场机制

出台《培育发展环境治理和生态保护市场主体实施意见》，提出加快环境治理和生态保护市场主体的支持政策。印发环境污染第三方治理名单，推动 50 余户企业进行污染物第三方治理。完成重点企业碳排放核查，开展单株碳汇扶贫试点。出台主要污染物排放权交易规则及程序规定、排污权交易和试行办法等规章制度，建成排污权交易及数据云管理系统。在全国较早出台农业用水价格管理办法，明确农业水价成本核定、价格制定原则和方法，累计完成改革农田面积 23.39 万亩。制定贵州省重点生态区位人工商品林赎买试点工作方案，确定 2018～2020 年在毕节市的七星关区、纳雍县、织金县和省级以上自然保护区开展试点。推进生态产品价值实现机制试点建设，围绕加强生态环境保护治理、生态产品价值评估核算、生态产品价值挖掘和交易市场培育、政策制度体系创新等进行建设。

2. 建立健全绿色金融制度

贵安新区获批国家绿色金融改革创新试验区，工商银行、贵阳银行贵安绿色分行已设立，中国银行、农业银行、建设银行、贵州银行、浦发银行、光大银行等已在贵安新区设立绿色支行，中天国富证券已在贵安新区设立绿色金融事业部，中国人保财险在贵安新区建立全国首个"绿色金融"保险服务创新实验室。[1] 抓紧制定支持绿色信贷产品和抵质押品创新政策，稳妥有序探索发展基于排污权等环境权益的融资工具。贵州银行、贵阳银行共计130 亿元绿色金融债券发行获得许可。在遵义市、黔南州、贵安新区开展环境污染强制责任保险试点。[2]

---

[1] 贵安新区：《为绿色发展注入源头活水——贵安新区大力推进绿色金融发展小记》，http://www.gaxq.gov.cn/xwdt/gayw/201904/t20190426_2444639.html。

[2] 吴承坤：《贵州生态文明八项制度创新试验：绿就是金》，《中国经济导报》，2018 年 7 月12 日，http://www.ceh.com.cn/cjpd/2018/07/1069857.shtml

（三）推进生态文明法制化建设

1. 加快生态环境保护地方性立法和管理

确定每年 6 月 18 日为"贵州生态日"，出台的《贵州省生态文明建设促进条例》成为全国首部省级层面的生态文明地方性法规，出台水污染防治条例、环境噪声污染防治条例、水资源保护条例等生态环境保护地方性法规，全省生态文明建设领域地方性法规达 30 余部，与贵州省生态文明试验区建设相适应的法律框架基本成型。制定《贵州省企业环境信用评价工作实施方案》，推进企业环境信用体系建立，实行环境"守信激励、失信惩戒"机制，在全国率先出台《贵州省环境保护失信黑名单管理办法（试行）》，利用信用手段督促企业改进环境；率先在全国出台《关于在环保行政许可中实施信用承诺制度有关事项的通知（试行）》，全面施行环境信用承诺制度。探索建立生态环保执法联动机制，2013 年，贵州省与四川、云南签署了《交界区域环境联合执法协议》，以赤水河流域为重点推进跨省环境联合执法。推进省环保机构监测监察执法垂直管理改革试点工作，编制贵州省环保机构监测监察执法垂直管理制度改革实施方案，印发关于贵州省环保机构监测监察执法垂直管理制度改革有关机构编制事项的批复。

2. 推动生态环境保护司法建设

率先建立环保审判法庭。2007 年，中国第一家生态环境保护法庭——贵阳市中级人民法院生态环境保护审判庭和贵州省清镇市人民法院环保法庭的成立，对生态文明的司法保护进行了积极有效探索。江口县梵净山自然保护区、黔东南州森林公安局、盘州市环保局等探索开展由检察机关派驻生态环保检察室，延伸生态环保检察室监督触角；[1] 全省法院环境资源审判庭扩展到省法院、9 个中院、19 个基层法院共计 29 个法院，形成相对独立、适

---

[1] 《擘画"绿色贵州"美丽画卷》，人民网 – 贵州频道，http://gz.people.com.cn/n2/2018/0706/c344124 – 31783855.html。

度集中的生态环境保护审判机构体系；省市两级检察院均成立生态环境保护检察机构，每个市（州）的2~3个重点生态功能区、重点流域基层院设立专门内部机构，其他基层院采取合署办公方式履行生态环保检察职责，基本实现全覆盖。提起全国首例环境行政公益诉讼、首例检察机关环境行政公益诉讼，率先启动生态司法修复。率先建立生态损害赔偿协议的司法登记确认制度。成立全国首个生态文明律师服务团，公检法与发改、环保、国土、水利、林业等部门建立了联席会议、案件信息共享、案件移送、联合督办、协同查办等机制，公检法之间建立了快诉快处等机制，强化行政执法和刑事司法的联动，并持续开展"六个严禁"森林资源保护、"六个一律"环保利剑执法、环保执法"风暴"等专项行动。

3. 推进生态文明环境损坏赔偿制度建设

实施《贵州省生态环境损害赔偿制度改革试点工作实施方案》，确定了改革试点工作的总体工作和原则，明确了赔偿范围、赔偿义务人、赔偿权利人、赔偿诉讼规则等。出台了《贵州省环境污染损害鉴定评估调查采样规范》《贵州省生态环境损害重大复杂案件会商机制》《贵州省生态环境损害赔偿制度改革试点工作联络及信息报送机制》，制定完善了相关制度和技术规范，组织科研机构集中开展贵州省生态环境损害赔偿磋商制度、贵州省生态环境损害赔偿诉讼规则、贵州省生态环境损害赔偿基金管理使用制度，基本确立了贵州省生态环境损害赔偿制度。完成全国第一例生态环境损坏赔偿磋商案例，发布全国首份磋商司法确认书，生态环境损害赔偿制度改革实施方案已完成合法性审查。制定了《贵州省生态环境损害赔偿诉讼规则》，对生态环境损害赔偿改革实践中涉及的相关诉讼及司法保障等问题进行了明确，为人民法院审理生态环境损害赔偿诉讼案件提供指导。成立生态环境保护人民调解委员会。

（四）建立生态文明国际交流合作机制

连续成功举办十届生态文明贵阳国际会议和生态文明贵阳国际论坛，建立中外前政要、国际组织负责人组成的国际咨询会，与联合国环境署等国际组织以及瑞士等发达国家建立了务实的国际交流合作机制。① 作为我国唯一以生态文明为主题的国家级国际性高端论坛，生态文明贵阳国际论坛在以习近平同志为核心的党中央的亲切关怀下，于 2013 年升格为国家级国际性论坛。十年来，论坛成为汇聚全球智慧、共商可持续发展、共同探讨生态文明发展路径的平台，吸引了联合国、国际组织和各国政要、前政要以及商学媒体等各团体的积极参与。特别是 2018 年论坛年会，几乎涵盖了全球生态自然环境和可持续发展领域的所有顶级国际知名组织，② 并与联合国环境署等国际组织建立合作机制，积极开展交流合作和人才引进，组织省内政府机构、高校和企业参加国际展览等。启动开展生态文明建设高端智库筹建工作，与国内外知名专家学者、联合国有关机构、国际知名组织积极联系，推动相关工作。启动开展论坛发展规划编制工作。论坛自举办以来，形成一批务实有效的宣言倡议、行业标准、发展建议和研究报告，落地了许多理论成果，更加响亮发出新时代生态文明建设"中国声音"、贡献"中国方案"、展现"中国行动"，充分发挥中国生态文明建设参与者、贡献者、引领者作用。

（五）推进生态与其他领域融合发展机制

1. 推进生态脱贫制度创新

开展扶贫生态移民工程。搬出了一批世居在深山区、石山区、高寒山区等生态环境脆弱、贫困程度深、脱贫难度大地区的农村人口，促进了迁出地的生态恢复，改善了迁出群众的生产生活条件，③ 并出台政策对旧房拆除复垦复绿进行奖励，取得了明显的生态建设和扶贫开发双重效果。完善生态建设脱贫攻坚机制。出台建档立卡贫困人口生态护林员选聘政策，2017 年新增

---

① 《全力筑牢长江上游绿色屏障——贵州省推动长江经济带发展综述》人民网－贵州频道，2018 年 7 月 22 日，http://gz.people.com.cn/GB/n2/2018/0722/c194827 - 31843767.html。
② 万秀斌、汪志球、程焕：《生态文明贵阳国际论坛十年记》，《人民日报》2018 年 7 月 10 日，http://www.guizeco.com/system/2018/07/10/016687622.shtml。
③ 贵州省人民政府：《省人民政府办公厅关于切实做好 2012～2015 年扶贫生态移民工程收尾工作的意见》，http://www.guizhou.gov.cn/zwgk/zcfg/szfwj_8191/qfbf_8196/201709/t20170925_823930.html。

下达生态护林员指标 2.05 万名。制定光伏产业扶贫实施方案。在赤水桫椤国家级自然保护区开展生物多样性与减贫试点建设。完善资产收益脱贫攻坚机制。印发水电矿产资源开发资产收益扶贫改革试点实施方案，在普定县、贵定县、黄平县、贞丰县、威宁县、水城县开展试点。制定 2018 年农村"三变"改革工作方案，深入推进农村"三变改革"。完善农村环境基础设施建设机制。制定农村人居环境整治三年行动实施方案，提出建立并推行"户分类、村收集、乡（镇）转运、县（市）集中处理"的生活垃圾收运处置体系，到 2020 年力争 30 户以上自然村寨生活垃圾治理率达 90%；印发《贵州省培育发展农业面源污染治理、农村污水垃圾处理市场主体方案》，逐步建立完善农业、农村环境治理市场体系，建立基于环境质量改善为目标的"以效付费"机制[1]；启动实施农村人居环境整治三年行动和推进厕所革命三年行动，完成农村户用卫生厕所建设改造 37.5 万户。开展传统手工技艺助推脱贫攻坚"十百千万"培训工程、非遗振兴计划，颁布实施海龙囤保护条例等。

表3 贵州生态脱贫主要做法

序号	主要内容
1	开展易地扶贫搬迁，对迁出区进行生态修复，实现保护生态和稳定脱贫双赢
2	建立政府购买护林服务机制，为贫困人口提供护林服务岗位，拓宽贫困人口就业和增收渠道
3	开展光伏发电扶贫
4	开展生物多样性保护与减贫试点工作
5	开展贫困地区水电矿产资源开发资产收益扶贫改革试点
6	深入推广资源变资产、资金变股金、农民变股东"三变"改革经验
7	治理农村生活垃圾
8	制定《贵州省培育发展农业面源污染治理、农村污水垃圾处理市场主体方案》

2. 推进生态文明大数据建设制度创新

加快生态文明大数据综合平台建设。按照"十三五"贵州省环境保护

---

[1] 贵州省生态环境厅：《关于省环保厅、省农委、省住建厅印发〈贵州省培育发展农业面源污染治理、农村污水垃圾处理市场主体方案〉》，http://hb.guizhou.gov.cn/xwfb/201811/t20181101_3344448.html。

大数据建设规划要求，结合环境保护监测、环评、应急、执法以及环保云大数据试点等要求，全力推动全省环保大数据体系建设，目前已建成数字环保和环保云综合平台，初步建成环评三级联网审批系统和机动车尾气综合数据库系统。加快建立生态文明大数据应用模式基础制度。与税务部门建立联动机制，在黔西南州开展排污费征收数据、征收对象、污染物监测方式等涉及环境保护税的税基核算试点摸底。发布环境保护税征管技术规范，建成环境保护税核心监管系统和涉税信息共享平台。以企业排污许可信息为基础，分步骤推动固定污染源名录库建设，核发行业排污许可证。出台生态环境监测网络与机制建设方案，建立统一的生态环境监测网络，加强大数据在生态文明领域的运用。编制完成《贵州省生态环境大数据中心建设方案》，逐步建成覆盖生态环境监测、监控、监管、处罚、办公、服务的生态环境大数据资源中心。编制生态环境数据资源管理办法，建立生态环境数据协议共享机制和信息资源共享目录，实现全省生态环境关联数据资源整合汇聚。启动企业环境信用评价试点，在环境管理中推行信用承诺制度。

3. 推进生态旅游发展制度创新

建立生态旅游开发保护制度。编制发布《贵州生态旅游发展规划及案例研究》《贵州生态文化旅游创新区产业发展规划》等多个省级旅游发展规划，在全国率先启动旅游资源大普查，摸清贵州旅游资源家底，建成省旅游资源大普查成果数据库管理平台，普查完成的旅游资源单体8.27万处全部登记入库。建立规范旅游规划编制、规划审核以及旅游资源开发利用公示、管理监督、责任追究等制度。建立生态旅游融合发展机制。成功入选国家全域旅游示范省创建单位，为全国7个创建省份之一；毕节百里杜鹃、荔波漳江、遵义赤水、铜仁梵净山成功创建国家生态旅游示范区。完成28个旅游体制改革试点，安顺市整合黄果树等优势旅游资源探索建立生态旅游资源融合发展机制。印发创建国家全域旅游示范省实施方案，从全景式规划、全季节体验、全社会参与、全产业发展、全方位服务、全区域管理等方面提出支持全域旅游政策。

二 存在问题

（一）制度设计"碎片化"，缺乏顶层设计

生态环境问题往往具有区域性、系统性，不同生态环境问题也会存在关联，推动生态文明试验区建设，需要根据这些规律特点，创新和建立相应开发和保护制度，保护"山水林田湖草"生命共同体的完整性。但在具体实践中，各方面制度没有很完整地形成从统一的方案到具体的保护、治理、管理、责任追究、生态赔偿等具体规定，一些制度设计上存在缺项。不同制度设计没有考虑影响生态环境因素之间的关联性，没有很好的衔接不同方面的制度。例如，通过国家部委授权或环境要素的试点在一定程度上相互协调性还不够，领导干部自然资源资产离任审计建立在编制完成自然资源资产负债表的基础上，而对领导干部生态文明建设责任追究又是以领导干部自然资源资产离任审计为基础，然而在具体改革中，这三个方面改革在很大程度上均是独立推进，还没有形成很好的沟通协调机制，改革推动的"部门化"情况依然存在，部门利益格局还没有完全打破，部门信息共享未完全建立，推动改革的系统性不强。例如，生态补偿工作面临全国性和系统性的生态补偿机制尚未真正建立；横向生态补偿缺少法律依据，相关法律法规不健全；生态补偿资金渠道单一，基层资金配套困难等问题。例如，按照改革方案，目前生态环境损害赔偿制度只能解决有明确赔偿义务人的情形，缺乏对大量原有致害人已经消失的生态损害问题的解决机制。这些都很容易导致改革制度相互矛盾的情况发生，不利于实现改革资源配置的最优化和制度成效的最大化。

（二）评价考核结果运用效果不明显

2016 年 12 月，中办国办出台《生态文明建设目标评价考核办法》。2017 年 12 月，国家统计局发布各地 2016 年度生态文明建设评价结果。省

内也相应出台了生态文明建设目标评价考核办法，并完成了对各市（州）党委、政府生态文明建设目标完成情况的考核。无论是国家的评价结果，还是贵州省的考核结果，都缺乏对评价结果和考核结果运用的相关机制，考核评价结果落地落细落实不到位，没有形成真正意义上的绿色"指挥棒"。未建立与部门绩效考核联动的激励机制和约束考核机制，对推动改革成效卓著的，缺乏奖励和鼓励；对推进改革拖沓、落实不力的，缺乏有效约束的问责。

（三）队伍建设有待加强

在机构设立上，目前省级设立了生态建设领导小组和生态文明试验区建设领导小组，并在省发展改革委下设领导小组办公室，作为跨部门协调机构负责协调省与市（州）、省各有关部门之间的生态文明试验区建设有关工作。市级层面，相应协调机构大多也设在发改部门，但相比省级层面来说，负责承担生态文明建设领导小组日常工作的科室仅有 2~3 名人员，力量十分薄弱。再到基层，生态文明建设专职工作人员更是少之又少。在人才队伍上，从生态文明建设统筹指导到各领域专业管理人才都不足，部分市（州）对生态文明试验区建设任务一知半解，从领导小组办公室层面进行协调推动的阻力仍然存在。虽然贵州省对生态文明制度改革的宣传、培训力度不断加大，但针对部分基础性改革制度具体情况，当地党政领导干部一知半解，没有全面了解和掌握主体功能区的相关知识，有的地方主官对主体功能区划分标准、具体划分范围等基本没有概念，缺乏基本认知。机构能力不足、人才力量和人才队伍整体素质薄弱，制约了贵州生态文明建设的推进。

（四）部分领域制度创新力度不大

贵州生态文明试验区建设，既有落实中央关于生态文明体制改革决策部署的"规定动作"，也有发挥地方首创精神的"自选动作"，但中央对"规定动作"的关注程度明显高于"自选动作"，并且对"规定动作"的督促指导力度还有提升空间。总体上，中央明确并有顶层设计的改革任务推进较为顺利，但结合贵州省实际，以问题为导向，大胆进行体制机制创新还有差距，地方在落实"规定动作"上习惯依照中央指示依葫芦画瓢，缺乏创新精神，不敢于突破。比如党政领导干部环境保护责任追究制度有待深化，推动责任落地的实施细则、具体办法还需配套；涉及机构、人员和资金的改革举措推进难度很大。特别是国家部委对相关试点的确定缺乏退出机制，地方在争取试点时积极性非常高，但在推动落实试点建设时又明显乏力，"重申报轻建设"情况不同程度存在。

三 推动贵州加快生态文明试验区建设的对策建议

（一）加强顶层设计，统筹考虑制度制定

生态文明建设涉及内容多、范围广，很难通过制定一两条政策来解决，我们必须进行系统、全面、科学地规划，统筹考虑绿色屏障建设、促进绿色发展、生态脱贫、生态文明大数据建设、生态旅游发展、生态文明法治建设、生态文明对外交流合作、绿色绩效评价考核等八项制度创新试验，建立健全由八项制度构成的较为系统完整的生态文明制度体系，使得各项制度设计上下贯通、横向关联，在《国家生态文明试验区（贵州）实施方案》的统领下，形成"1+8"生态文明制度创新体系。省级部门要统一部署，科学系统制定八个方面的制度，要量化目标任务、细化时间节点、明确工作措施，要管具体、管长远，要落地落细落实，有力指导贵州生态文明建设。

（二）加强结果运用，科学评价考核

考核目标体系的制定决定生态文明建设能否有效推进，要结合实际科学制定指标体系，既有共性指标，也有差异化指标；积极探索有效考核方式，既要按照指标体系来考核，也要结合群众反映来考核。考核结果的运用决定生态文明建设考核工作的价值。要加大对生态文明建设目标评价结果涉及的

相关专项考核指标，特别是约束性考核指标的考核结果运用，严格落实奖惩。对坚持原则、善于领导、成绩突出、群众认可的优秀干部，要加强表彰奖励、提拔任用；对急功近利、弄虚作假、形式主义突出，不作为、慢作为、乱作为，造成严重后果和恶劣影响的干部要进行考核问责、调整岗位；对积极探索生态文明建设上敢想敢闯敢试的干部，要建立适当的容错机制，让肯干能干实干的干部有制度保障，可以甩开膀子干工作。

（三）加强队伍建设，提高干部队伍工作能力

在机构设立上。国家层面，要明确负责协调各部委生态文明建设相关工作的协调机构，配备专门力量推动相关工作；同时，明确给予地方人员编制、机构建设等方面支持政策，解决地方生态文明试验区统筹协调机构人员严重不足的困难。省级层面，不仅要肩负起全省生态文明建设各地区各部门的协调作用，还要肩负起各领域各行业的指导作用，应设立省级生态文明建设部门，完善机构设立，健全机构功能。市（州）及基层，结合自身条件设立专门的生态文明建设部门或设立协调联络机构确定专人负责。在人员素质提升上，要因岗定人，选拔适合岗位需求的专业能力强的领导干部和工作人员。要加大业务培训，结合工作要求、结合形势发展开展业务培训，既要立足本地实际培训，也要走出去学习先进经验，全面提升干部队伍工作能力。

（四）加强改革创新，发挥示范带头作用

中央设立生态文明试验区的目的，就是通过地方对难度较大、需先行探索的生态文明重大制度开展先行先试。生态文明试验区要发挥示范带头作用，就要从以下几方面加大改革力度：加强政策支持，建议在不违反机构编制相关法律法规的前提下，国家对贵州生态文明试验区建设给予大力支持，开辟针对试验区建设需要报备审批的改革方案快速审批通道。加快生态文明制度改革创新，建立健全生态环境约束机制、补偿机制、投入机制，统分结合、整体联动的工作机制等，不断增强制度体系的系统性、完整性、协同

性，推动贵州生态文明建设步入制度化、规范化轨道。为贵州人民释放更多生态红利，增添更多绿色福利，提供更多发展动力，着力解决好人民日益增长的优美生态环境需要与更多优质生态产品供给不足的突出矛盾，提升人民的幸福感、获得感、安全感。

B.4
贵州绿色家园建设情况与形势分析

李文龙　周之翔　姚　鹏*

摘　要：　贵州立足山地的省情，坚持走山地特色新型城镇化道路，不摊"大饼"、多蒸"小笼"，为生态"留白"、给自然"种绿"，营造山水城市、打造绿色小镇、建设美丽乡村、构建和谐社区，加大农村人居环境整治力度，大力推进农村"厕所革命"，加快建设宜居宜业宜游的绿色家园，实现了山水、田园、城镇、乡村各美其美、美美与共。不断满足人民对优美生态环境的需要，贵州应持续推进绿色家园建设，加快推进森林进城、绿色下乡，深入开展农村人居环境整治，扎实推进村庄绿化，让广大人民群众居住环境绿树环抱、生活空间绿荫常在，推窗见绿、出门进林、亲近自然、享受绿色。

关键词：　绿色家园　美丽乡村　森林城市

　　贵州省委十一届七次全会提出，要因势利导建造绿色家园，让居民望得见山、看得见水、记得住乡愁。环境质量是绿色家园的载体，绿色发展是绿色家园的根基，绿色家园蕴涵无限生机。贵州在实施大生态战略行动中，积

---

* 李文龙，中共贵州省委政策研究室干部；周之翔，博士，贵州省社会科学院历史研究所副研究员，研究方向：中国思想史、生态文明建设；姚鹏，贵州省社会科学院历史研究所助理研究员。

极创造良好生产生活生态环境，让老百姓从绿色家园建设中分享到更多"绿色福利"。

一 建设绿色家园是人类的共同梦想

习近平总书记2016年在参加首都义务植树活动时指出："建设绿色家园是人类的共同梦想"，在致生态文明贵阳国际论坛2018年年会贺信中指出，"生态文明建设关乎人类未来，建设绿色家园是各国人民的共同梦想"。绿色是永续发展的必要条件和人民追求美好生活的重要诉求。从某种角度来看，人类的文明史是利用绿色资源来提高生活质量的历史。

（一）从全球来看，良好的生态是人类发展的基础，美丽的家园是人类共同的期盼

生态兴则文明兴，生态衰则文明衰。观照历史，古代四大文明古国的埃及、巴比伦、印度、中国均发源于生态良好、田野肥沃的地区。但有的地方为了得到耕地，毁灭了森林、破坏了生态，今天竟因此而成为不毛之地。面对当前，世界各国都在深刻反思传统工业文明带来的生态危机，纷纷推动发展理念和实践的重大转型，致力于绿色发展、循环发展、低碳发展和可持续发展。特别是在经济全球化大背景下，各国对生态环境的关注和对自然资源的争夺日趋激烈，一些发达国家通过设置环境技术壁垒，大打生态牌，加强生态文明建设和生态环境保护已经成为当代世界的时代潮流，成为各国追求可持续发展的重要内容和提高国际竞争力的重要手段。

（二）从全国来看，美丽中国建设深入人心，人民群众对美丽家园的需要越来越迫切

改革开放以来，我国经济社会快速发展，结束了物质产品和文化产品短缺的局面。随着生活水平的不断提升，人民群众对环境质量、生存健康的关注度越来越高，也越来越迫切，呈现出从"求温饱"到"盼环保"、从"谋

生计"到"要生态"的新趋势。如今，随着我国社会主要矛盾的转化，人民群众对优美生态环境需要已经成为人民日益增长的美好生活需要和不平衡不充分的发展之间的矛盾的重要方面，广大人民群众热切期盼加快提高生态环境质量，绿色的食品、清洁的水源、新鲜的空气、宜人的气候，普遍受到欢迎；相反，一旦发生雾霾天气、企业污染、水源破坏等环境问题，公众反映十分强烈，在有的地方甚至发生群体性事件。

（三）从贵州来看，生态好才能生存好，有绿色家园才有幸福生活

在改革开放初期，很多农民肚子填不饱，没地就砍树开荒种粮食。当时毕节很多地方的人，到处砍树开荒，结果"风一刮黄沙漫天，雨一来泥沙俱下"，即便一家有山地几十亩，依然"春种一大坡，秋收几小箩"，陷入越垦越穷的恶性循环。在生态文明理念指引下，毕节试验区搞起了"五子登科"——山顶种植松杉柏"戴帽子"、山腰搞经济林木"缠带子"、山下搞农业结构调整"铺毯子"、富余劳动力务工"挣票子"、增收致富建设美丽乡村"盖房子"的"新五子登科"，山绿了，水清了，人也富起来了，从而实现了山、水、林、田、路、房的综合治理和生态效益、经济效益、社会效益的统筹兼顾。贵州毕节的生动实践充分表明，有了美丽绿色的家园，才会有幸福美好的生活，才能增强幸福感获得感安全感。

二　贵州绿色家园建设取得重大成果

贵州紧紧围绕山水城市、绿色城镇、美丽乡村建设，坚持城乡一体，统筹推进城区、城市周边、乡镇、村庄和交通水系等的造林绿化，建设林城相宜、林居相宜、林路相宜、林水相宜、林田相宜的城乡绿色家园，积极推进城镇留白增绿，着力打造绿色家园，改善人民生产生活条件，为老百姓留住鸟语花香田园风光，使老百姓享有惬意生活休闲空间。

（一）山水城市建设实现增彩添绿

贵州从宜居、宜业、宜游出发，大力推广绿色建筑，推进森林公园和湿地公园建设，大幅增加城区绿量，使城市适宜绿化的地方都绿起来，不断改善城市的人居环境，提升城市亮化、绿化、净化、美化水平，使生产空间集约高效、生活空间宜居适度、生态空间山清水秀。城市公园建设和城市绿地面积大幅提升，新增城市（县城）建成区绿地面积 4827.01 万平方米，城市公园绿地面积 652.20 万平方米，城市（县城）建成区绿地率达 32.11%，人均公园绿地面积 13.05 平方米。

表1　贵州省城市绿地和园林概况（2017）

城市	建成区园林绿地面积（公顷）	公园绿地面积（公顷）	公园（个）	公园面积（公顷）	建成区绿化覆盖率（%）
全　　省	102206	17343	397	17540	32.84
贵 阳 市	13884	5046	19	3528	40.90
六盘水市	2418	410	14	2149	37.22
遵 义 市	4988	2076	29	2035	39.66
安 顺 市	2373	957	31	642	37.10
铜 仁 市	1355	284	10	350	35.88
兴 义 市	1597	346	9	382	39.01
毕 节 市	1401	585	9	621	32.28
凯 里 市	1438	268	14	286	22.78
都 匀 市	1457	261	9	340	35.97
清 镇 市	1041	228	6	118	42.00
盘 州 市	690	165	3	181	36.00
赤 水 市	658	187	11	175	40.79
仁 怀 市	378	214	3	4	16.95
福 泉 市	453	155	3	93	24.78

资料来源：根据《贵州统计年鉴 2018》整理。

1. 森林进城绿化城市

贵州森林城市建设起步较早，自 2004 年国家森林城市创建工作启动以来，贵阳市凭借一环林带和二环林带的优势，以及"绿带环绕，森林围城，城在林中，林在城中"的城市格局，成为全国首座获得"国家森林城市"称号的城市。2010年遵义市也获此荣誉。党的十八大以来，全国森林城市建设风起云涌，贵州"创森"工作再掀高潮。2012年，成立"贵州省关注森林活动委员会"，2013年，贵州省绿化委员会办公室、原贵州省林业厅联合下发《关于开展贵州省森林城市创建工作的通知》，决定在全省开展创建省级森林城市活动，先后授予安顺市、凯里市、赤水市、印江县、习水县、石阡县、思南县、七星关区等8个市县（区）省级森林城市称号，其中，安顺市、凯里市等5个城市已经进行国家森林城市备案并逐步开展创建工作，凯里市国家森林城市建设总体规划已通过评审。同时，积极谋划制定了包含森林城市、森林小镇、森林村寨、森林人家发展的《贵州省森林城市发展规划（2018~2030）》，确定了一个时期内贵州森林城市建设的目标任务、标准和程序，引领森林城市建设。出台《关于加快推进森林城市建设的实施意见》《关于支持森林城市建设的十条措施》《贵州省森林城市建设三年行动计划》等政策文件以保证顺利实施。2018年4月，贵州省全面启动实施森林城市建设三年行动计划，计划到2020年，建设10个国家级森林城市、60个省级森林城市、1000个大中小微型森林公园。2018年12月，贵州省绿化委员会办公室、贵州省林业局授予仁怀市、西秀区等12个县（市、区）"贵州省森林城市"称号。2018年底，全省已有32个市（州）县（市、区）先后获得"贵州省森林城市"称号。

表2　贵州省省级森林城市建设情况

命名年度	城市
2015年（5个）	凯里市、印江县、赤水市、习水县、七星关区
2016年（3个）	安顺市、思南县、石阡县
2017年（12个）	铜仁市、黔南州、万山区、松桃县、织金县、金沙县、六枝特区、水城县、镇宁县、剑河县、独山县、册亨县
2018年（12个）	仁怀市、平坝区、西秀区、普定县、关岭县、紫云县、大方县、黔西县、纳雍县、赫章县、德江县、沿河县

资料来源：根据《贵州统计年鉴》（2015、2016、2017、2018）统计整理。

2. 环境保护美化城市

环境保护模范城市（设市城市）的创建评比表彰活动，是原国家环境保护部主导的、围绕推进生态文明建设和环境保护、以创建活动为工作推进载体、鼓励地方政府积极参与、反映地方生态文明建设和环境保护成效、树立生态文明建设和环境保护示范模范典型标杆的一类重要平台工作。各地进行生态示范区和环保模范城市创建中，瞄准国家高标准、均集中了各方面各层次创建资源系统地用于当地生态保护和环境治理，同时推动产业合理布局和生产方式逐步绿色化，强化了当地领导干部生态环境保护意识，探索建立了综合考评机制，形成强大的工作合力和创建氛围，也促进解决了一批历史遗留的环保难题和影响群众健康的突出环境问题。生态环境保护投入短期内得到较大幅度增长，建设了一大批污水处理、垃圾处置、危废物处置等环境基础设施，硬件托底保障作用凸显。城镇园林绿化和植树造林、废弃资源综合利用、城区河道环境整治、饮用水源保护与环境风险防范、城市生活垃圾收集处理、城市生活污水处理、农村环境综合整治、工业污染防治设施建设运行、环保监测监管能力建设等一系列硬件项目在示范区、模范城市创建活动期间迅速上马，历史环保欠账和短板得到快速补齐，为稳定改善区域环境质量、防控环境安全风险奠定了坚实基础，实现经济社会发展和生态环境保护协同共进。到 2017 年底，全省已命名省级生态县 7 个（赤水市、湄潭县、正安县、绥阳县、汇川区、平坝区、凤冈县），对铜仁市江口县、遵义市红花岗区进行了省级生态县创建技术评估待地方整改申报验收，命名五个年度五批次（第四批至第八批）共计 342 个省级生态乡镇、467 个省级生态村；赤水市、湄潭县"国家级生态县"创建通过原国家环境保护部现场验收并于 2016 年 8 月获得命名，乌当区 2017 年 9 月获原国家环境保护部批准设置为"第一批'绿水青山就是金山银山'实践创新基地"，汇川区、观山湖区 2017 年 9 月获原国家环境保护部命名为第一批"全国生态文明建设示范市县"。

3. 卫生整治净化城市

国家卫生城市是全国爱卫会授予城市环境卫生方面的最高荣誉，也是反映和评价一个城市发展水平和文明程度的综合性标志。贵州深入开展"多彩贵州文明行动",广泛发动群众参与卫生创建活动,围绕"爱国卫生月"、"世界厕所日"和全民健身等一系列健康教育活动,多层次、多渠道、经常性地深入宣传爱国卫生运动的意义、卫生保健知识和传染病防治知识,引导群众养成健康、文明、卫生的生产生活方式,进一步提高了群众参与爱国卫生工作的积极性、主动性。

表3 贵州省城市市容环境卫生概况 (2017)

城市	清扫保洁面积 (万平方米)	生活垃圾清运量 (万吨)	市容环卫专用车辆 设备总数(台)	公共厕所 (座)	生活垃圾无害化 处理率(%)
全 省	20904	576.74	7087	3413	—
贵 阳 市	4556	121.43	1951	620	97.5
六盘水市	600	23.31	219	67	95.1
遵 义 市	2849	47.56	840	685	95.3
安 顺 市	1017	21.80	569	159	95.0
铜 仁 市	467	17.00	85	94	95.3
兴 义 市	1150	12.78	230	36	93.9
毕 节 市	496	19.83	183	72	94.5
凯 里 市	463	19.59	73	79	91.1
都 匀 市	639	11.25	188	38	90.1
清 镇 市	346	6.84	87	48	90.8
盘 州 市	210	6.50	54	62	91.0
赤 水 市	159	4.37	41	32	92.1
仁 怀 市	290	6.50	164	55	93.1
福 泉 市	183	4.79	48	62	91.0

资料来源:根据《贵州统计年鉴2018》整理。

(二)绿色小镇建设体现山水风光民族风情特色风物

贵州把绿色作为小城镇建设的底色,以建设示范小城镇为抓手,依托山水脉络等独特风光,完善生产生活配套设施,彰显建筑风格和文化品位,高标准规划建设一批体现山水风光、民族风情、特色风物的绿色小镇。

1. 不断完善城镇规划体系

制定省域城镇体系规划实施办法，开展城市（县城）总体规划局部调整规程工作，批复实施安顺市及惠水县、兴仁县等市县的城市总体规划。积极推进试点工作，城市设计试点工作取得突破，贵阳市成为国家第二批试点，贵安新区、雷山县成为省级第一批试点，安顺市、遵义市成为全国"城市修补""生态修复"试点，兴义市、福泉市、威宁县成为省级试点。积极推进改善农村人居环境县域乡村建设规划及村庄规划编制任务，将其整体落实到全省所有县（区、市），全省 88 个（区、市）已有 30% 完成县域乡村建设规划编制工作。

2. 加快城镇环保设施建设

出台了"十三五"城镇污水、垃圾处理设施建设规划，扎实推进小城镇污水垃圾处理设施建设，2017 年新增污水管网 900 公里，2018 年 11 月底，全省共建成 104 个建制镇污水处理设施，建成 203 个建制镇生活垃圾处理（收转运）设施。各地相继建成一批重大环保设施，贵阳市、六盘水市、都匀市生活垃圾焚烧发电项目基本完工，铜仁市、凯里市生活垃圾焚烧发电项目建成投产。

3. 积极推进森林乡镇建设

贵州省森林城市建设三年行动计划明确提出，建设 100 个森林小镇，1000 个森林村寨，10000 户森林人家。2018 年 12 月，贵州省绿化委员会办公室、贵州省林业局授予偏坡布依族乡等 70 个乡（镇）"贵州省森林乡镇"、保寨村等 193 个村寨"贵州省森林村寨"、陈华忠等 1100 户"贵州省森林人家"称号。

4. 特色小镇建设取得突破

2016 年，住房和城乡建设部公布全国第一批特色小镇，贵州花溪区青岩镇、六枝特区郎岱镇、仁怀市茅台镇、西秀区旧州镇、雷山县西江镇等 5 个小城镇入选，数量居西部省份第二位。"十三五"期间，全省着力实施全域小城镇建设"3 个 1 工程"，即以示范小城镇为引领，打造 10 个世界知名的特色小镇，重点培育 100 个全国一流的特色小镇，强力助推全省 1000 多个小城镇同步小康，走出一条奔小康、速度快、质量高、百姓富、生态美的小城镇发展新路。自2012年第一届全省小城镇建设发展大会召开以来，贵州已连续召开了七届全省小城镇建设发展大会。2018年9月8日，贵州省第七届全省小城镇建设发展大会在黔南州召开。一批绿色小镇有的以高端产业为特色，有的以文化旅游为特色，有的以民族风情为特色，如雨后春笋般快速发展起来。

（三）美丽乡村建设实现农村人居环境持续改善

贵州美丽乡村建设起步早、影响大，大致经历了探索推广、丰富提升和整体推进三个阶段。2000~2013年，贵州以推广余庆县"四在农家"创建活动为载体，全面推进社会主义新农村建设，此为探索推广阶段。2013~2016年，贵州以"水、电、路、讯、房、寨"等基础设施提质改善为重点，实施六项小康行动计划，此为丰富提升阶段。2013年，以建设小康路、小康水、小康房、小康电、小康讯、小康寨为重点，出台《关于实施贵州省"四在农家·美丽乡村"基础设施建设六项行动计划的意见》，着力建设生活宜居、环境优美、设施完善的美丽乡村。2016~2020年，按照"一个村庄都不落下"的目标，全省重点实施"10+N"行动计划，即以绿化工程、垃圾污水治理、特色文化保护发展等"10"项行动为主线，引导各地选择"N"个项目推进人居环境改善，此为整体推进阶段。2018年2月，按照国家《农村人居环境整治三年行动方案》的总体要求，贵州省全面启动开展农村人居环境整治，深入推进美丽乡村建设。

1. 大力推进农村"厕所革命"

贵州农村基础设施薄弱，加之长期以来养成的生活习惯，厕所卫生问题比较突出。来一场"厕所革命"，既关系广大农村群众工作生活环境的改善，也关系村民素质和乡村文明程度的提升。贵州各地各部门克服投入资金不足、干旱地区农村户用卫生厕所改造难度大等不利因素，2018年共完成农村户用卫生厕所改造90.4万户，占年度任务数（70万户）的129%；完成村级公共厕所改造 5609 个，占年度任务（5000 个）的112%，超额完成任务[①]。

2. 深入治理农村生活垃圾

相继编制出台了《贵州省农村生活垃圾治理三年行动计划》《贵州省农村生活垃圾治理技术导则》《贵州省整县推进农村生活垃圾治理验收标准》。积极推进建制镇垃圾处理（收转运）设施建设，目前已开工建设 339 个，建成 199 个，以城带乡、以镇带村，统筹推进农村生活垃圾治理。全国农村生活垃圾分类和资源化利用示范县的湄潭县、西秀区、麻江县 3 个行政村垃圾分类覆盖率均达到 80% 以上。针对农村生活污水排放、收集、处理、管理不规范等现状，编制贵州省乡村污水治理三年推进方案和中心村污水集中收集处理方案，通过建设污水处理厂、生态湿地、进入城镇污水管网、化粪池等污水治理方案，推进污水资源化利用，统筹解决农村污水问题。

3. 着力改善提升农村村容村貌

组织开展县（市、区）域乡村规划编制工作，1.36 万个需要开展规划编制的行政村村庄规划编制全面覆盖。采取积极有效的措施，提高村民和村民自治组织的主体意识和责任意识，将村庄规划纳入村规民约，推进村庄规划落地落实。编制《贵州省村庄风貌指引导则》《贵州省农房风貌指引导则》等技术规范，对农房建设体量和风貌进行严格控制，改造完成农村危房 21.13 万户，小康房建设完成 2.6 万户。村庄公共照明设施不断普及，村庄绿化覆盖率不断提高，村庄环境卫生进一步改观，村庄治理得到有效改善。

（四）和谐社区实现人与自然和谐共生

贵州紧紧围绕促进人与人、人与自然相和谐，把绿色健康理念融入社区建设全过程，注重人与建筑、人与周边环境的协调，促进社区建设生态化。注意加强和创新社区治理，加快完善社区公共服务体系，通过购买服务等措施扩大服务范围、丰富服务内容、提升服务质量，促进社区服务人性化。

---

① 《铺展乡村振兴路——2018 年全省"三农"工作回眸》，《贵州日报》2019 年 1 月 16 日发布，http：//fpb.guizhou.gov.cn/ywgz/cyfp/201901/t20190116_2810076.html。

1. 大力创建"新型社区、温馨家园"

贵阳市以减少层级、转变职能、分清职责、形成合力为重点，积极推进城市基层管理体制改革，构建新型社区治理体系。深入开展以"创文明社区、绿色社区、平安社区，建强社区党组织，提升社区群众满意度"为主要内容的"三创一强一提升"活动，全力创建特色鲜明的"新型社区·温馨家园"。在创建过程中，每年投入一定的社区公益事业项目资金，提升社区基础设施水平，着力改善社区群众反映强烈的环境脏乱差等突出问题，增强了新型社区的凝聚力，取得了良好的社会效益。

2. 大力开展绿色创建活动

贵州各地各部门深入开展各类绿色创建活动，共同建设美丽的家园。共青团积极开展"青春绿动"活动，相继开展了"绿动遵义·青春建功""青春绿动·美在安顺""美丽毕节·青春绿动"等主题活动，组织动员团员青年植树造林。妇联组织开展了"乡村振兴巾帼行动""贵州省巾帼示范农家乐"等活动，动员妇女群众积极投身绿化家园事业。原省环境保护厅、省教育厅联合开展贵州省"绿色学校"创建活动，授予贵阳市第十七中等50所学校为2018年贵州省"绿色学校"称号。交通部门积极推进"畅、安、舒、美"路建设，不断加大国省干线公路绿化。林业部门深入推进森林村寨和森林人家建设，建成森林村寨193个、森林人家1100户①。

表4 贵州省"绿色学校"名单（2018）

所在地方	学校
贵 阳 市	贵阳市第十七中学、贵阳市第二实验中学、南明区八公里小学、修文县六广中学、清镇市流长小学、息烽县青山新华希望小学
遵 义 市	仁怀市后山民族中学、仁怀外国语学校、绥阳县绥阳中学、遵义市第五十七中学、桐子县第五中学、播州区第一小学、乌江镇乌江中学、正安县第一中学、正安县庙堂镇中心小学

① 《2018年贵州省国土绿化公报》。

所在地方	学校
六盘水市	钟山区第四实验小学、水城县第一小学、钟山区第四小学、盘州市第十二中学、六枝特区第九中学
安 顺 市	西秀区七眼桥镇云峰初级中学、普定县第二中学
毕 节 市	毕节市第一中学、大方县中心幼儿园、大方县八堡彝族苗族乡堰塘中学、织金县思源实验学校、纳雍县第一中学、威宁自治县六桥街道大马城小学、威宁自治县海边街道海边幼儿园
铜 仁 市	沿河土家族自治县官舟中学、玉屏侗族自治县田坪中学、思南县大坝场中学、石阡县坪山中学
黔西南州	黔西南赛文高级中学、兴义四小民航校区、兴仁县民族中学、普安县南湖街道民族希望小学、贞丰中学
黔东南州	凯里市第三幼儿园、凯里市第十中学、黄平县新州镇中心小学、麻江县坝芒中学、岑巩县羊桥土家族乡中心小学、从江县庆云镇中心小学
黔 南 州	独山县上司小学、三都县大河中学、三都县大河镇中心小学、平塘县第三中学
贵安新区	马场镇平寨小学、马场镇林卡小学

资料来源：根据《2018 年贵州省国土绿化公报》整理。

（五）绿色家园建设案例分析

望谟县地处滇黔桂石漠化地区，位于珠江上游，承担着保护珠江生态屏障的重要职责。长期以来，县委、县政府坚定走绿色发展道路，始终牢牢守好发展和生态两条底线，深入践行"绿水青山就是金山银山"的理念，大力推进生态强县战略，提出建设绿色望谟、温暖望谟、锦绣望谟、多彩望谟、港口望谟"五个望谟"的发展思路，并把"绿色望谟"放在第一位，目的是发展绿色产业，通过打造生态畜禽大县和经果林大县推动生态产业发展，建好绿色家园。

1. 发展生态产业，增强生态效益

坚持"因地制宜、长短结合、以短养长"和"一县一业、多业并举"产业思路，大力发展以板栗、油茶、澳洲坚果为主的林产业，打造"干果之乡"。因地制宜种植板栗面积达 25 万亩、油茶 21 万亩、澳洲坚果 0.5 万亩。2017 年 12 月，"望谟板栗"通过国家地理标志保护产品评审，2018 年

5月，中国经济林协会授予望谟"中国板栗名县"称号。板栗作为"一县一业"主导产业，望谟县采取"公司＋合作社＋农户"的方式，力争2020年板栗种植面积达到33万亩，实现人均一亩板栗的目标。因地制宜发展茶产业，在望谟县郊纳镇普查到古茶树86262株，茶龄均为百年以上，郊纳镇探索"村社合一"模式壮大紫茶产业规模，2018年新增种植面积5600亩。2019年4月19日，中国国际茶文化研究会授予望谟县"中国紫茶之乡"称号。望谟县将以板栗和紫茶产业为重点，通过龙头企业带动，通过建基地实现一产推动二产带动三产的融合发展。

2. 发挥生态优势，转化生态价值

望谟县森林覆盖率为67.41%，山地占80%以上，平地不足2%，只有真正把绿水青山转化为金山银山，才能实现持久、有效的发展。望谟县委提出打造"天上飞、树上挂、地上种（养）、水里游"产业立体工程和林药、林菌、林草、林畜四种模式，突出以养殖胡蜂、蜜蜂为主打造"甜蜜之乡"，目前已养殖胡蜂2万群以上，在新屯街道建设全国最大的胡蜂养殖基地。围绕林下做文章是望谟脱贫致富的重要出路，发展以菊花、艾纳香、铁皮石斛为主的中药材产业，把望谟打造成"花海药园"，已种植中药材面积达3.5万亩。"远种果、近养牛、一年脱贫抓务工"，"早种草、早养牛、早下牛犊早享福"，借助草资源丰富优势，通过发展养牛、养羊产业打造"生态畜禽大县"，2018年底全县牛出栏3.5万头以上。目前，望谟县委、县政府正在加大种草养畜、中药材产业招商引资力度，将借助各种帮扶资源促进产业发展。

3. 注重生态保护，提高生态质量

2018年，望谟县累计清理养殖网箱4190亩，全面完成辖区内网箱养殖清理任务。加强生态保护区建设，升级苏铁自然保护区，落实保护区管理机构及人员编制。累计完成新一轮退耕还林51万亩，为全省退耕还林面积最大的县，1264人贫困人口就地转为护林员，森林保护持续得到加强。以开展环保督察整改为契机，解决生态保护工作方面的薄弱环节，先后建成县级医疗废物集中处置中心、县城污水处理厂（二期）、城镇垃圾收运系统等项目。划定县级集中式饮用水水源地纳坝水库水源保护区、六洞河水源保护区以及 1000 人以上集中式饮用水水源保护区 22 个，各饮用水水源地得到有效保护，北盘江和红水河国省控监测断面达标率、县城集中式饮用水水源地水质达标率、城市空气质量达标率均为 100%。

三　贵州绿色家园建设面临的问题挑战

经过多年努力，贵州绿色家园建设取得了较大进展，人民群众对生态环境的满意度不断提升、幸福感不断增强，但仍面临诸多压力挑战。

（一）城市绿化水平还不高、力量相对分散

从全省各市（州）、县（市、区）城市来看，各地城市都普遍缺林少绿，城市森林总量不足、面积不大、质量不高、功能不强。随着城市化进程的不断加快，土地资源将更加紧缺，造林绿化的土地将受到严峻挑战。同时，整合财政资金推进城市绿化的机制还不健全，发改、住建、国土、农业、环保、林业等部门资金投入较为分散，捆绑整合力度不够。

（二）绿色小镇建设特色不鲜明、配套不够完善

有的小城镇规划定位不明确，特色不明显，缺乏创意，低端化、同质化开发。有的产业活力不够，甚至变相房地产化。有的概念不清、定位不准，对特色小镇认识不到位，规划编制重视不够，空间规划绿色发展理念认识不深，对功能"聚而合"理解不足。绿色小镇建设市场化不足，存在政府支配倾向，政府意志代替市场规律，政企角色不清，重前期建设、轻后期培育，政府过度参与、融资模式单一等问题。基础设施普遍滞后，供水、排水、绿化等基础设施不足，制约着经济社会的发展。

（三）农业农村污染问题还没有根本解决、农村环境综合整治还要加大力度

随着网络购物的快速发展，其背后的快递包裹堆积如山，大量农村生活

垃圾随意丢弃，不少地方污水横流、垃圾围村，农业农村污染问题还没有根本解决。特别是一些化工污染的农村，人民群众身体健康受到严重威胁。排水、排污、绿化、杂物堆放、家畜饲养等农村实际问题还没有有效解决。农村环境综合整治项目建设也存在重建设轻维护的情况，美丽乡村建设面临不小的挑战。

（四）绿色创建氛围还不浓厚、进展还不平衡

目前绿色创建的项目，包含卫生城市、环境保护模范城市、生态城市、园林城市、森林城市、特色小镇、绿色城镇、美丽乡村等多层次、多类别的绿色创建活动。然而，这些创建活动彼此相对都比较独立，隶属于发改、自然资源、生态环境、住建、林业等不同部门，还没有形成绿色创建的合力。同时，各类绿色创建活动在各地进展还不平衡。比如，森林城市建设发展还不够平衡，从全国来看，全国有137个国家森林城市，平均每个省有近5个，而贵州只有2个，作为获得首个国家森林城市的省份，典型的"起了个大早，赶了个晚集"。从周边来看，最近一次公布的全国19个国家森林城市名单中，贵州周边的四川有3个城市入选，湖南、云南、广西均有1个城市入选，贵州近8年来没有1个城市入选。

四　贵州绿色家园建设的对策建议

新时代深入推进绿色家园建设，应坚持绿化、美化、净化、亮化的标准，以家园增绿、大地植绿、心中播绿为重点任务，以改善人民生活环境、提升公众生态福祉为基本出发点，让广大人民群众居住环境绿树环抱、生活空间绿荫常在。

（一）深入实施森林进城绿化工程，着力创建"宜居城镇"

坚持应绿必绿、可绿尽绿，推进森林科学合理地融入城市空间，提升城市绿化水平，实现城市增彩添绿。大幅增加城区绿量，推进屋顶、墙体、桥

体等立体增绿。总结贵阳市推进"千园之城"建设的有效做法，大力发展城市公园，积极发展以林木为主的城市森林公园、市民广场、街头绿地、小区游园，构建大、中、小、微森林公园相结合，立体化、多类型、环境优美、服务优良的森林公园体系。加大中心城区和县乡小游园建设，实现县县有森林公园，乡乡有街头游园，村村有休闲绿地，全力打造庭院、小区、街头等绿化主体。以生态文明理念推进100个城市综合体和100个特色小城镇规划建设，合理调控城镇建筑物的密度和高度，推广建筑节能技术。大力改善社区环境和基础设施，强化整脏治乱，建设清洁城镇，推进城市后街背巷环境改善，增加文体设施，打造"宜居社区"。加快污水和垃圾处理设施建设，推进污水再生利用，逐步建立和完善垃圾收集网络，开展生活垃圾分类收集，提高城市环保能力。建立与生态宜居城镇相适应的城市管理新模式，开展以"尊重自然、爱护环境、文明生活"为主要内容的"新市民"教育工程，推动"宜居城镇"创建工作。

（二）深入实施绿园下乡美化工程，纵深建设美丽乡村

结合"四在农家·美丽乡村"建设，开展村镇绿化美化，大量栽种群众喜爱的乡土树种，创建一批"富裕、秀美、宜居、和谐"的森林村镇，达到"村在林中环境美、林在村中生活美"的乡村绿化效果。扎实推进绿园下乡，大力建设村镇公园，依托贵州省多数集镇依山傍水多林的优势，统筹乡镇规划建设与山水林田湖布局，突出地理、生态、产业、文化等特色，集中打造一批森林覆盖率高、生态品质好、宜居宜游的森林小镇。扎实推进村庄绿化，开展"美丽乡村·绿满家园"森林村庄建设，大力推进村旁、宅旁、路旁、水旁等"四旁"绿化。扎实建设农民居家花园，结合易地扶贫搬迁、新民居建设和农村危房改造，积极引导群众在房前屋后栽花种树，绿化美化庭院，让村民房前屋后绿树成荫，改善居家环境，打造森林人家，建设山水田园村寨。抓好以村寨"三清一改"（清理农村生活垃圾、清理村内塘沟、清理畜禽养殖粪污等农业生产废弃物，改变影响农村人居环境的不良习惯）为主要内容的全省农村村寨清洁行动。

（三）深入实施农村人居环境整治工程，大力改善农村环境

按照农村人居环境整治三年行动工作的要求，扎实推进农村人居环境大整治。在建立健全生活垃圾收运处置体系建设上下功夫，结合贵州实际，制订贵州省农村生活垃圾收运处置体系建设技术导则、贵州省农村生活垃圾收运处置体系建设验收标准等技术支撑文件。采取整县推进的方式，选取有一定条件的县区开展农村生活垃圾收运处置体系建设，按照先建后补、以奖代补的原则安排补助资金，并委托第三方机构对完成情况进行评估验收。在较大规模的生活垃圾非正规垃圾堆放点整治上下功夫，按照2020年基本完成500立方米以上的非正规生活垃圾堆放点整治任务的要求，一处一策开展整治并实行滚动销号管理。在加强乡村建筑风貌引导上下功夫，按照美好环境与幸福生活共同缔造的要求，选择部分村庄开展共同缔造试点，形成试点成果。坚持绿色、经济、适用、美观的原则，围绕小康房建设，以功能布局为重点，形成具有人文特征、民族特色、地方特点的贵州民居新范式。完善乡村建设规划许可管理，指导各地及时审查审批建设规划，进一步规范规划内容，提高成果质量。

（四）深入实施绿色家园文化建设工程，形成共建绿色家园的氛围

以2020年在黔南州都匀市举办第四届中国绿化博览会为契机，扎实建好博览园，挖掘繁荣以绿色为主题的生态文化，充分发挥生态文化的传播功能，全景呈现绿色贵州新形象、新风貌，提高居民生态文明意识。广泛传播绿色文化知识，深入挖掘茶文化，古树名木文化内涵，大力开展茶文学、森林书画摄影等创作活动，传播绿色文化知识，打造绿色文化品牌。建立健全森林博物馆、标本馆、科普长廊、生态标识等森林文化基础设施。大力开展群众性森林文化活动，以贵州生态日以及每年春节上班第一天五级干部上山植树为契机，创新义务植树尽责机制，丰富义务植树增绿活动，增强全社会共建绿色家园的积极性。依托各类生态资源以及自然保护区，积极开展生态

主题宣传教育。加强古树名木保护，支持各地开展市树市花评选、植纪念林、树木认养认建活动。积极推进绿色文化进机关、进学校、进小区、进园区，广泛开展以构建"绿色细胞"为主要内容的生态示范创建活动，推进环境优美乡镇、生态街道、生态村、绿色社区、绿色学校、绿色家庭等生态文明建设"细胞工程"，夯实绿色家园建设的基础。

B.5
贵州绿色文化培育情况与形势分析

周坤鹏　才海峰*

摘　要： 2016 年 9 月，中共贵州省委十一届七次全会明确了推动绿色发展、建设生态文明的总体要求和目标任务。其中，"久久为功培育绿色文化"作为五大任务之一，成为本次会议的一大讨论热点和亮点，拉开了贵州绿色文化培育的大幕。本文着重阐述了绿色文化的新时代内涵，认为新时代绿色文化不同于以往的绿色文化、不是简单的生态文化概念，代表的是新时代的精神面貌，是塑造和引领时代发展过程中形成的新的文化价值理念。在此理论逻辑上，分析了新时代绿色文化培育对建设美丽贵州、打造国家生态文明试验区等方面的重大意义，认真梳理总结了近年来贵州省生态文明建设的主要做法和取得的成效，在此基础上分析进一步指出了贵州绿色文化培育的不足，并提出了对策建议。

关键词： 新时代　绿色文化　贵州

2016 年 9 月，中共贵州省委十一届七次全会明确了贵州省推动绿色发展、建设生态文明的总体要求和重要目标任务。其中，"久久为功培育绿色文化"作为五大任务之一，成为本次会议的热点和亮点，拉开了贵州绿色

---

* 周坤鹏，中共贵州省委政策研究室干部；才海峰，硕士，贵州省社会科学院助理研究员，研究方向：民族社会学。

文化培育的大幕。对贵州而言，培育绿色文化高地、践行绿色发展理念是贵州走向生态文明新时代标志性的战略之举和必然选择。

一 绿色文化的新时代内涵

党的十九大报告指出，中国特色社会主义进入新时代。进入新时代，绿色文化追求成为人民群众对美好生态的需要，也是人们对美好生活需要的重要内容。习近平总书记在报告中明确指出，"发展是解决我国一切问题的基础和关键，发展必须是科学发展，必须坚定不移贯彻创新、协调、绿色、开放、共享的发展理念"。[①] 报告强调要"形成绿色发展方式和生活方式"[②]；"倡导简约适度、绿色低碳的生活方式，反对奢侈浪费和不合理消费，开展创建节约型机关、绿色家庭、绿色学校、绿色社区和绿色出行"[③]；"像对待生命一样对待生态环境"，"构筑尊崇自然、绿色发展的生态体系"[④]；"提供更多优质生态产品"以满足人民"优美生态环境需要"[⑤]。党的十九大报告中涉及诸多绿色"成分"，勾勒了新时代绿色文化的宏伟蓝图，赋予了绿色文化新的时代内涵，具有鲜明的中国特色和时代特征。归纳起来，新时代绿色文化的内涵主要有如下内容。

（一）新时代的绿色文化倡导以满足人民对美好生态需求作为根本出发点和落脚点

习近平总书记强调，良好生态环境是最公平的公共产品，是最普惠的民生福祉[⑥]。新时代中国特色社会主义坚持以人民为中心的发展思想，将满足

---

① 参见习近平在中国共产党第十九次全国代表大会上的报告。
② 参见习近平在中国共产党第十九次全国代表大会上的报告。
③ 参见习近平在中国共产党第十九次全国代表大会上的报告。
④ 参见习近平在中国共产党第十九次全国代表大会上的报告。
⑤ 参见习近平在中国共产党第十九次全国代表大会上的报告。
⑥ 《良好生态环境是最普惠的民生福祉——论生态文明建设》，《光明日报》2014 年 11 月 7 日。

人民的需要作为最高目标。因此，满足人民对美好生态的需求是新时代绿色文化追求的目标，也是新时代绿色文化的本质特征。

（二）新时代的绿色文化倡导生态优先、人与自然和谐统一的生态伦理原则

习近平总书记强调，一定要生态保护优先，扎扎实实推进生态环境保护，像保护眼睛一样保护生态环境，像对待生命一样对待生态环境，推动形成绿色发展方式和生活方式。① 把生态的重要性提到前所未有的高度，"像爱护眼睛一样""像对待生命一样"敬畏自然、呵护自然，这成为新时代绿色文化的一个重要原则。

（三）新时代的绿色文化倡导把建设"美丽中国"作为根本大计

党的十九大报告明确了建成富强民主文明和谐美丽的社会主义现代化强国目标，在"富强民主文明和谐"的基础上增加了"美丽"二字，意义重大、影响深远，建设"美丽中国"成为新时代全党的意志。美丽中国，是视山水林田湖草是一个生命共同体，是坚持用系统思维统筹山水林田湖草治理，在尊崇自然中实现人与自然的和谐统一，让子孙后代共享绿水青山，这是新时代绿色文化的核心和灵魂。

（四）新时代的绿色文化倡导把构建人类命运共同体作为重要使命担当

习近平总书记在十九大报告中明确提出构建人类命运共同体的宏伟蓝图，在致 2018 年度生态文明贵阳国际论坛的贺信中，发出了"推进全球生态文明建设""共同建设一个清洁美丽的世界"的号召。构建人类命运共同体，这个宏伟蓝图是包括构建清洁美丽新世界在内的，这不仅是中国共产党人和中国政府建设持久清洁美丽新世界的绿色主张，也是新时代绿色文化的时代使命担当。

---

① 陈平：《像对待生命一样对待生态环境》，《南方日报》2018 年 7 月 21 日。

综上所述，新时代的绿色文化代表的是新时代的精神面貌，是塑造和引领时代发展过程中形成的新的文化价值理念，是新时代精神的外在体现。[①]新时代历史条件下形成的绿色文化就具有了鲜明的新时代特征，必将引领美丽中国、清洁美丽新世界建设。

二　绿色文化培育对新时代贵州的重要意义

新时代绿色文化是对新时代生态文化的形象化表达，是走向生态文明新时代的重要文化形式，它表现为人们对新时代生态的理性认知、情感认同和行动认真等过程，也是生态文明最为主要的、最为恒久的、最为突出的标志性体现。这就意味着，新时代绿色文化需要培育，引导人们尊崇绿色文化、践行绿色文化理念是时代的新要求。

对贵州而言，绿色文化从培育到形成的过程，是生态文明形成并走向成熟的过程，亦即走向生态文明新时代的过程。2016 年，贵州成为全国首批三个国家生态文明试验区之一，明确了贵州在战略定位上全力打造五个示范区的目标任务，分别是：长江珠江上游绿色屏障建设示范区、西部绿色发展示范区、生态脱贫攻坚示范区、生态文明法治建设示范区、生态文明国际交流合作示范区。其中，建设生态文明法治建设示范区、生态文明国际交流合作示范区赋予了新时代贵州绿色文化的丰富内涵，培育绿色文化对建设生态文明试验区、建设美丽贵州具有深远的意义。

（一）培育绿色文化有助于提升贵州人的生态素养

长期以来，由于各种原因，贵州发展相对发达地区较落后，在当前乃至今后一个时期仍将处于"后发赶超"的奋进期，这就意味着，发展仍是第一位的、主要的。能不能走出一条百姓富、生态美的新路子，对贵州极其重要。强化对贵州各级党委政府绿色生态文化意识的培育是第一位的，也是见

---

① 李笑野、刘红梅：《绿色文化：美好生活的时代精神》，《学习与探索》2018 年第 6 期。

效最快的，这样就能避免发展的主导者继续走先污染后治理的老路子，牢牢守好发展与生态的底线。同时，加强对贵州各族人民群众的生态教育，就能避免人们摆脱贫困过程中走先破坏后治理的老路子，使人们真正明白绿水青山就是金山银山的道理，也能为人们生活预留绿色空间。

（二）培育绿色文化有助于贵州实现发展方式的转变

绿色是一种重要理念，绿色发展是五大发展理念中的重要一环，是新发展理念的重要组成部分，是构建高质量现代化经济体系的必然要求。当前，贵州仍处于经济发展相对粗放、经济结构相对单一、经济形态相对内向的发展阶段，离高质量、高水平的现代化经济发展要求还有很大的差距，还有很长的路要走。在这个转型发展的"阵痛期"，如果能够找到绿色发展的新路子，就能够摆脱工业化早期的老路子。因此，只有以绿色发展的理念引领转型升级，坚持生态优先、绿色发展，才能真正实现高质量的发展，走出一条百姓富生态美的现代化新路子。

（三）培育绿色文化有助于擦亮贵州绿色金字招牌

贵州冬无严寒、夏无酷暑，气候温和湿润，森林覆盖率达到57%，旅游业持续井喷式发展。贵州烟茶酒等主打产品远近闻名、驰名中外，蔬菜、水果等绿色农产品如猛虎下山风行天下。数博会、酒博会、生态文明贵阳国际论坛每年举办，贵州绿色品牌越来越亮，很重要的一点是人们看重绿色"身份"。因此，培育绿色文化，引导全社会增强生态伦理、生态道德和生态价值观念，有助于持续推进贵州绿色生态建设，把贵州建设成为名副其实的山地公园省，持续保持绿色贵州金字招牌。

（四）培育绿色文化有助于贵州服务国家战略

贵阳国际生态文明论坛、数博会等平台越来越高端化、国际化，向世界发出了绿色中国好声音、传递了绿色中国建设好经验，生态越来越成为贵州最靓的品牌、成为中国对外交往的加分项。因此，培育绿色文化，有助于人们深化绿色发展国际视野、拓展生态文明交往、增强清洁美丽新世界命运共同体使命感责任感意识。贵州举办高端化的平台将越办越有底气、越办越精彩，朋友圈越来越大，国家实施"一带一路"倡议、构建人类命运共同体战略就有了新的支撑点。

（五）培育绿色文化有助于丰富贵州人文精神内涵

历史上，贵州各族群众尊重自然、敬畏自然、顺应自然，留下了许多符合生态规律和生态价值要求的经验，积淀了"天人合一"的自然观。[1] 贵州是阳明文化的发源地，王阳明被贬贵州后参悟出"知行合一"的实践观。[2] 同时，贵州自然生态的多样性与文化生态的多样性相交织，在"天人合一、知行合一"的人文精神引领下和谐相处，各美其美、美美与共。[3] 在走向生态文明新时代的今天，培育人们的绿色文化意识，有助于增强当代贵州人的生态意识、生态自觉和生态自信，有助于弘扬"知行合一"的实践观、"美美与共"的和谐观，有助于进一步丰富和拓展贵州人文精神的时代内涵。

三 贵州绿色文化培育的主要做法及成效

贵州牢记习近平总书记对贵州的殷殷嘱托，严格对标全国生态环境保护大会目标任务，更加自觉地守好发展和生态两条底线、走好新路，久久为功培育绿色文化，全民绿色生态环保意识不断提升，尊重自然、呵护自然蔚然成风。

（一）确立贵州"生态日"，绿色生态价值观深得人心

从 2015 年起，每年春节后上班第一天，贵州省市县乡村五级干部职工带头上山植树已成为常态。2016 年 9 月 30 日，省人大常委会审议通过设立

---

[1] 徐静：《弘扬优秀传统 培育绿色文化》，《贵州日报》2016 年 9 月 1 日。
[2] 徐静：《弘扬优秀传统 培育绿色文化》，《贵州日报》2016 年 9 月 1 日。
[3] 徐静：《弘扬优秀传统 培育绿色文化》，《贵州日报》2016 年 9 月 1 日。

"贵州生态日"以来，各地四大班子成员以上率下、身先士卒，带头参加义务植树，累计带动40万干部参与"巡河、巡山、巡城""三巡"活动，推动了广大群众植绿、爱绿、护绿，有效地提高了公民的绿化意识、生态责任意识，爱绿护绿添绿正成为干部群众的自觉行动。

（二）开展绿色创建，绿色价值观得到广泛认可

积极开展绿色机关、绿色学校、绿色社区、绿色村寨、绿色家庭等创建，最美森林、最美河流、最美高速公路、最美村庄、最美社区和古树名树等绿色评选活动深受群众喜爱。目前，贵州已经成功创建了一批国家级生态示范区（11个）、生态县（2个）、生态乡镇（56个）、生态村（14个）。数以十万计的志愿者参加护林、护水、生物多样性保护等社会实践活动和志愿活动，全省表彰了一批"十大生态护林员"、"十大环保卫士"和"十大生态环保志愿者"。此外，各级党政机关积极践行绿色出行等绿色活动。举办新时代生态文明思想培训班，培训党员干部8万余人次。深入开展生态文明理念进课堂、进校园，教育引导各高校、中小学学生大力践行绿色生活。创办了《生态文明新时代》，是全国第一本关于生态文明综合性政经评论类刊物。

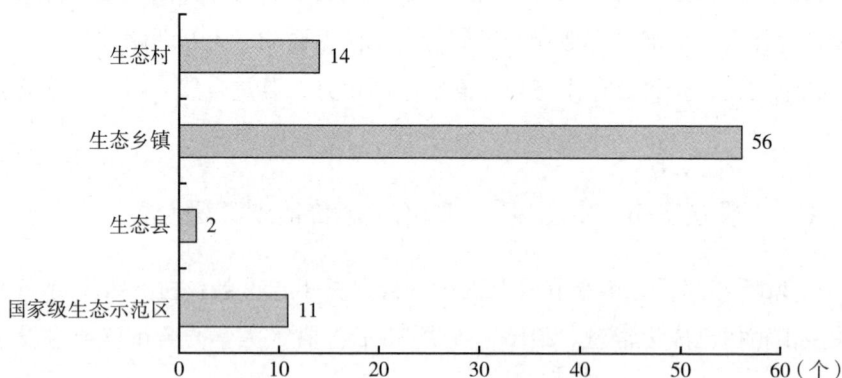

图1 贵州省生态示范创建统计

资料来源：根据《贵州统计年鉴2018》整理。

（三）推进绿色建设，绿色行动蔚然成风

印发了《生态优先绿色发展森林扩面提质增效行动计划》，实施新一轮绿色贵州建设三年攻坚行动，着力治理石漠化、水土流失等，扎实推进重点生态修复工程，着力森林城市体系建设，全省森林面积不断扩大，森林覆盖率由 2015 年的 47% 提高到 2018 年的 57%。全面禁止天然林盗伐、商品性采伐，全面推进森林管护，不断完善林业资源管护体系，国家级自然保护地达到 114 处，位居全国前列。2018 年梵净山成功申遗，贵州世界自然遗产地增至 4 处，成为全国自然遗产地最多的省份。在全国率先出台《贵州省国有林场条例》等法规，积极推进林业"三变"改革，启动实施重点生态区位人工商品林赎买改革试点，林业发展活力不断释放，2018 年全省林业总产值突破 3000 亿元。

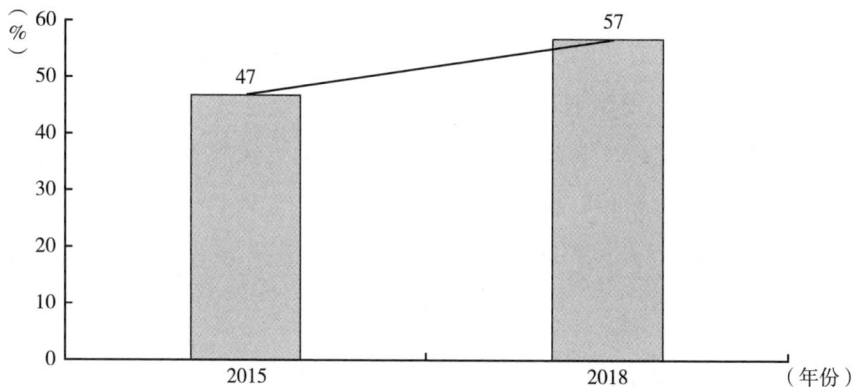

图 2　贵州省 2015、2018 年森林覆盖率增长

资料来源：根据 2016、2019 年《贵州省人民政府工作报告》综合整理。

（四）践行绿色理念，绿色发展政绩观牢固树立

贵州是典型的喀斯特地质地貌，生态极为脆弱，一旦破坏就很难恢复，同时又是全国范围内贫困人口最多的省份之一。在生态保护和经济发展、脱贫攻坚的多重压力下，贵州始终坚持生态优先、绿色发展，形成了科学

的发展观、政绩观，走出了一条人与自然和谐、经济与生态相融、百姓富生态美的"绿色之路"。一方面，2016年成为首批国家生态文明试验区以来，贵州立足成为全国示范区，积极开展绿色发展、生态脱贫、绿色绩效评价考核等方面的制度创新。特别是实施生态文明建设评价考核，加强对干部的"生态约束"，不仅体现在领导干部离任自然资源资产审计上，还体现在考核上。近年来，陆续取消或弱化了50个贫困县的GDP考核，坚持把生态质量评价作为三项核心指标之一，列入以县为单位开展同步小康创建活动。加强对各市州生态文明建设考核评价，率先在全国发布绿色发展指数、开展生态环境损害党政干部问责、生态保护红线、五级河长制、排污权有偿使用、污染第三方治理等改革举措，引起较大的社会反响。另一方面，坚持"多彩贵州拒绝污染"，坚持以高端化、绿色化、集约化发展为主攻方向，出台了实施绿色经济倍增三年行动计划，大力发展"四型"产业①，深入推进千企改造、千企引进"双千工程"，加快推进传统产业、企业绿色化改造和转型升级步伐，加快大数据与实体经济融合发展，2018年绿色经济占贵州地区生产总值的比重已经超过了40%。深入开展生态扶贫十大工程，对生态环境承载力脆弱的地方实施生态搬迁和易地扶贫搬迁，累计搬迁了148万人，实施绿色扶贫产业项目15000余个，受益贫困户超过200万人。2018年，公众对贵州生态环境满意度居全国第二位。

（五）探索绿色治理，绿色制度逐渐完善

深入开展生态文明制度建设，为生态文明建设和环境保护提供坚强有力的体制机制保障，逐渐形成了依法依规推进生态文明建设和环境保护的良好法治环境。特别是进一步完善了执法监督机制。在全国率先开展由检察机关提起环境行政公益诉讼，率先实施生态司法修复，率先成立生态文明律师服务团和生态环境保护人民调解委员会，率先发布全国首份生态环境损害赔偿

---

① 四型产业，即生态利用型、循环高效型、低碳清洁型、环境治理型。

司法确认书，率先设置环保法庭并推动公检法配套的环境资源专门机构实现全覆盖。进一步创新完善了地方性环保政策法规。率先出台并实施全国首部省级层面生态文明地方性法规《贵州省生态文明建设促进条例》和市级层面生态文明地方性法规《贵阳市促进生态文明建设条例》，率先在全国制定出台《贵州省环境保护失信黑名单管理办法（试行）》、制定印发《关于在环保行政许可中实施信用承诺制度有关事项的通知（试行）》等文件，颁布实施《贵州省大气污染防治条例》等30余件配套法规。进一步推动了各地生态文明体制改革。各市州制定出台了有关制度机制48条，比如，贵阳市启动并实施《贵阳市中心城区轻、中度污染天气应急管控方案》《贵阳市生态环境质量考核实施细则（试行）》等15项改革措施；遵义市出台并实施《遵义市生态环境损害党政领导干部问责暂行办法》等一系列等生态文明建设的制度性文件；安顺市出台了《关于推动绿色发展建设生态文明的实施意见》等措施，推进生态环境政策制度体系逐步完善；黔南州出台《黔南州生态环境保护"党政同责、一岗双责"责任制考核办法（试行）》等文件，层层压实责任；贵安新区出台《贵安新区生态环境保护负面清单制度》等，为新区生态环境保护工作提供制度保障。绿色法治制度体系和法治文化氛围正在逐步形成。

（六）凝聚绿色共识，绿色平台越办越好

2018年论坛年会，来自35个国家和地区的2400余名嘉宾参会，20多家国际知名组织参会，数量多、层次高、参与广泛，几乎涵盖了全球生态自然环境和可持续发展领域所有顶级国际知名组织，联合国秘书长安东尼奥·古特雷斯专门发来视频致辞，极大提升了论坛的国际影响力。论坛年会聚焦贯彻落实习近平生态文明思想和党的十九大精神，特别是紧紧围绕习近平总书记在全国生态环境保护大会上提出的"六大原则""五大体系"设置分论坛主题，策划举办了"人与自然和谐共生""绿水青山就是金山银山""绿色产业与乡村振兴"等一批分论坛，向世界传播了中国关于生态文明建设的新思想新理念新观点。发布《2018贵阳共识》，形成《2018美丽城市研

究报告》等一批标志性成果，倡导了新理念、增进了新共识、发出了新呼吁，汇聚和共享国内外生态文明最新理论和实践成果，极大增强了全省干部群众的生态意识和生态自信。

四 贵州绿色文化培育存在的问题及不足

绿色文化需要培育，绿色文化形成的过程，是生态真正走向文明的过程。尽管贵州绿色文化建设已取得了一定的成绩，但在绿色文化培育的发展过程中仍然存在许多问题，主要有以下几个方面。

（一）人民群众对绿色文化的认知还不够深刻

人们对绿色文化的认知程度不够高，不少群众对何为绿色文化特别是新时代绿色文化的深刻内涵、重大意义认识不全、不深、不透；城乡居民的绿色文化认知存在明显差异，比如，城市居民更加关注空气污染、噪音污染等问题，而农村居民更加关心水污染、土壤污染问题①，甚至很多群众还认为贵州当前最主要的任务是发展经济、摆脱贫困。由于对绿色文化的认知不够深刻，绿色文化对人们潜移默化的影响也就不深，这是贵州绿色文化发展的现状，也是贵州绿色文化培育方面的不足之处。

（二）政府对绿色文化建设的推动作用发挥不够明显

绿色文化是生态文明形成最为恒久的要素，也是衡量生态文明的最后标尺。培育人们的绿色文化素养是一个漫长的过程，在这个过程里政府应发挥主导作用。从目前来看，各级党委政府虽然注重生态文明建设，例如加强生态基础设施建设、植树造林等，但这些只是基础性的工作，没有从

---

① 钟喜林、罗玲：《赣州绿色文化发展 现状·问题及对策》，《安徽农业科学》2017 年第 7 期，第 217~218 页。

长远考虑谋划绿色文化如何发展、如何培育、如何形成等事关生态文明建设长远的大事，绿色文化培育发展的制度不健全，立法执法相对滞后，管理机构不健全。

（三）人民群众参与绿色文化建设不够主动

不同群体、不同地域的群众参与生态建设的积极性主动性不一。从群体来看，贵州高校师生的参与度最高，这是因为高校师生对生态文明的知识、认识要丰富些，次之是城市居民，农村居民对此就比较少。从宣传受众来看，政府人员和城市居民对绿色文化的接触要多些，广大农村地区的居民就比较少。从参与积极性来看，一些生态保护团体和志愿者群体要积极主动些，甚至还有很多的创意。

（四）绿色文化理论系统研究还不够深入系统

从目前的报道和政府公开的信息来看，贵州绿色文化培育方面的研究，还处于起步阶段，还未形成比较系统、比较全面的体系。从有关研究机构的情况来看，虽然贵州大学有生态学的博士学位点，贵阳学院设立了生态文明城市建设研究中心专门机构，但总体来看贵州省专门研究绿色文化的机构、学术团体还不多、力量不强、研究还不够深入，对绿色文化的理论指导作用没有凸显出来。同时，没能将一些地方绿色文化培育的有效方法、现有经验进行及时挖掘、广泛传播、总结推广。

五　贵州绿色文化培育的对策及建议

唯物辩证法认为，人们的意识具有能动的作用。对贵州而言，人们绿色文化意识（或者素养）高，就能对贵州生态建设产生重要的积极推动作用，反之，就会漠不关心，甚至产生破坏作用。培育人们的绿色文化素养、把贵州打造成绿色文化高地，这是走向生态文明的必经之路和根本之举。因此，要高度重视人们绿色文化的培育和养成。

（一）要增强历史使命感，做好绿色文化培育顶层设计

绿色是贵州的底色，绿色文化应是贵州守好发展和生态两条底线的主色调，应该把绿色文化培育上升到战略全局高度，积极谋划做好绿色文化培育的基础性、长远性工作。特别是要加强规划引领，把绿色文化建设摆在经济社会发展全局更加重要的位置，系统全面思考贵州绿色文化工作的现状、主要目标、实现途径、政策支撑、资金投入、法规建设、制度保障等各项工作，以扎实的工作把贵州打造成新时代绿色文化的新高地。

（二）要强化要素保障，健全绿色文化建设职能职责

推动绿色文化发展，必要的人、财、物不可或缺。建议贵州组建专门的职能机构，负责统筹推进绿色文化培育发展建设相关工作，确保绿色文化建设可持续。完善法律规章制度，加强地方立法与建章立制工作，对绿色文化发展进行规范和引导。

（三）要坚持久久为功，加强绿色文化广泛宣传教育

绿色文化培育是细活、慢活，必须保持定力，用心用力用情，久久为功、绵绵用力。要高度重视绿色文化的教育，充分利用电视、广播、报纸等媒介，特别是要充分运用人民群众喜闻乐见的方式普及绿色文化知识，引导绿色消费，倡导绿色生活，不断提高人民群众对绿色文化的认知，形成践行绿色文明的良好风尚。

（四）要着力绿色创建，强化绿色伦理价值观的构建

把绿色行为融入居民小区、村寨里的日常生活，通过乡规民约、荣誉表彰等方式上升到道德的层次，发挥舆论监督、道德的示范调节作用，逐渐使绿色生活成为居民生活的常态，在潜移默化中提升人民群众的绿色生态意识和责任感。进一步推进绿色机关、绿色学校、绿色社区、绿色村寨等绿色创建评选，发动群众自觉参与绿色志愿服务。

（五）要始终秉持生态优先，着力推动绿色生产绿色消费

绿色产品连接着生产和消费两端，在绿色文化培育过程中发挥着基础性作用，是绿色文化培育中的重要一环。要推行绿色生产，把好绿色文化的出口关和入口关，让更多的贵州企业成为绿色的企业。大力发展绿色环保"四型"产业，大力实施千企改造千企引进工程，推动传统产业转型升级，大力发展绿色有机农产品，让更多的贵州产品贴上绿色的标签，走出大山真正风行天下。要倡导绿色消费。大力推进绿色低碳生活，大力推行绿色出行，发展更多绿色交通工具。发挥绿色品牌效应。发挥新兴传播媒介的作用，大力提倡消费绿色产品，做大绿色品牌叠加效应。

（六）要重视基础理论研究，发挥绿色文化理论引领作用

绿色文化培育，理论研究是先手棋，必须高度重视绿色文化理论研究。要加强绿色文化研究机构平台的建设，成立一批专门的研究机构，特别是要大力加强高校生态学科、学位点、师资建设，增强高校、科研机构、学术团体等对生态文明建设特别是生态文化理论的全面性、系统性、科学性的研究。持续办好生态文明贵阳国际论坛，发挥论坛"论"的重大作用。要强化理论转化。有针对性地强化绿色文化对经济社会发展、生态文明建设、贵州人文精神内涵等方面的应用性研究，加大力度对习近平生态文明思想研究，切实发挥理论在生态文化培育中的科学指导作用，积极抢占绿色文化的理论制高点。要强化总结提炼。及时总结省内经验，注重学习国内外先进经验，不断丰富和完善贵州绿色文化理论体系和绿色文化治理体系，形成具有贵州特色的绿色文化理论体系。

总之，培育绿色文化是建设绿色贵州、建设国家生态文明试验区的内在要求和必经之路。要坚持以习近平生态文明思想为指引，大力培育绿色文化，践行绿色文化理念，培养绿色生活方式，打造绿色文化环境，用绿色文化引领绿色创建，营造尊崇自然、顺应自然、人与自然和谐共生的良好氛围。

B.6
贵州生态扶贫情况与形势分析

周坤鹏　姚　鹏　才海峰*

摘　要： 贵州是中国脱贫攻坚的主战场。同时，贵州肩负国家生态文明试验区的重任。党的十八大以来，贵州省深入实施"大扶贫""大生态"战略行动，贫困人口大幅下降，逐渐走出了一条在绿色发展中消除贫困、改善民生，在扶贫开发中实现生态保护、将绿水青山转变为金山银山的百姓富生态美之路。本文重点分析了贵州贫困的现状，认为贵州脱贫攻坚取得决定性进展，但仍然面临总量大、深度贫困地区难、结构性贫困矛盾、脱贫基础仍薄弱等诸多难题；着力阐述了贵州实施生态扶贫的战略选择，介绍了贵州实施生态扶贫十大工程的做法，总结了取得生态扶贫显著成绩的经验，认为贵州通过实施生态扶贫不仅为按时打赢脱贫攻坚战奠定了具有决定性意义的基础，而且改变了近两百万农村群众的世代命运，对推动乡村全面振兴、助力城乡和区域经济高质量发展产生了十分重大而深远的影响；分析了生态扶贫存在的一些问题并提出了对策建议。

关键词： 贫困现状　生态扶贫　战略抉择　十大工程　贵州

---

* 周坤鹏，中共贵州省委政策研究室干部；姚鹏，硕士，贵州省社会科学院历史研究所助理研究员，研究方向：地理标志产品认证、生态学；才海峰，硕士，贵州省社会科学院民族研究所助理研究员，研究方向：民族社会学。

生态文明建设是关系中华民族永续发展的根本大计，贫困人口脱贫是全面建成小康社会的底线任务。作为西部欠发达地区，贵州发展底子薄、经济实力弱，是全国贫困人口最多、贫困面积最大、脱贫攻坚任务最重的省份。当前，贵州既要肩负推进国家生态文明试验区建设的重任，又要确保在2020 年前与全国一道完成脱贫攻坚任务、与全国同步全面建成小康社会。可以说，摆在贵州面前的难题是坚中之坚、难中之难。

近年来，贵州始终坚定实施大扶贫、大生态战略行动，牢牢守好发展和生态两条底线，统筹推进生态文明建设与脱贫攻坚工作，走出了一条生态文明建设与脱贫攻坚"双赢"之路，走出了一条百姓富生态美之路。

一 贵州省贫困现状分析

党的十八大以来，贵州省深入实施"大扶贫""大生态"战略行动，贫困人口从 2012 年的 923 万人减到 2017 年底的大约 280 万人，减了 670.8 万人，平均每年减少贫困人口 100 万人以上。9000 个贫困村减少了 3800 个，减少比例达到 42.22%。① 经过近两年的持续攻坚，贵州省贫困人口总量大幅减少，贫困发生率从"十二五"末的 14.3% 下降到 2018 年的 4.3%，脱贫攻坚战取得决定性进展。但与此同时，仍然面临一些困难和问题。

（一）从总量看

贵州仍有 51 个贫困县需要在 2020 年前脱贫摘帽，还有 2760 个贫困村、155 万贫困人口需要脱贫出列。其中，深度贫困地区尚有贫困人口 91 万、占 58.7%，老弱病残等特殊贫困群众 52.57 万、占 33.92%。②

---

① 数据参见《贵州省 2018 年脱贫攻坚新目标新举措新办法》，贵州省人民政府网，http://www.ddcpc.cn/2018/first_ 0326/2551.html。事实上，在写作此报告时，贵州又有 18 个贫困县出列，相应贫困人口又减少了。

② 数据参见《2019 年贵州坚决夺取脱贫攻坚决战之年根本性胜利的新举措》，贵州省人民政府网，http://www.ddcpc.cn/2019/first_ 0327/3353.html#。

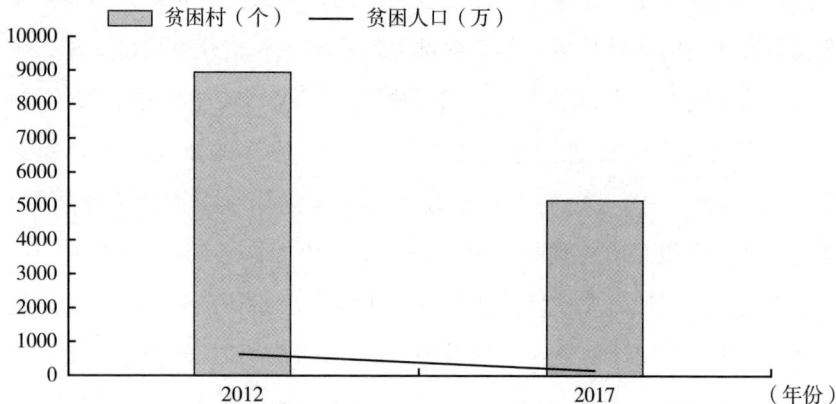

图1 贵州省贫困人口、村发展趋势

资料来源：根据《2018年脱贫攻坚春风行动令》整理。

（二）从分布看

贵州深度贫困地区集中分布在黔西北部高寒山区、黔西南部石漠化山区和黔东南部深山区，脱贫难度比较大。16个深度贫困县中，有11个位于石漠化区，3个位于乌蒙山区，2个位于武陵山区；2760个深度贫困村中95%以上集中在高寒山区、石漠化山区及森林覆盖率高的山区，这就意味着资源禀赋相对比较差，群众增收难度大。可以说，这部分群众是脱贫攻坚工作难中之难、坚中之坚。

（三）从结构看

深度贫困地区建档立卡贫困人口中，少数民族人口占71.58%，这当中由于在语言上有障碍、部分少数民族群众文化素质不高，学习掌握劳动技能比较困难，通过技能开发促进脱贫难度较大，因此，贵州实现高水平脱贫的结构性矛盾就比较突出，脱贫任务仍然十分艰巨。此外，因病因残返贫的占比也较大，部分贫困户"等靠要""吃大锅饭"的思想仍然存在。

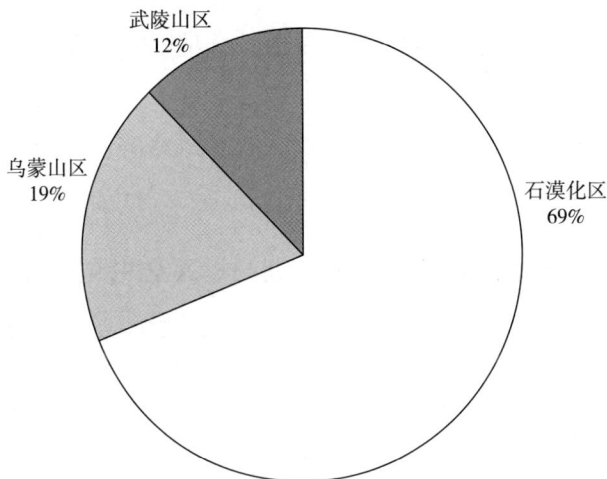

图 2　贵州省 16 个深度贫困县分布

资料来源：《2019 年贵州坚决夺取脱贫攻坚决战之年根本性
胜利的新举措》贵州省人民政府网。

（四）从短板看

由于受地理条件、经济欠发达等因素的影响，贵州脱贫基础仍较薄弱，特别是在产业、住房、饮水安全、人居环境以及就学、就业、就医等方面还存在薄弱环节。

（五）从后续工作看

异地扶贫搬迁建档立卡贫困人口 109.1 万人，这 100 余万人中民族成分、文化程度、风俗习惯等不同，后续就业、医疗、收入、管理等各方面的难题，特别是失去土地后，他们如何实现"搬得出、稳得住、能致富"，将对贵州各级党委治理提出重大挑战。

总体来看，贵州脱贫攻坚的困难仍很多，确保与全国同步全面建成小康社会的任务仍很繁重。

二 生态扶贫——贵州的战略抉择

实施生态扶贫，是贵州将大生态与大扶贫战略有机结合的重大战略考量，必将对贵州生态建设、扶贫事业和经济社会发展产生深远的影响。

（一）实施生态扶贫，是贵州贯彻习近平总书记重要指示精神的重大举措

2014年3月，习近平总书记在参加十二届全国人大二次会议贵州代表团审议时特别强调贵州要"扎实推进扶贫开发工作"[1]，"切实做到经济效益、社会效益、生态效益同步提升，实现百姓富、生态美有机统一"[2]；2015年6月视察贵州工作时对贵州提出了"守住发展和生态两条底线，培植后发优势，奋力后发赶超，走出一条有别于东部、不同于西部其他省份的发展新路"的要求。[3] 实施生态扶贫，把生态和扶贫结合起来，通过将生态的优势转为经济发展的优势，促进经济社会发展，在经济发展的同时又保护好生态，这样既守住守好生态的底线又实现脱贫的目标。从根本上来说，这一战略抓住了习近平总书记对贵州工作重要指示精神的核心要义，从这个意义来说，坚持生态扶贫是贯彻习近平总书记重要指示精神的最佳路径。

（二）实施生态扶贫，是贵州贯彻习近平生态文明思想和党中央决策部署的重要体现

习近平生态文明思想高度重视绿水青山与金山银山的辩证关系，强调

---

[1] 《习近平参加贵州代表团审议时强调要真正使贫困地区群众不断得到实惠》，新华网，http：//www. xinhuanet. com/politics/2014 – 03/07/c_ 119665610. htm。

[2] 《习近平参加贵州代表团审议时强调要真正使贫困地区群众不断得到实惠》，新华网，http：//www. xinhuanet. com/politics/2014 – 03/07/c_ 119665610. htm。

[3] 孙志刚：《奋力开创多彩贵州新未来》，人民网，http：//politics. people. com. cn/n1/2017/0907/c1001 – 29519893. html。

绿水青山就是金山银山，保护绿水青山就是保护生产力①。党中央把扶贫上升为党和国家工作全局的战略高度，上升到事关全面建成小康社会的战略高度，作为三大攻坚战之一，要求全国必须完成，这也是贵州的重大政治任务。实施生态扶贫，从本质上来看，保护生态环境就是保护生产力、保护经济发展的自然要素，改善生态环境就是保证生产力的可持续性，而发展是甩掉贫困帽子最有效的途径，是促使贫困地区脱贫致富的第一要务。因此，贵州选择走生态建设与扶贫开发统筹兼顾、有机统一的路子，其实质就是要把绿水青山转化为金山银山、践行绿水青山就是金山银山的理念。

（三）实施生态扶贫，是贵州满足人民群众日益增长的美好生活需要的创新之举

党的十九大报告指出，我国现阶段的主要矛盾已经转化为人民日益增长的美好生活需要和不平衡不充分的发展之间的矛盾。② 人民群众对美好生态的需要将成为人们越来越重视的一个方面。实施生态扶贫，一方面，为人民群众保留绿色空间、创造良好生态环境，满足人民群众日益增长的优美生态需要。另一方面，实施扶贫开发，大力解放和发展生产力，发展贫困地区经济，改善群众生产生活条件，也是为了实现群众对美好生活的向往。因此，实施生态扶贫，既是让贫困地区群众稳定增收与享受良好生态环境的有机统一，也是让绿色福祉惠及更多群众，实现"绿起来"与"富起来"的有机统一。

（四）实施生态扶贫，是贵州用生态智慧摆脱贫困的生动实践

长期以来，贵州各族群众尊重自然、敬畏自然、顺应自然，留下了许多

① 参见《习近平诠释环保与发展：绿水青山就是生产力》，人民网，http：//politics. people. com. cn/n/2014/0815/c1001 - 25472916. html。

② 习近平：《决胜全面建成小康社会 夺取新时代中国特色社会主义伟大胜利——在中国共产党第十九次全国代表大会上的报告》，新华网，http：//www. xinhuanet. com/politics/19cpcnc/2017 - 10/27/c_ 1121867529. htm。

符合生态规律和生态价值的经验，积淀了"天人合一"的自然观。[①] 贵州是阳明文化的发源地，王阳明被贬贵州后参悟出"知行合一"的实践观。[②] 早在 20 世纪 80 年代，胡锦涛同志任贵州省委书记时提出并推进毕节试验区建设，确立了"开发扶贫""生态建设试验区"的重大发展定位，积累了探索人与自然和谐相处、经济社会可持续发展的宝贵经验。在走向生态文明新时代的今天，实施生态扶贫，彰显了贵州各族人民弘扬"天人合一"的生态自然观、"知行合一"的实践观、"美美与共"的和谐观的生存智慧、生态智慧和发展智慧的有机统一，必将推动生态文明在新时代包容性发展，让生态文明的成果惠及全体人民。

三　贵州生态扶贫的主要做法

贵州生态扶贫的做法有很多，比如实施生态补偿、发展生态产业等，但最为集中体现贵州特色的是贵州省实施十大生态扶贫工程，包括退耕还林建设扶贫工程、森林生态效益补偿扶贫工程、生态护林员精准扶贫工程、重点生态区位人工商品林赎买改革试点工程、自然保护区生态移民工程、以工代赈资产收益扶贫试点工程、农村小水电建设扶贫工程、光伏发电项目扶贫工程、森林资源利用扶贫工程和碳汇交易试点扶贫工程。其主要内容如下。

（一）退耕还林扶贫

通过三年时间实现退耕还林 1000 万亩左右，争取将 25 度以上坡耕地、严重石漠化耕地等类型的土地，纳入国家新一轮退耕还林指标范围内，通过补偿耕地的方式带动贫困户特别是三个特困地区和 14 个深度贫困县群众增

---

① 徐静：《弘扬优秀传统　培育绿色文化》，搜狐网：https：//www.sohu.com/a/113117908_119665。
② 徐静：《弘扬优秀传统　培育绿色文化》，搜狐网：https：//www.sohu.com/a/113117908_119665。

收。同时，以此为契机，推动贫困县调整农业产业种植结构，特别是大力调减玉米种植面积，因地制宜发展蔬菜、精品水果、中药材等特色产业、特色农产品，带动建档立卡贫困户人均增收脱贫。2017年（2018年还在统计调查中）实施的退耕还林任务中，共涉及农户88万户323万人，其中贫困户23万户贫困人口82万人，占总户数的26%。据统计，贫困户共实施退耕还林面积77万亩，户均3.3亩。为巩固好退耕还林成果，确保退耕农户有长远的经济收入来源，各地在实施退耕还林任务时不再限定生态林比例。通过大力发展刺梨、茶叶、油茶、花椒、精品水果等经济林，经济林占比达到77%，有效促进了贫困农户增收。

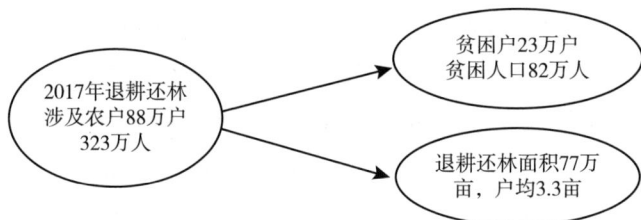

图3　2017年贵州省退耕还林实施情况

资料来源：根据《2018年贵州省政府工作报告》整理。

（二）生态补偿扶贫

通过落实国家公益林补偿标准、增加财政投入、健全补偿机制等方式，逐步提高公益林补偿标准，以此带动建档立卡贫困户增收。2018年，贵州省共下达中央和省级财政森林生态效益补偿资金8.96亿元；其中：中央财政资金7.46亿元，省级财政资金1.5亿元。惠及农户约390万户1400万人，其中贫困农户66万户258万人，年人均增收约64元。

（三）生态护林员精准扶贫

通过整合中央补助资金、森林管护资金及财政专项扶贫资金，按照"应聘尽聘"原则，优先从建档立卡贫困人口中选聘生态护林员，加大对生态护林员的资金投入，确保到2020年带动建档立卡贫困户5.2万户、20万人人均增收。2018 年，贵州省积极争取中央财政生态护林员资金 3.95 亿元，较 2017 年增加 1 亿元，全省生态护林员规模达 6 万名。据测算，选聘建档立卡生态护林员共惠及 6 万户贫困家庭、25 万建档立卡贫困人口，精准带动 18 万贫困人口增收。

（四）人工商品林赎买改革试点扶贫

根据《国家级公益林管理办法》相关规定，通过租赁、赎买和改造提升等多种方式，对现有重点生态区位内 I 级保护林地以及禁止采伐的非国有林并已划定为国家一级公益林的人工商品林实施赎买改革试点工程，促进重点生态区位集中连片生态公益林质量提高、森林生态服务功能增强和林农收入稳步增长，实现社会得绿、林农得利。[①] 力争三年时间内，此项工程完成赎买改革试点面积 18 万亩，带动建档立卡贫困户 4000 户、1.7 万人人均增收。[②] 2018 年，贵州省正式印发了《贵州省重点生态区位人工商品林赎买改革试点 2018 年实施方案》，下达省级试点资金 5810 万元，明确任务优先安排给贫困户，目前基本完成各试点单位的方案批复，各试点单位正按方案推进实施。初步测算，2018 年完成 1.5 万亩试点任务。

（五）自然保护区生态移民扶贫

结合异地扶贫搬迁，优先将省级及以上自然保护区核心区、缓冲区和实验区内自愿搬迁贫困人口纳入新增易地扶贫搬迁工作计划中，按照一定标准对移民对象进行生态补偿，从根本上减少对自然保护区的破坏，同时促进搬迁群众增收。贵州生态移民的目标是力争用三年时间完成省级及以上自然保护区建档立卡贫困人口 16877 户、57379 人搬迁。2017 年以来，全省 15 个省级以上自然保护区共搬迁 11675 户 47042 人。其中：2017 年搬迁 1493 户

---

① 《贵州省生态扶贫实施方案》，多彩贵州网，http：//news. gog. cn/system/2018/01/16/016353662. shtml。

② 《贵州省生态扶贫实施方案》，多彩贵州网，http：//news. gog. cn/system/2018/01/16/016353662. shtml。

6456 人，2018 年搬迁 10182 户 40586 人。据了解，移民搬迁对象原经营管理的森林林木林地权属不变，仍按原标准领取森林生态效益补偿费，这样又稳定增加了群众收入。

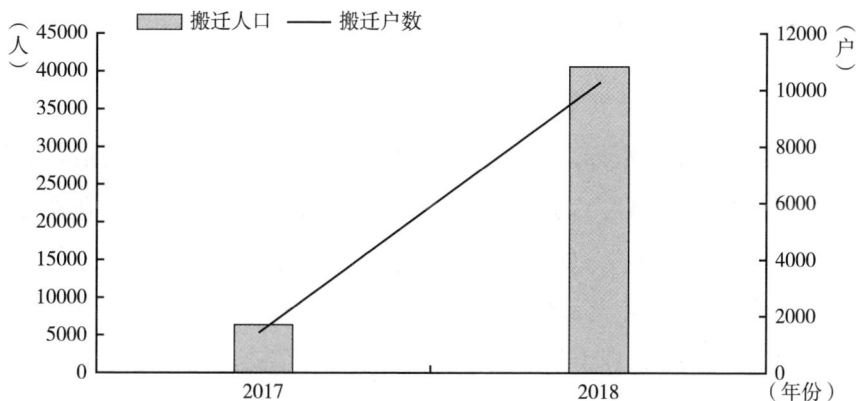

图 4　2017 ~ 2018 年贵州省生态移民情况

资料来源：根据《贵州省生态扶贫实施方案》整理。

（六）以工代赈资产收益试点扶贫

以贫困村和建档立卡贫困人口为主要对象，探索"以工代赈资产变股权、贫困户变股民"的资产收益扶贫新模式。① 从 2018 年开始，贵州每年安排 4000 万元以上，重点支持全省 14 个深度贫困县开展试点，并进一步规范了入股资金比例、入股主体、受益主体等集体股权设置办法，健全收益分配制度，切实保证贫困户收益来源多元化。

（七）农村小水电建设扶贫

为了促进资源开发与脱贫攻坚有机结合，在全省具备条件的地方，开展

---

① 《贵州省生态扶贫实施方案》，多彩贵州网，http：//news. gog. cn/system/2018/01/16/016353662. shtml。其主要做法是：将以工代赈投入贫困村道路、水利设施等不宜分割的资产，折股量化到农村集体经济组织，或参股到当地发展前景较好的特色产业发展等项目中，并在农村集体经济组织的收益分配时对建档立卡贫困户予以倾斜支持。

水电矿产资源资产收益扶贫改革试点，积极探索建立集体股权参与水电矿产资源项目分红的资产收益扶贫长效机制。① 2018 年年初贵州省召开了水利工作会议，对此项试点工作进行了全面部署安排。

（八）光伏发电项目扶贫

对威宁、盘州、普安等光照资源相对丰富、电网接入条件允许的贫困地区优先配置光伏发电指标，按照光伏发电与农林、养殖、旅游相结合的原则，建设农光互补、林光互补等项目。② 组织威宁、赫章、盘州、普安等地区编制光伏扶贫规划和实施方案，力争进入国家光伏扶贫试点地区名录。③ 力争三年时间全省贫困县每年扩大光伏发电规模 20 万千瓦以上，累计完成总投资 52 亿元以上，利用荒山荒坡 5000 亩以上，带动项目覆盖的建档立卡贫困户人均增收 3000 元左右。

（九）森林资源开发利用扶贫

发展林下经济、森林旅游业与康养服务业，带动建档立卡贫困户增收。2017 年，全省利用林地发展林下经济面积达 1449.99 万亩，产值 154.82 亿元。其中：林下种植 390.92 万亩 50.64 亿元、林下养殖 249.69 万亩 33.31 亿元、林产品采集加工 280.13 万亩 28.27 亿元、森林景观利用 529.25 万亩 42.61 亿元。2017 年获批国家级森林康养试点基地 20 家、发布省级森林康养试点基地 12 家，安排 1400 万元资金，支持用于试点基地康养林建设。2018 年，全省利用林地发展林下经济面积达 1813.84 万亩，产值 161.56 亿

---

① 据了解，从 2018 年开始，对贫困县新建或在建小型水电站按每千瓦 4000 元给予中央资金补助，项目法人每年将中央投资收益（年收益高于 6% 的据实缴存，低于 6% 的由项目法人补足 6%）存入县级人民政府指定账户，专项用于扶持建档立卡贫困户脱贫和贫困村基础设施等公益事业建设，扶持贫困户脱贫。
② 《贵州省生态扶贫实施方案》，多彩贵州网，http：//news. gog. cn/system/2018/01/16/016353662. shtml。
③ 《贵州省生态扶贫实施方案》，多彩贵州网，http：//news. gog. cn/system/2018/01/16/016353662. shtml。

元。其中：林下种植 555.53 万亩 51.58 亿元、林下养殖 292.44 万亩 37.23 亿元、林产品采集加工 331.68 万亩 33.81 亿元、森林景观利用 634.19 万亩 38.94 亿元。2018 年获批国家级森林康养试点基地 16 家、发布省级森林康养试点基地 20 家，安排 1800 万元资金，支持用于试点基地康养林建设及生态环境指标监测体系建设。

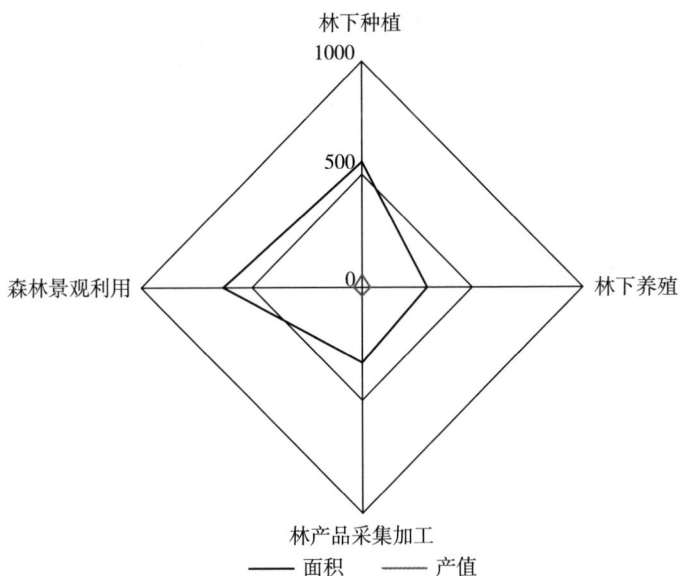

图5 2018 年贵州省林下经济面积及产值分布

资料来源：根据《贵州省生态扶贫实施方案》整理。

（十）碳汇交易试点扶贫

核心是三条：以深度贫困县、极贫乡镇、深度贫困村的森林碳汇资源开发为重点，利用全国碳市场和现有 9 个碳交易试点体系，引导具有碳交易配额履约任务的企业购买林业碳汇减排量；① 鼓励对口帮扶贫困地区的单位，

---

① 《贵州省生态扶贫实施方案》，多彩贵州网，http：//news.gog.cn/system/2018/01/16/016353662.shtml。

购买对口贫困地区的林业碳汇,完成对口帮扶任务、践行降碳社会责任;①力争 2019 年全省深度贫困地区碳汇资源开发覆盖度达 50% 以上,实现新增碳汇量 70 万吨以上。力争 2020 年全省深度贫困地区碳汇资源开发覆盖度达80% 以上,实现新增碳汇量 100 万吨以上。② 2018 年,全省深度贫困地区完成碳汇扶贫项目 8 个,实现新增碳汇量 50 万吨以上。

总体来看,通过实施生态扶贫十大工程,贵州牢牢把握了打赢脱贫攻坚战的主动权、制胜权,全省各地捷报频传、战果连连。农村"组组通"硬化路完成 7.6 万公里,98% 的村民组通硬化路,全面解决农村饮水安全问题,农村居住条件明显改善。易地扶贫搬迁累计入住 127.82 万人,东部六省七市对口帮扶 66 个贫困县医院深入推进,在全国率先实现省市县乡远程医疗全覆盖,2018 年完成 23.6 万病例、累计完成 41.8 万病例,有效缓解了山区群众看病难问题。共调减低效玉米种植面积 785.19 万亩,新增高效经济作物 666.67 万亩,204 万农户户均增收 1.01 万元,全省农村居民人均可支配收入增长 9.6%,全年农业增加值增长 6.9%,居全国前列。截至2018 年,全省减少贫困人口 148 万,贫困发生率下降到 4.3% 以内。

四 贵州生态扶贫的重大意义

贵州生态扶贫,不仅为按时打赢脱贫攻坚战奠定了具有决定性意义的基础,而且对乡村振兴、经济高质量发展、生态文明建设、社会和谐稳定产生了十分重大而深远的影响。

(一)改变了近两百万农村群众的世代命运

有近 200 万群众搬出了世世代代居住的偏僻山沟,住进了城镇,生产生

---

① 《贵州省生态扶贫实施方案》,多彩贵州网,http://news.gog.cn/system/2018/01/16/016353662.shtml。
② 《贵州省生态扶贫实施方案》,多彩贵州网,http://news.gog.cn/system/2018/01/16/016353662.shtml。

活条件显著改善，不仅自身获得感、幸福感、安全感明显增强，而且彻底改变了子孙后代的命运。随机入户抽查结果显示，群众对搬迁政策的满意度达99.46%，对配套基础设施及公共服务设施的满意度达99.03%，对住房的满意度达98.28%，对就业脱贫措施的满意度达97.95%。[①]

（二）有力推动了城镇发展和乡村布局优化

有关数据显示，易地扶贫搬迁的100多万人口，为全省提高城镇化率贡献了约3个百分点。全部搬完入住，将为全省提高城镇化率贡献约5个百分点。人口资源要素向城镇集中，必将促进城镇经济发展。同时，实施生态异地扶贫搬迁，完善村庄建设规划，优化广大农村空间布局，完善了"组组通"硬化路、农村饮水安全、"通村村"等硬软件设施，乡村服务群众水平明显提升，为后续乡村振兴奠定了坚实的基础。

（三）增添了城乡经济增长新引擎

生态扶贫极大地带动了相关工业、建筑业、生产性服务业的发展，创造了大量就业岗位，增加了农民务工收入。以投入最大、影响最大的易地扶贫搬迁工程为例，其建设直接投资达1000亿元，消化了大量钢材、水泥等建材产能。近200万搬迁群众入住后，形成庞大的消费需求，促进了生活性服务业的发展，是未来贵州乡村振兴的重要动力源泉。

（四）改善了农村自然生态环境

生态扶贫搬迁立足改变贫穷、坚持生态优先，大规模人口从生态脆弱的深山区、石山区迁入城镇，大大减轻了迁出地生态环境承载压力，修复和增强了自然生态系统功能。旧房拆除后对宅基地进行复垦复绿，利用退耕还林政策对25度以上坡耕地进行生态修复，防止水土流失和石漠化，"越穷越

---

① 万秀斌、黄娴：《倾听贵州：易地扶贫搬迁，不只"挪个窝"更要"铺好路"》，《人民日报》2019年4月11日。

垦、越垦越穷"的恶性循环正在改变，搬迁脱贫与生态修复双赢效果日益显现。

（五）锤炼了过硬的农村基层干部队伍

生态扶贫是创造奇迹的过程，也是英雄辈出的过程。大批基层党员干部在扶贫战场上冲锋陷阵、攻坚拔寨，推动政策落地、工作落实的能力得到极大提升，涌现了黄大发、余留芬等一大片先进典型和英模人物。同时，党群关系、干群关系更加密切，搬迁群众发自内心感恩习近平总书记、感恩党中央，感谢各级党委政府、感谢为他们办事的基层干部。

五　贵州生态扶贫的经验启示

作为中国首批国家级生态文明试验区，贵州生态环境持续优化，绿色发展唱响主旋律，依托生态优势，贵州持续念好"山字经"，种出"摇钱树"，持续释放生态红利，大生态与大扶贫碰撞出了炫目的火花，取得了令人瞩目的成绩，其经验可以归纳如下。

（一）加强组织领导是根本保证

在生态扶贫全过程，各级党委（党组）始终把加强组织领导贯彻贯穿工作全过程，统筹推进改革、林业、财政、扶贫、水利、水库和生态移民等部门，加强工作沟通协调、促进相互协作、形成工作合力。各级党委政府主要负责人高度重视脱贫工作，亲自谋划、亲自协调、亲自推动，形成了一级抓一级、层层压实责任的生态扶贫攻坚责任体系，推动了生态扶贫工作任务完成和目标实现。

（二）善于总结创新是关键之举

从省情实际出发，坚持问题导向，探索出了异地扶贫搬迁"六个坚持"

"五个体系"的做法①，这"六个坚持""五个体系"着力解决了"怎么搬""搬后怎么办""搬得出""稳得住、能致富"等重大问题，是贵州扶贫实践过程中总结、探索的，是符合贵州发展需要和实际的。实践证明，善于总结、善于创新是扶贫搬迁成功实施的重要法宝。

（三）加快项目落实是重要途径

在生态扶贫过程中，各级党委政府和有关部门始终坚持把项目作为推动脱贫、促进增收的重要载体和有效手段。《贵州省生态扶贫实施方案（2017～2020年)》印发后，省改革委、省环保厅、省财政厅、省扶贫办、省水利厅等省直部门，结合工作职责，或分别拟定了实施方案，或单独拟定了实施项目计划，各地方党委政府结合省直部门的实施方案，因地制宜积极做好项目谋划、储备、包装工作，建立生态扶贫专项项目库，推出一批大项目、好项目，并积极推动项目建设，在这个过程中既充分发挥了项目的生态效益，又促进了贫困群众增收脱贫。

（四）健全工作机制是重要方法

在生态扶贫过程中，建立了动态管理机制，运用大数据手段实现了对所有贫困户就业情况、收入情况等家庭基本情况动态掌握，确保了扶贫开发的针对性。建立了调度机制，对年度要实施的重点工作、重点项目等实行台账式管理，根据实施情况每月进行一次调度，确保十大生态扶贫工程项目完成一项、销账一项、带动一片。建立了奖惩机制，定期或不定期对项目建设进展情况进行督查，对十大工程项目进展情况进行跟踪问效，对进度缓慢的项目，及时约谈并进行通报；对进展好、效果好的予以表彰奖励。此外，还建

---

① "六个坚持"，即贵州创新易地扶贫搬迁"六个坚持"经验：坚持省级统贷统还，坚持自然村寨整体搬迁为主，坚持城镇化集中安置，坚持以县为单位集中建设，坚持不让贫困户因搬迁而负债，坚持以产定搬以岗定搬。"五个体系"，即贵州为做好易地扶贫搬迁后续工作而创新实施的：着力构建基本公共服务、培训和就业服务、文化服务、社区治理、基层党建。

立了会商制度、扶贫资金审计办法、扶贫资金使用办法等重要的工作机制，每一项机制目标指向明确、推进逻辑清晰、作用支撑具体，形成了很好的实施路径和效果导向。

（五）强化资金保障是重中之重

在生态扶贫过程中，一方面，各级党委政府和有关部门围绕工作任务，坚持制定科学的资金筹措方案，积极盘活存量、加强增量资金，千方百计筹措资金、用活资金。另一方面，坚持向上看与向下看相结合，通过积极争取中央资金支持、加大省级财政投入、市县财政适度分担、社会资本有序进入等方式，积极筹措项目建设资金，确保了生态扶贫十大工程顺利实施，发挥了工程带动脱贫的效果。

（六）有效的政策支持是重要支撑点

在生态扶贫过程中，涉及财政、发改、林业、环保、生态移民、民政等十几个部门，这些部门结合职能职责都相应地出台了文件、制定了措施，形成了主要政策支持。同时，各级地方党委政府和有关部门出台了加大科技扶贫、干部帮扶、搭建合作平台、引进新技术新产品、利用财政金融等政策支撑。总之，自上而下形成了强大的政策支持、供给体系，举全省之力、汇聚全省之智慧来开展大扶贫。

六 贵州生态扶贫存在的主要问题及对策建议

在充分肯定成绩的同时，也要清醒认识存在的问题。

（一）底数不清、还需要进一步在精准上下功夫

由于贫困人口基数大、基层情况复杂，一些地方仍然存在干部不清楚扶贫基本数据，不熟悉本辖区的贫困状况和脱贫政策，对实施项目的路径不甚

明了、预期效益考虑不周全、带动效果缺乏科学预判，等等，需要进一步在生态扶贫精准二字上下功夫。建议：要加大摸清实情的力度，建立健全大数据动态管控模式，切实掌握贫困人口的动态情况，特别是返贫、新增贫困人口等情况，确保底数清情况明，确保应扶尽扶；要贯彻精准扶贫方略，对扶贫项目实施方案要进一步细化，不能大而化之、笼而统之，要让基层干部有清晰的认识，知道怎么干、干成什么样；加大对基层干部的培训教育，关心关爱基层干部，重用基层一线干出成效、群众欢迎的干部，切实推动基层干部把工作中心转到为扶贫事业做贡献上来。

（二）研判不足、还需进一步加强调查研究

生态扶贫是一项巨大的工程，涉及资金量大、人口众多、民族成分复杂、风土人情存在差异、群众素质不一等各种情况，有的地方政府对这些没有充分的分析研判，后续"稳得住、能致富"工作研判不深不透，准备不充分；有的产业项目对贫困户带动不足，利益联结机制没有完全建立；有的地方农民技能和就业培训效果不明显，培训方式脱离实际，群众听不进去，最终实现就业人员偏少，等等。建议：各级党委政府要高度重视生态扶贫持续性、长远性工作的统筹谋划，加强组织领导，加强调查研究，持续关注群众生活生产状况，确保生态扶贫后群众真正能脱贫致富、广大农村地区稳得住；要提高脱贫质量，稳定脱贫政策，把防止返贫作为后续工作的重中之重，做到摘帽不摘监管、不搞帮扶、不摘政策。

（三）作风不实、还需进一步加强干部队伍建设

一些地方还存在不作为、慢作为，一些地方还存在欺上瞒下、违反法规的现象，一些地方还存在形式主义、官僚主义突出问题，一些地方有懈怠、有畏难情绪，等等。这些反映出干部作风还不够扎实。建议：一要加强巡视巡察发现问题。对生态扶贫工作开展巡视巡察，及时发现问题、研究问题、解决问题。二是坚持举一反三强化整改。坚持边查边改、立行立改，对存在的问题加快整改，绝不留死角，把脱贫攻坚工作做得更加扎实、更高质量。

三是加强干部教育管理。配齐基层力量，对生态扶贫工作中出现的问题严肃追责问责，发现一起处理一起；对工作表现好的予以提拔重用表彰，确保生态扶贫既是群众脱贫的过程，也是干部成长的过程，更是干群关系增进的过程。

（四）总结不多、还需进一步加强制度创新

生态扶贫工作，是贵州大地英雄辈出、先进模范涌现的过程，有很多可圈可点的做法、有很多可歌可泣的典型人物，需要进一步发现挖掘、总结提炼，及时推广应用。这样做既是总结经验，为下一步工作开展积累方法；也是鼓舞广大干部群众再接再厉、决战脱贫攻坚的信心与斗志，更是深化贵州生态文化和丰富贵州人文精神的内在需要。但实际中忽略了这方面的工作。建议：一要加强表彰力度。各级党委政府要充分挖掘典型案例先进人物的事迹，每年至少进行一次评选表彰。二是加大宣传力度。通过新媒体新手段，对生态脱贫过程中的好做法、好经验和先进代表及时进行宣传报道。三是加强建章立制。对工作中的好做法好经验，及时上升为工作制度、工作模式等，并加以推广运用，扩大影响力。

区域报告

Regional Reports

B.7

贵阳市大生态战略行动发展报告

李德生*

摘　要：　作为在全国率先探索生态文明城市建设途径的试点城市，贵阳市在实施大生态战略行动中具有得天独厚的优势。为了把行动向纵深推进，贵阳市继承和发扬之前行之有效的措施方法，坚持向改革要动力，向开放要活力，明确奋斗目标，找准发力方向，高一格、快一步、深一层地实施大生态战略贵阳行动，争取把生态优势变成发展优势，把绿水青山变成金山银山。

关键词：　贵阳市　生态文明建设　大生态战略行动

---

*　李德生，硕士，贵州省社会科学院党建研究所副研究员，研究方向为中国近现代史、生态史。

与贵州省其他市州不同，贵阳市的大生态战略行动一开始就站在了一个较高的起点上，贵阳市自 2007 年以来就率先探索生态文明城市建设途径，制定和出台了一系列行之有效的法律法规和保障制度，取得了比较明显的成绩。在实施大生态战略行动中，贵阳市继承和发扬之前的做法，以高一格、快一步、深一层的标准提出要求，围绕打造山水林田湖草和谐共生的生命共同体，向着推进公平共享创新型中心城市的方向稳步前进。①

一 贵阳市实施大生态战略的行动基础

（一）良好的生态、经济、社会基础

贵阳市是贵州的省会城市，地处北纬 26°，属于亚热带湿润温和型气候，土地面积 8034 平方公里，辖 6 区 1 市 3 县，常住人口 480 万左右，以汉族、苗族、布依族为主。因为拥有比较丰富的森林资源，贵阳长期享有"林城"的美称，年平均气温在 15.3℃ 左右。贵阳气候最为人称道的是夏季，由于地理海拔和植被的关系，平均气温要比同类地区低 7℃ ~ 8℃，因此可以吸引大量前来避暑的游客，从而享有"爽爽贵阳·中国避暑之都"的美誉。贵阳的磷、铝、煤等自然资源丰富，有中药材资源 1993 种，被称为"天然药谷"。

作为西部欠发达地区的城市，贵阳积极探索适合自身发展的独特道路，从 2007 年就开始在国内率先探索建设生态文明城市的途径，成功获得了"全国文明城市"和"国家卫生城市"等光荣称号。贵阳市的生态、经济、社会等各方面都取得了长足的进步，逐步在国际国内城市中树立起生态文明城市的良好形象。

通过长期推行植树造林、退耕还林、石漠化治理、恢复中心城区山体植被、加强环境保护、深入实施"蓝天""碧水""绿地""清洁""田园"五

---

① 本报告主要根据中共贵阳市委政策研究室提供的资料撰写。

项保护计划等办法措施，贵阳市的生态环境一天比一天更好，并且慢慢由量变积累成质变，顺利通过了国家创建环境保护模范城市的验收。在新的起点上，贵阳市提出了"一河百山千园"计划，把生态文明城市建设推向深入。到2016年底，贵阳市公园总数达到705个，"千园之城"建设取得重大突破，南明母亲河污染治理取得明显成效，水环境逐渐重现水清鱼游的昔日荣光；森林覆盖率和环境空气质量优良率分别以46.5%、95.6%的耀眼数字位居全国前列；集中式饮用水源水质达标率、整体辐射环境、全市区域噪声全部控制在国家标准范围内，有的甚至达到100%。贵阳市连续多年成功创办生态文明会议，获得广泛好评，目前已经升级为著名的国际论坛之一。

2016年，贵阳市地区生产总值达到3157.7亿元，规模以上工业增加值达到780.82亿元；固定资产投资（500万元口径）达到3380.73亿元。城镇、农村常住居民人均可支配收入分别达到29502元和12967元。通过大力发展大数据和高新技术产业，科学技术对贵阳市经济增长的贡献快速提高，产业结构逐渐调整到一个比较优良的比例。在生态环境持续改善的基础上，贵阳市成功入选国家全域旅游示范区，现代服务业增加值占服务业比重超过52%，现代农业增加值占一产比重超过33%。

贵阳市各方面的社会事业也取得了长足进步。市区交通全面建成"三环十六射"的骨干路网，区县之间的高速公路、乡村之间的柏油公路全面通车；轨道交通、快速公交系统的建设给人民出行带来了更大的方便；为了加快对外开放进程，在中央和省委、省政府的大力支持下，贵阳相继建设开通了至发达城市广州和周边省会长沙、昆明的高速铁路，龙洞堡国际机场得以跻身千万级大型繁忙机场行列。与此同时，贵阳市在全省率先消除绝对贫困，率先以县为单位通过全面小康考核验收，率先实现农村低保标准与扶贫标准"两线合一"，农村低收入困难群体人均可支配收入整体越过4300元。①

---

① 参见贵阳市2017年政府工作报告。

（二）辉煌的生态文明建设历程

2007 年，贵阳市委、市政府在设计城市发展道路的时候，认为必须紧紧抓住自身独特的生态比较优势，跟上国际潮流，建设生态文明城市。2008 年，贵阳市正式把构思变成决定，汇聚成全市人民的共同意志，就建设生态文明城市进行产业布局规划，出台地方法规建立生态补偿机制。2009 年，贵阳市开始加快建设生态文明城市的步伐，市生态功能规划、环境保护规划相继出炉，并以市委、市政府的名义正式出台了相关文件。2010 年，贵阳市被环保部列为"农村环境综合整治试点城市"，出台文件敦促各级政府、部门提高执行力，全力推行生态文明建设条例，并开始试点规划的编制。2011 年，贵阳市创建"国家卫生城市""全国文明城市"的双创活动取得成功，顺利成为国家发改委批准建设的"中国十大低碳城市"之一。2012 年，贵阳市提出了到 2015 年，加快建成经济实力更强、生态环境更好、幸福指数更高的生态文明城市，全力实现"一先二超一提升"的奋斗目标。2013 年，《贵阳建设生态文明城市规划（2012 ~ 2020）》获得国家发改委批复，市委、市政府出台文件将这一利好具体落实，制定颁布了全国第一部生态文明地方性法规《贵阳市建设生态文明城市条例》。2014 年，为了加快生态文明城市建设，贵阳市开始以大数据产业为突破口，加快发展以科技、创新为核心的产业模式。2015 年，贵阳市提出实施"六大工程"，打造开放贵阳升级版、创新贵阳升级版、生态贵阳升级版、法治贵阳升级版、人文贵阳升级版、和合贵阳升级版"六大升级版"，加快建设全国生态文明示范城市，率先实现全面小康和率先向基本现代化迈进。2016 年，贵阳市加快推进生态文明建设的顶层设计，就未来五年的体制改革出台实施方案，为实现生态文明示范城市制定了行动步骤。

（三）有效的法律、法规、制度保障

在探索生态文明城市建设的实验路上，贵阳市人民解放思想、敢闯敢试，勇为天下先，制定出台了一系列行之有效的法律、规划和制度条例，其中有不少属于全国首创的价值，如《贵阳市建设循环经济生态城市条例》《贵阳市促进生态文明建设条例》《贵阳市建设生态文明城市条例》等。为了探索恢复和保护生态环境的长效机制，贵阳市制定实施生态补偿办法，明确规定每年从市级财政安排 1000 万元，并从市、区两级土地出让金中提取 3% 作为生态补偿资金，将生态补偿内容纳入了地方法规；为优化生态环境空间布局，贵阳市通过科学调研，合理规划城市功能分区，出台了《贵阳市城乡规划局关于加强镇（乡）规划、村庄规划编制工作的意见》《贵阳市城乡个人建房规划管理暂行办法》；开展《贵阳市公园城市建设总体规划》编制工作，进一步优化城市空间形态；完成了《土地资源高效利用控制目标方案》初稿；为了优化空气、森林、农田和水源，贵阳市出台了相关文件强制减少污染源的使用，严厉禁止污染物的排放，通过基本农田红线、林业生态红线、能源消费红线和水资源利用红线的详细划定，牢牢守住了生态和环境两条底线；为了大力发展绿色经济，贵阳市从改变领导干部的考评办法入手，改变过往以 GDP 论英雄的考核办法，对造成生态环境损害的领导干部实行严格的问责制度。

二 贵阳市实施大生态战略行动的基本情况

（一）行动部署

2017 年 4 月，中国共产党贵州省第十二次代表大会召开，规划了贵州省未来五年的战略行动和奋斗目标，在这次会议上，中共贵州省委凝聚全省人民的意志，正式将发展大生态上升为全省三大战略行动之一。为了贯彻执行省委决策，贵阳市在认真分析总结本市建设生态文明城市经验和发展生态比较优势的基础上，于当年 9 月在贵阳举行了中国共产党贵阳市第十届委员会第二次全体会议。这次会议审议通过了《中共贵阳市委关于大生态战略贵阳行动的实施意见》（以下简称《意见》），提出贵阳市要在建设国家生态文明试验区中做表率、走前列、当先锋、做贡献，要提供更多优质绿色产品，要高一格、快一步、深一层实施大生态战略贵阳行动，对贵阳市全面实施大生态战略行动做出了具体部署。

《意见》描绘了贵阳市大生态战略行动的建设目标和具体路径，提出要"以建设海绵城市为关键抓手，以建成'千园之城'为显著标志，以生物多样性为重要特征，以生态产业化、产业生态化为核心引领，以城乡'三变'改革为主导路径，努力把生态优势变成环境优势、发展优势，把绿水青山变成金山银山。到 2020 年高标准、高质量、高品质建成全国生态文明示范城市，森林覆盖率达 60%，城市空气质量优良天数比例稳定在 90% 以上，PM2.5 年均浓度稳定控制在 35 微克/立方米左右，建成'千园之城'，南明河水质稳定在四类。"①

中共贵阳市十届二次会议指出，"实施大生态战略贵阳行动，要做好八个方面工作：统筹本色、底色、成色三色建设；统筹生产、生活、生态三生空间；统筹基线、底线、上线三条红线；统筹一产、二产、三产三次产业；统筹城市、小镇、乡村三大载体；统筹大气、水、土壤污染防治三大战役；统筹确权、赋权、活权三个环节；统筹政府、企业、市民三大主体。实施大生态战略贵阳行动，必须向改革要动力、向开放要活力。要推进城乡'三变'改革，创新建立生态文明共商共建共治共享的制度安排。要与时俱进办好生态文明贵阳国际论坛，要强化要素投入支撑，狠抓人才队伍建设，强化科技支撑；要完善法治保障体系，加强生态环境地方性法规和政府规章的立改废，健全地方生态环境法规体系，筑起生态文明建设法治墙；要实行绿色发展考核，以绿色 GDP 增长论英雄，形成绿色发展引领导向；要压紧压实主体责任，实行领导干部生态环境保护和自然资源资产审计，实行最严格的考核问责制度。"②

---

① http：//www. gywb. cn/content/2017 – 10/09/content_ 5612192. htm? from = groupmessage&isa ppinstalled = 1.

② http：//www. gywb. cn/content/2017 – 10/09/content_ 5612192. htm? from = groupmessage&isa ppinstalled = 1.

《意见》明确了大生态战略贵阳行动的价值取向、总体目标、主导理念和工作要求，设定了"时间表"和"路线图"，是指导实施大生态战略贵阳行动的指南，对贵阳市加快生态文明建设具有深远的指导意义。2018年，贵阳市印发了《贵阳市建成全国生态文明示范城市攻坚行动计划（2018～2020）》，制定贵阳市生态文明建设目标评价考核办法、绿色发展指数统计监测方案、生态环境质量"一票否决"考核实施方案，进一步明确了贵阳市建成全国生态文明城市的时间表、路线图，有力地推进了全市生态文明建设。

（二）行动实施

1. 全力推进生态建设

一是加大林业生态建设。主要手段是依托原有的重点林业工程，提升技术和管理水平，大力培育合格苗木，加快植树造林步伐，努力提高全市森林覆盖率。仅2017年就培育合格苗木1170.4万株，完成营造林16.45万亩、森林抚育11.5万亩，森林覆盖率同比增长2.16个百分点，2018年在此基础上继续造林82.1万亩，将森林覆盖率提高到52%。在积极增加林木资源总量的同时，贵阳市加大了对森林资源的管护力度，通过全面系统的调查，将森林资源管控指标从省级9个增加到11个，将管控等级从省级2级增加为3级。在保护林农权益的前提下，贵阳市还加大了城市公益林的规划面积，对可能造成森林危害的自然和人为灾害进行严密防控，将森林虫害、火灾等威胁降低至微乎其微的程度。二是推进"百山千园"建设。为了实现生态效益全民共享，贵阳市将"百山治理"和"千园建设"作为年度重大民生工程来抓，政府为此投入了大量资金，确保市民"300米见绿，500米见园"，随时可处在青山绿水鸟语花香之间。2017年贵阳市全面开始237个公园建设任务，2018年完成83个，目前贵阳市的公园总数正在向800个的总数迈进，距离千园的奋斗目标已是指日可待。三是推进城市绿化。通过新增城市绿地，对城市居民屋顶进行美化、净化、绿化、亮化"四化"整治，在城市重要道路和节点进行景观提升和在城市重要节点、重要道路布置时令花卉等措施，进一步装点了贵阳，大幅提升了本地居民和外地游客对于秀美生态的获得感和愉悦度。

2. 全力开展环境治理

一是推进大气污染防治。大气污染是衡量地区生态优劣的一个重要指标，往往发生在人口密集或厂矿集中的地方，这方面一个最典型的例子就是我国北方的"雾霾"。贵阳市自开始创建生态文明城市以来，一直把良好的空气质量作为贵阳生态的一张主要名片，2014 年就开始了"蓝天保护计划"。在大生态战略行动开始以后，贵阳市接连编制《贵阳市 PM2.5 限期达标规划》《贵阳市 2018 年大气污染防治攻坚实施方案》《贵阳市环境空气质量生态激励约束考核办法》，对空气质量污染源进行严防死守。与此同时，贵阳市对一些容易产生大气污染的行业进行集中治理，督促实施了老干妈公司油烟治理、息烽小寨坝磷煤化工精细园区等十大行业治理工程，淘汰了1.38 万辆排污严重的黄标车和老旧车，建成了 22 条餐饮油烟示范街，并且指导各区（市、县）完成全年十大行业治污减排全面达标任务。

二是推进水污染防治。"碧水治理计划"是推进贵阳生态改善的又一个主要抓手。贵阳水污染治理的一个核心目标是针对南明母亲河，2018 年，南明河治理目标基本完成，南明水质得到显著改善，顺利通过了国家水生态文明城市试点验收，如今的贵阳市民，又可以轻松愉快地沿着清清的流水欣赏南明河畔的文化长廊。贵阳市还开展了污水处理设施投资和在黔灵湖的治理工程，到 2018 年底，平均每天新增 20 万吨污水处理的能力；针对金钟河等劣五类水体和受化工企业污染源严重影响的十大污染源展开治理。"实施金钟河流域水环境质量考核暨奖惩试点，收缴水污染防治生态补偿资金3620 万元。建成 33 个农村生活垃圾和生活污水示范项目；建成贵阳市集中式饮用水源地及重点流域（乌江流域）在线监控终端系统，实现手机 APP实时查看水质状况，全市 16 个国、省控断面地表水水质优良比例为93.75%；全市 16 个县级以上和 39 个建制乡镇集中式饮用水源地水质均达到Ⅲ类水质标准，水质达标率 100%；"① 制定实施《贵阳市"水十条"

---

① 参见贵阳市生态文明委员会 2017 年工作总结。

2018 年度实施方案》，印发《贵阳市打赢碧水保卫战三年行动计划（初稿)》，完成污水处理厂提标改造、交椅山渣场覆膜治理，禁养区划定、禁养区内规模化畜禽养殖场关闭等工作任务。

三是推进土壤污染防治。绿地保护是贵阳市五大生态保护计划之一，2017 年贵阳市出台土壤污染防治工作方案，按照省里总体部署，把土壤治理项目纳入数据库，方便随着监督考察。同时对贵阳周边城市一些历史遗留的污染问题进行综合治理，如清镇市汞污染遗留问题和首钢贵阳钢厂老厂区污染场地修复，并且在清镇市启动青龙生态环保公园建设项目。2018 年继续制定实施《贵阳市 2018 年土壤污染防治年度实施方案》，印发《贵阳市打赢净土保卫战三年行动方案（初稿)》，启动重点行业企业用地土壤污染状况详查，初步完成 236 个企业基本信息调查；组织各区县对辖区内疑似污染地块进行排查，积极与国土、规划部门沟通，做好污染地块再开发利用环境管理；以重金属污染防治、工业固体废弃物、危险废物环境管理为重点，做好土壤污染源头预防。

四是强化固体废物处置。2018 年，贵阳市印发实施了《贵阳市打赢固体废物治理战三年行动方案（初稿)》，要求全市相关企业对打算遗弃的危险固体废物进行申报登记，涉及企业 2100 余家。建设完成"贵阳市固体废物综合信息管理系统（三期）项目"，新增医疗废物条码管理视频管理等功能，实现医疗废物的全过程信息化管理。推进第二次全国污染源普查，建立污普工作联席会议及信息上报制度，按照《贵阳市第二次全国污染源普查实施方案》，完成污染源系统录入工作，开展普查数据质量核查。①

五是落实生态监管责任。在生态监管方面，一方面是严格环境准入，堵住生态污染源头，另一方面是深入执法，严厉打击违反环保法规的各种行为。2017 年贵阳市依法开展建设项目环境影响评价 211 个，否决不符合相关政策要求的项目 3 个，涉及金额 24.64 亿元。"完成 764 个违规建设项目整改，立案查处环境违法行为 480 件，处罚金额 3788.13 万元；查处涉林违

---

① 参见贵阳市生态文明建设委员会 2018 年工作总结。

法案件574起（行政案件362起，刑事案件212起）"①。2018年持续开展贵阳市"守护多彩贵州严打环境犯罪"2018～2020执法专项行动，立案查处环境违法案件237件，罚款金额约3365.79万元。

3. 全力推进体制机制改革

为了完善绿色生态制度，贵阳市大力推进生态文明体制改革，2017年公布了改革要点，"组织建立环境保护督察制度、环境信息发布制度、生态环境保护目标评价制度，启动制定贵阳市生态环境保护行政执法与刑事司法衔接工作制度，推进森林公安体制和环保机构垂直管理制度改革"。② 2018年正式制定了实施方案，从三个方面统筹推进改革工作。"一是健全完善考核体系。市委、市政府印发《贵阳市生态文明建设目标评价考核办法（试行）》《绿色发展指数统计监测方案（试行）》《贵阳市生态环境质量考核实施细则（试行）》。二是积极推进生态补偿，持续实施《金钟河流域水环境质量考核暨奖惩办法》，印发《南明河流域断面考核及奖惩办法》，从2019年1月起对超标断面所在区政府收取生态补偿资金。三是深化行政许可制度改革。开展屠宰及肉类加工、其他农副食品加工、精炼石油产品制造、陶瓷制品制造、钢铁和有色金属冶炼6个行业排污许可证申请与核发工作。"③

4. 全力开展宣传教育

生态环境红利带有普惠性，生态文明建设也绝不单纯是一项政府工作，而是需要全体人民的身体力行，知行合一。贵阳市一方面加大宣传力度，通过组织开展4·25生态文明条例宣传日、6·5环境日、6·18贵州生态日等系列宣传活动，组织开展最美森林、最美湿地公众评选活动，通过各类媒体发布贵阳市生态文明建设相关宣传报道1万余条，对市民普及生态文明理念；另一方面指导下属区县乡镇积极申报国家组织开展的各种生态文明建设创新活动，取得了明显成效。乌当区和观山湖区获得了国家荣誉；6个乡

---

① 参见贵阳市生态文明建设委员会2017年工作总结。
② 参见贵阳市生态文明建设委员会2017年工作总结。
③ 参见贵阳市生态文明建设委员会2018年工作总结。

镇、20 个村获得了省级荣誉。与此同时，贵阳市还积极利用相对成熟知名的生态文明国际论坛进行宣传，扩大自身影响。2018 年贵阳市生态文明建设委员会圆满完成生态文明贵阳国际论坛 6 个协办论坛筹备工作，向与会嘉宾推介了 12 个生态文明建设示范点，累计接待 87 批次 1662 人次；积极推介和宣传贵阳市生态建设经验。

5. 全力推进问题整改

这方面主要做法是以中央环境保护督察组反馈意见结合自查自纠进行问题整改。2017 年 8 月，中央第七环境保护督察组正式反馈意见中，涉及贵阳市的问题一共 32 个（个性问题 8 个，全省共性问题 24 个）。贵阳市生态文明委员会据此制定了专门的整改方案，明确整改责任、整改时限，将所有问题细化成 144 项措施全力整改。2017 年年底完成整改 87 项，基本达到既定的时限要求。至 2018 年年底，中央环保督察移交的 1681 件信访投诉案件全部办结。生态环境部"2018 清废行动"反馈的 12 个问题、生态环境部饮用水源督查反馈的 11 个问题已全部整改完成。顺利完成配合中央生态环境保护督察"回头看"各项服务保障工作，中央环保督察回头看交办的 968 件信访件已办结 947 件，办结率 97.83%，生态环境部通报的洋水河污染问题及长江经济带保护涉及的 4 个问题正按要求开展整治工作。此外，中央督察组进驻前省自查自纠 40 个突出环境问题当年即有 33 个完成整改，7 个问题整改正在推进中。

（三）行动效果

自实施大生态战略行动以来，贵阳市经济、社会、生态等各方面工作都取得了明显进步，整体呈现环境保护力度加大、经济发展态势良好、新旧动能加速转换、质量效益不断提高、人民生活持续向好的态势，森林覆盖率逐年上升，环境空气质量优良率稳步提高，集中式饮用水源水质一直保持 100% 的达标率，地表水国控、省控断面水质优良率一直保持在 93% 以上，贵阳地区生产总值连续 6 年在全国省会城市保持最快的增长速度，经济总量也持续增大，在贵州全省几乎占到 1/4 的比例。在保持经济快速发展势头的同时，贵阳市的经济结构也得到合理的调整，以大数据为代表的高新技术逐渐成为产业带动的龙头，科技进步对经济发展的贡献率快速提高到60%以上，绿色经济占地区生产总值比重提高到42%，城乡人民群众可支配收入也基本保持了与经济增长同样的速度。

贵阳市两年的实践不仅充分证明了大生态战略行动的正确性，而且坚定了贵阳建设生态文明城市的理论自信和道路自信。表1直观展示了贵阳市生态文明建设的行动效果。

表1 贵阳市2016～2018年主要经济生态发展数据比较

贵阳市	2016年	2017年	2018年
森林覆盖率(%)	46.5	48.66	52
环境空气质量优良率(%)	95.6	95.1	97.8
地区生产总值(亿元)	3157.7	3537.96	3798.45
集中式饮用水源水质达标率(%)	100	100	100
经济增速在全国省会城市排名	第一名	第一名	第一名
三次产业结构比例	4.3:38.6:57.1	4.2:38.8:57	4:37.2:58.8
固定资产投资增长(%)	21.5	18.1	15

资料来源：贵阳市人民政府工作报告。

（四）困难问题

2018年贵阳市政府工作报告指出，贵阳市经济社会发展虽然呈现持续向好的态势，但距离高质量发展仍然面临诸多困难，主要表现在：实体经济不强、城市体量不大、开放水平不高、创新动力不足、风险隐患不少和担当有为不够。如果单纯从生态发展的角度来说，同样至少存在以下几个方面问题：一是人多地少，拓展生态空间的压力持续增大，森林覆盖率增长、环境空气质量提升接近极限；二是绿色发展指数中资源利用、环境质量等指标在全省排位靠后，生态环境公众满意度还有提高空间；三是部分地方还不同程度存在抓经济发展与生态保护"一手硬、一手软"现象，特别是林地违法占用、改变用途情况突出。

三 进一步推动贵阳市大生态战略行动的对策建议

（一）继续提升生态优势

生态文明建设是一项长期系统的大工程，需要持之以恒地付出和努力，才能收到久久为功的成效。要想一直保持贵阳市的生态优势，着力点不外乎建设和保护两大方面。在生态拓展空间接近极限的情况下，只能致力于提高生态质量，全力构建山水林田湖生命共同体。一是实施森林扩面提质工程，采取林相改造、人工促进封山育林等措施，丰富生物多样性，提升森林质量。二是实施城市添彩增绿工程，完成主要市政道路绿化提升，构建结构丰富和功能多样、生态稳定的城市植物群落，每年增加城市绿地 100 万平方米。三是全力打好"五大战役"，完善长效保护机制。应该看到，经过多年的实践努力，贵阳市已经基本掌握了生态文明建设的正确做法，接下来需要的就是保持道路自信，巩固生态治理成效。通过加大投入力度，提高科技含量，提升治污能力，抓住扬尘、燃煤、汽车、餐饮等重点环节，持续开展整治行动，保持环境空气优良率95%以上。

（二）大力发展绿色经济

"绿色经济"的概念自从 20 世纪末提出以来，很快获得了全世界所有经济实体一致的认可，人民越来越深刻地认识到，经济发展与自然环境之间存在相互制衡的内在联系，只有实现两者之间的和谐，才能确保地球资源维持人类生存的需要。绿色经济要求经济发展的同时尽量减少对自然资源的使用和破坏，因此唯一的手段就是借助科学技术的力量。贵阳市要提高经济发展质量，可以从以下方面继续着力：一是集聚发展大数据产业，完善大数据全产业链，聚合不同行业的大数据，协同发展核心、关联、衍生三类业态。推进大数据综合创新试验区建设，搭建大数据技术创新平台，突破大数据核心关键技术瓶颈，全力打造"中国数谷"。二是深化供给侧结构性改革。实施千企改造、千企引进"双千工程",加快传统产业转型升级,优化产业布局提升园区配套能力,推进大数据、互联网、人工智能与制造业深度融合发展。三是大力发展现代农业。利用贵阳作为中心城市的人口优势,积极优化农业产业结构,规模化建设休闲(观光)农业基地、开放式花卉基地、林果木基地、菜篮子保供基地,大力发展采摘农业、体验农业、休闲农业和观光农业。实施一批生态林业提升工程,打造一批田园综合体,建设一批富美乡村。推进大市场带动大扶贫,实施"强村富民""双百双千"工程,加快发展农村电子商务,完善"农超、农餐、农社、农批"四大平台,健全绿色农产品现代流通体系。

(三)积极推动产业生态化

一是改造升级传统产业,实施绿色经济倍增计划,推进磷铝资源型产业绿色化,全面推广节能减排新工艺、新产品、新设备和新技术的应用,提高资源综合利用效率,形成循环发展产业链。二是培育发展新型建材产业,加快建设贵阳新型建材产业园,加大新型环保节能墙材、建材在绿色建筑工程领域的推广应用,逐步淘汰传统落后建材。三是优化发展特色食品产业,依托"食品安全云"平台,推动食品安全精准化管理,塑造"原生态、绿色、健康"的贵阳品牌。四是加快发展再生资源产业,完善再生资源回收利用体系,开展城市低值废弃物资源化利用,形成覆盖分拣、拆解、加工、资源化利用和无害化处理等环节的完整产业链。

(四)强力推进生态产业化

一是积极发展生态林业产业,整合各种土地资源,结合森林扩面提质工程、农业种植结构调整,集中打造一批花卉苗木基地、特色木本经济林基地、林下种植基地,打造一批"森林城市""森林乡镇""森林村庄""森林人家",实现生态效益、经济效益最大化。二是精细发展旅游产业,实施规划提升、项目建设提升、基础设施提升等"十大行动",丰富完善旅游产业体系,打造一批国际旅游产品、国际旅游线路、新型旅游业态,构建多元化发展、共建共享的全域旅游格局，建设以生态为特色的世界旅游名城。三是融合发展大健康产业。完善大健康产业链，打造"医、养、健、管、游、食"六大产业板块，推进资源整合和集群发展，构建上游药材种植、中游健康医药生产、下游健康服务的大健康全产业链。

（五）努力办好生态文明国际论坛

从 2013 年生态文明贵阳会议升级为国际论坛以来，经过贵州省和贵阳市政府的长期付出和努力，论坛已经吸引了全世界越来越多的政府官员、国际组织、企业家、学者和新闻媒介的关注目光，成为贵阳市建设生态文明城市一张闪亮的名片，成为贵阳展示自身形象的主要窗口和对外开放的重要平台，对于贵阳实施大生态战略行动具有良好的推动作用。但是，生态文明国际论坛目前的运行也存在一定的问题，主要是缺乏中长期规划，对论坛本身没有清晰明确的定位。作为一个非政府、非营利性的国际组织，目前论坛主要依靠官方力量的支持推动，这一点已经显示出极大的不寻常。由于论坛本身没有自己的资金来源、活动场所和专家队伍，形成办会靠政府、请人靠面子的尴尬局面。为了确保这张极具影响力的生态品牌不至褪色，贵阳市还需要认真分析研究，制定切实可行的长效机制，努力将生态文明国际论坛推向市场化、社会化。

B.8
遵义市大生态战略行动发展报告

才海峰　姚鹏　杨勇　李康*

摘　要： 党的十八大以来，遵义市委、市政府严格按照党中央、国务院和省委、省政府的安排部署，深入贯彻落实习近平总书记"既要绿水青山，又要金山银山""绿水青山就是金山银山""坚守发展和生态两条底线"等重要指示精神，坚持生态优先原则，不断推动绿色发展，以创建国家生态文明试验区为契机，把生态环境保护工作放在突出位置来抓，举全市之力守好长江上游重要生态安全屏障，遵义市大生态战略行动实施情况良好。

关键词： 遵义　大生态　战略

　　遵义市坐落于贵州省的北部，南临贵阳、北抵重庆、西接四川、东临贵州省的铜仁市与黔东南州，是昆明、贵阳北上和四川、重庆南下的必经之地，同时也是西南的重要交通枢纽，处于成渝至黔中经济走廊的核心位置。全市总面积共计30762平方千米，下辖3个区、7个县、2个民族自治县、2个县级市及2个新区，即汇川、播州、红花岗三区，绥阳、桐梓、凤冈、正安、余庆、湄潭、习水、道真、务川九县，赤水市、仁怀市和新蒲新区、南

---

* 才海峰，硕士，贵州省社会科学院民族研究所助理研究员，研究方向为民族社会学；姚鹏，硕士，贵州省社会科学院历史研究所助理研究员；杨勇，中共遵义市委政策研究室党建科科长；李康，中共遵义市委政策研究室党建科干部。

部新区。①

党的十八大以来，遵义市委、市政府按照党中央、国务院和省委、省政府的安排部署，深入贯彻习近平总书记"既要绿水青山，又要金山银山""绿水青山就是金山银山""坚守发展和生态两条底线"等重要指示精神，坚持生态优先，推动绿色发展，以创建国家生态文明试验区为契机，把生态环境保护工作放在突出位置来抓，举全市之力守好长江上游重要生态安全屏障。

一　遵义市实施大生态战略行动现状

近年来，遵义市以天然林资源保护、防护林建设、水土流失及石漠化治理、空气污染防治、水污染治理、垃圾无害化处理等为行动重点，加强生态建设与经济发展协调推进，狠抓生态文明建设和环境治理，深入推进绿色贵州三年行动计划，大力开展"月月造林""增色添彩"等系统工程，实施大生态行动取得了良好的效果。以下以2013～2018年遵义市生态保护与治理方面相关数据为例。

（一）人工造林效果明显，水土流失治理及石漠化治理成果显著，森林覆盖率连年攀升

2013年，遵义市共实施人工造林面积达45.4万亩，石漠化治理面积达160.4平方公里，森林覆盖率达到51.24%；2014年，遵义市共完成营造林面积75万亩，石漠化治理面积共173.5平方公里，中心城区绿地率、绿化覆盖率、人均公共绿地面积均列当年全省第一，森林覆盖率达到53.9%；2015年，遵义市完成营造林栽种面积共255万亩，石漠化治理面积达753平方公里，水土流失治理面积达1850平方公里，森林覆盖率提高到55%；2016年，遵义市完成绿化造林共计400万亩，石漠化治理面积同2015年一

---

① 资料来源于《贵州年鉴2018》，第669页。

样为753平方公里,水土流失治理面积为1850平方公里,森林覆盖率进一步提升至57%;2017年,遵义市完成营造林面积达128.4万亩,水土流失治理面积为70平方公里,森林覆盖率达到59%;2018年,遵义市开展"全境域"建设营造林501.5万亩,开发宜林荒山31.4万亩,森林抚育25.2万亩,中幼林抚育125万亩,全市森林覆盖率达到59.62%(见图1和图2)。

图1 遵义市森林覆盖率增长趋势

资料来源:根据遵义市2013~2018年政府工作报告中基础数据统计整理得到。

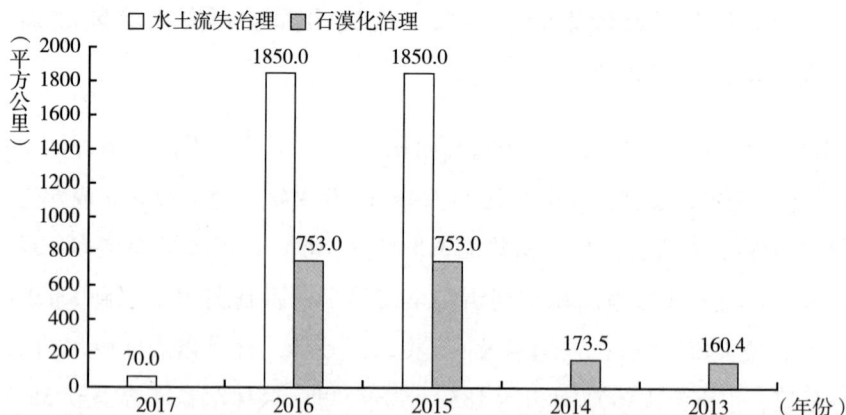

图2 遵义市水土流失、石漠化治理情况

资料来源:根据遵义市2013~2017年政府工作报告中基础数据统计整理得到。

（二）用实际行动守住山青、天蓝、水清、地洁四条底线，确保大地常绿、空气常新、碧水常流、土壤常净

2013 年，遵义市中心城区空气优良率为 98.9%，县城以上饮用水质达标率为 100%，城镇建成区绿化率为 34.42%。同年，遵义市被列入国家低碳城市、国家新能源示范城市创建试点。赤水河流域环境保护加强，"四在农家·美丽乡村"创建 14.5 万户。①"国家卫生城市"创建成果得到不断巩固，凤冈、正安获"全国生态文明先进县"称号，习水获"国家卫生县城"称号。

2014 年，遵义市各城区（县）环境空气质量达标率为 95.4%，集中式饮用水源地水质达标率为 100%。不断推动"四河四带"生态文明先行示范区建设，《赤水河流域生态补偿暂行办法》等 6 个生态文明建设制度（方案）效果明显，受到省政府的大力重视并上升为省级制度设计。5 个湿地通过国家林业局评估。累计创建国家级生态示范区 5 个、生态镇 39 个，省级生态县 3 个、生态乡镇 24 个、生态村 45 个。资源环境保护加强。牢牢守住农业耕地使用红线，划定中心城区附近和 5000 亩以上的坝区永久基本农田范围，开展土地增减挂钩和耕作层剥离再利用工作，各级党委和政府加大对地质灾害的防治力度，多措并举维护基本农田体量。2014 年，遵义市共建设各级各类污水处理厂 12 座，建成遵义中心城区生活垃圾利用水泥窑协同处置项目并投入使用，同时另外修建 4 座大型压缩式垃圾中转库以扩大全市垃圾处理能力，城镇污水处理率达 83.8%，城乡生活垃圾无害化处理率达到 77%。②

2015 年，遵义市创建国家环保模范城市工作全面完成，通过国家验收；赤水、湄潭先后通过国家生态县（市）创建验收，位居贵州省前列；城乡生活垃圾无害化处理率达到 90.9%，全市城镇污水处理率为 89.9%；在全部县城范围内实施环境空气质量自动监测全覆盖，遵义市及各区县环境空气质量达标率为 99.2%；集中式饮用水源地水质达标率为 100%。③

---

① 资料来源于 2013 年遵义市政府工作报告。
② 资料来源于 2014 年遵义市政府工作报告。
③ 资料来源于 2015 年遵义市政府工作报告。

2016年，遵义市共建成国家生态示范区5个，赤水市和湄潭县在全省率先被评为国家生态市（县）。全年共淘汰落后产能533万吨。全市范围内共修建55座集镇污水处理厂，城镇污水处理率达到90%，乡镇污水处理设施全面覆盖赤水河流域，城乡生活垃圾无害化处理率达到85%。当年，全市各区县环境空气质量优良率综合测评为95%。主要河流监测断面达标率90.9%，县城以上集中式饮用水源地水质达标率为100%。①

2017年，遵义市加大生态环境保护和改善力度，"治污治水·洁净家园"五年攻坚行动扎实推进，下辖各市县大力推动建设湿地公园、山体公园、乡镇森林公（游）园、生态体育公园。"河长制"得到全面落实，全面启动湘江系统整治工程，乌江流域范围内修建的56座乡镇污水处理厂全部投入使用，共治理中小河流14条。遵义市牢牢守住用水总量、用水效率、限制纳污这"三条红线"，各项数据均低于全省控制目标，县城以上集中式饮用水源水质达标率为100%。工业固体废物综合利用率达到60%以上，城乡生活垃圾无害化处理率达到89.4%，医疗废弃物安全处置率为100%，中心城区环境空气质量优良率为94.2%（见图3和图4）。②

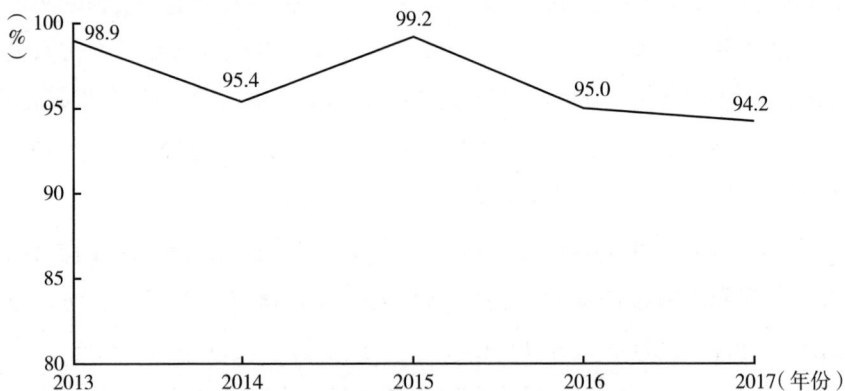

图3 遵义市城市环境空气质量达标率统计

资料来源：根据遵义市2013~2017年政府工作报告中基础数据统计整理得到。

① 资料来源于2016年遵义市政府工作报告。
② 资料来源于2017年遵义市政府工作报告

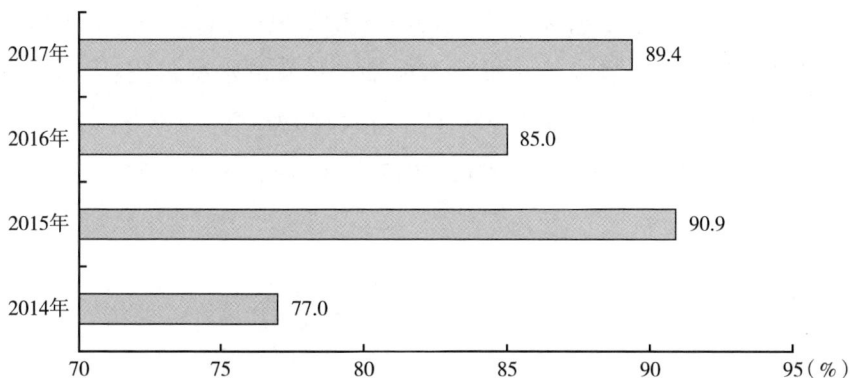

图 4 遵义市城乡生活垃圾无害化处理率统计

资料来源：根据遵义市 2014~2017 年政府工作报告中基础数据统计整理得到。

（三）积极对接国家战略，推动生态文明品牌建设

遵义市积极对接国家重大战略和示范创建政策，结合自身实际，全力以赴推动生态文明品牌创建，在推动生态文明建设中发挥良好的示范带动作用。首先是全力推动国家环保模范城市创建。自 2007 年启动国家环保模范城市创建工作以来，全市共投入资金 103 亿元，共建设八大类 223 项环保基础设施，环境保护能力不断增强，环境监管水平不断提高，环境质量不断改善，2015 年顺利通过国家验收。其次，全力推进全国文明城市创建，坚持以培育和践行社会主义核心价值观为根本，从经济、政治、文化、社会、生态文明建设和党的建设全方位推进创建文明城市工作，人民群众生产生活环境得到逐步改善，城市文明程度大幅提升，2017 年 11 月被中央文明委授予"全国文明城市"称号。再次，全力推动国家生态文明建设示范市创建，坚持把生态文明建设示范市创建工作作为推进生态文明建设的重要载体和抓手，用多手段、花大力气在提挡升级、强化示范上开展工作，不断提高遵义市生态文明创建层次和水平。截至目前，遵义有国家生态文明建设示范县 1 个、国家生态县（市）2 个、国家生态示范区 5 个、国家生态镇 38 个，省级生态县 7 个、省级生

态乡镇187个、省级生态村95个（见图5和图6）。最后，全力推动国家节水型城市创建。以省级第一批节水型重点县及节水型示范县试点为抓手，全市创建省级节水型载体107个（节水型公共机构18个、节水型学校34个、节水型居民小区55个），2017年12月，遵义市创建省级节水型城市通过验收。

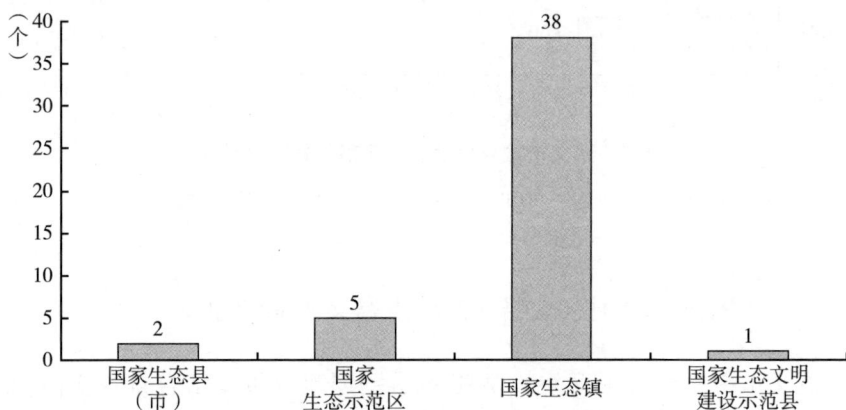

图5　遵义市国家级生态示范县、镇统计

资料来源：根据遵义市2014～2018年政府工作报告中基础数据统计整理得到。

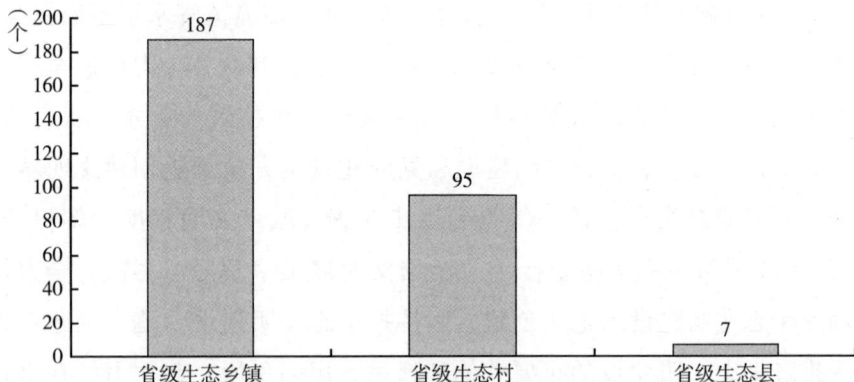

图6　遵义市省级生态县、镇、村统计

资料来源：根据遵义市2014～2018年政府工作报告中基础数据统计整理得到。

二 遵义市大生态战略行动具体措施

（一）凝聚生态环境保护共识

党的十八届五中全会明确提出创新、协调、绿色、开放、共享五大发展理念，充分体现了党对经济社会发展规律认识的深化、对百姓向往幸福生活的担当。在凝聚生态环境保护共识方面，遵义市从以下几个方面入手。一是坚持学在深处。遵义市是长江上游的重要生态屏障，面积全省第一、人口全省第二，在贵州生态文明建设的战略位置举足轻重。遵义市委、市政府坚持解放思想，打开领导干部思想"总开关"，提升广大干部的战略思维、发展思维和辩证思维，将"生态兴则文明兴、生态衰则文明衰"的理念牢记于心，走文明发展新路；通过开展生态文明进机关、进企业、进农村、进社区、进学校、进家庭"六进"活动，让绿色发展理念根植老百姓心灵深处，培育生态文化、生态道德，凝聚最广泛的生态共识。二是坚持谋在新处。按照"坚持红色传承，推动绿色发展，奋力打造西部内陆开放新高地"的发展定位，在生态文明建设上，积极抢抓融入长江经济带新机遇，以生态文明先行示范区和国家生态文明示范市建设为载体，大力实施100个循环经济示范项目，打造10个循环经济示范园区，形成10条循环经济产业链，推进生态产业化、产业生态化，增强生态环境公共资源和产品有效供给。

（二）筑牢发展和生态两条底线

按照习近平总书记"牢固树立保护生态环境就是保护生产力、改善生态环境就是发展生产力"的重要指示精神，坚持以生态文明理念引领经济社会发展，让特色产业强市富民，让生态城镇山水相融，让美丽乡村人人向往，奋力谱写产业强、百姓富、生态美的崭新篇章。在筑牢发展和生态两条底线方面，遵义市从以下几个方面入手。一是聚焦工业转型，推动产业升级。坚持把高端化、绿色化、集约化融入工业转型升级全过程。以创新驱动引领绿色发展，深入推进供给侧结构性改革，乘着全省大数据战略行动东风，智能终端、新能源汽车等产业从无到有。以实施"双千工程"为契机，认真落实"三去一降一补"任务，制定并启动国有企业振兴计划、名酒产业振兴计划和军民融合产业发展规划，努力把遵义建成全国重要名优白酒产业集聚区、茶产业加工集聚区、智能终端产业集聚区、新能源汽车产业集聚区和国家级军民融合发展试验区，努力走生态效益催生经济效益的可持续发展道路。二是聚焦绿色小镇，推动城乡一体。坚持城镇化带动战略不动摇，确立"黔川渝三省市结合部中心城市"的战略定位、"山水相望、宜居宜业宜游生态城市"的发展定位和"遵道行义·醉美遵义"的形象定位，全力打造承载 500 万人口的大遵义都市区。以打造绿色小镇为纽带，深入实施小城镇"十百千"行动计划，有力推动城乡一体，仁怀市茅台镇、习水县土城镇等一批文化古镇、旅游名镇、生态绿镇闪亮登场。三是聚焦美丽乡村，推动旅游井喷。2015 年 6 月，习近平总书记在遵义视察时高度肯定黔北民居"七要素"建设样板，赞誉播州区花茂村为"找到乡愁的地方"。坚持把"四在农家·美丽乡村"作为打造西部内陆开放新高地的支撑点、吸引游客旅游观光的引爆点、农民增收致富奔小康的关键点，推进"建设新农村"向"经营新农村"转变。认真贯彻落实乡村振兴战略，着力打造"四在农家·美丽乡村"升级版，第三次全国改善农村人居环境工作会在湄潭召开，"五化促五园"农村改革经验登上央视新闻联播，遵义新农村建设越发精彩。

（三）夯实生态环境保护根基

最严格的制度、最严密的法治是生态文明建设的可靠保障。因此，加快生态环境保护工作，既要有"愚公移山"般的韧劲，更要有科学的考评"指挥棒"和严密的制度"保护墙"，推动环境保护上升到生态文明建设高度。在夯实生态环境保护根基方面，遵义市从以下几个方面入手。一是着力深化改革。着力推动"河长制"全覆盖，率先在赤水河流域实施生态红线划定、自然资源登记确权、生态补偿、水资源有偿使用、环境污染第三方治理、河长制考核、环境质量地方党政主要领导问责等制度改革，先后印发了《遵义市生态文明建设实施方案》《遵义市环境质量公布、通报及约谈实施办法（试行）》《遵义市生态环境损害党政领导干部问责暂行办法》等文件，建立起"源头严控、过程严管、后果严惩"的制度体系，形成了诸多可复制、可推广的经验和成果，得到社会的广泛认可。二是着力法治护航。坚持以"红线"守牢"绿线"，用生态之美、谋赶超之策、造百姓之福。在探索保护生态环境法治道路上，成立了环保法庭，率先推行仁怀市、播州区法院跨区域集中管辖赤水河流域、乌江流域的生态环保案件，仁怀市人民法院受理的金沙县人民检察院状告金沙县环保局一案成为全国首例跨行政区域环境行政公益诉讼案件，受到《人民日报》等中央媒体广泛关注。三是着力区域联动。加快完善赤水河、乌江、洛安江、芙蓉江流域生态文明体制机制，建立流域内地方政府、企业防治污染协调联动机制，实现信息互通、数据共享、联防联治。遵义与泸州市签订了《赤水河流域环境保护联动协议》并上升为《川滇黔三省交界区域环境联合执法协议》，由贵州、云南、四川三省每年定期在赤水河流域开展联合执法，共同推动乌江流域成为生态优先、绿色发展示范区。

三　遵义市实施大生态战略行动的问题

（一）经济发展与环境保护矛盾依然突出

对遵义而言，既要保持经济平稳较快增长、实现高质量发展，又要消除长期以来产业结构不合理、发展模式较粗放带来的负面影响，面临的环境压力依然十分巨大。首先，遵义经济总量较小，人均水平较低，生态环境压力突出。其次，随着工业化、城镇化进程的加快以及人口增长，局部区域资源环境承载力下降，矿产资源开发、优势产业发展与环境保护的矛盾突出，矿产开发对生态环境的破坏严重。最后，城镇建设用地、工业发展用地和交通基础设施用地等迅速增加，森林和农田面积减少，工业发展对资源能源消耗大幅提升，城市环境问题将更加突出。

（二）重点领域综合防治任重道远

首先，水污染防治方面。饮用水源地的保护存在一定风险，由于历史原因，饮用水水源保护区内居民数量较多，虽然各级政府已统筹考虑安排部署了生态移民工作，但涉及人数众多，完全搬迁需要时间。同时，随着区域经济社会的发展，原处于城郊的饮用水源逐步纳入建成区范围，保护工作面临诸多新问题和困难。其次，大气污染防治方面。持续保持优良环境空气质量的压力继续加大，大气污染综合控制力度不够，挥发性有机污染物等有毒有害废气控制成效不明显；建筑夜间施工扬尘和噪声污染问题突出、餐饮油烟直排现象较为突出、城市机动车保有量不断攀升、工业企业污染治理仍需加大力度，非煤矿山开采、物料转运工序存在粉尘"跑、冒"现象。最后，土壤污染防治方面。因该项工作起步较晚，没有科学、系统、全面地对土壤进行监测，重工业区、重金属行业周边土壤污染情况未进行全面分析，土壤现状底数不清、情况不明。土壤污染防治技术薄弱，土壤污染综合防治体系尚未有效形成；各级各部门在土壤保护的认识上存在偏差，经济发展建设占用耕地与耕地保护的矛盾仍然突出。

（三）污染防治防控有待加强

首先，环保违法违规项目问题突出。虽然近年清理"未批先建""未验先投""久拖不验"等违法违规建设项目的力度持续加大，但部分问题尚未依法处理处罚，以改代罚、应处未处的问题仍然禁而未绝。其次，环境风险防控方面，农业种植、养殖业污染防治水平普遍偏低，推广有机肥、测土配方等力度不够，面源污染防治工作进度缓慢。畜禽养殖污染防治水平较低，规模化程度总体不高，非规模化养殖无序发展，多数县（市、区）尚未实质性地划定畜禽养殖禁（限）养区域。部分畜禽养殖企业未配套建设污染治理设施，已建成的畜禽养殖污染治理设施存在管理不到位、擅自停运等问题。最后，工业固体废弃物综合利用面临挑战。受水泥、建材行业市场因素影响，粉煤灰、脱硫石膏综合利用面临困境；电解锰渣、赤泥等工业固废受技术水平限制，综合利用难以突破，长期堆存存在较大环境风险。

（四）环保基础设施建设仍有欠账

环保投入不足是遵义市推进生态文明建设和加强环境保护工作的突出问题。基于历史原因和地方财力有限等因素，虽然近年遵义市不断加强环境基础设施建设，但环保基础设施缺口仍然较大，特别是河流沿岸截污管网建设不足、管网收集系统不完善、雨污分流不彻底等问题仍然存在。在污水处理管理方面，已建成投运的部分污水处理厂存在运管体制不顺畅、设施设备更新维护不及时、管网建设不彻底等方面的问题，影响出水水质。同时，开展生态文明创建、工业污染防治和生态环境保护等均面临较大的资金缺口。

（五）环境监管能力有待提升

生态文明建设是一项系统工程，环境保护牵涉到社会管理方方面面的工作，政府各个部门都有相应的职责职能。但长期以来，在餐饮油烟污染、建筑施工扬尘、城市生活噪声、城市露天焚烧、烧烤等问题上，部门之间职责不清、权责不明、协调不力，未形成工作合力，导致此类环境问题未得到有效遏制。遵义各县（市、区）之间、职能部门之间、县（市、区）与职能部门之间的沟通协调不够，在大气污染联防联控和流域生态环境保护联动上，还没有形成常态化、长效化的联动协作机制。县级环境监察执法力量较薄弱，环境执法能力、管理水平和监测能力仍有差距，在履行新《环保法》等法律法规过程中，惩治环境违法行为的力度亟须加强，必须以严格检查、严厉惩处的态度倒逼企业提升自身治污能力。

四　遵义市大生态战略行动发展趋势

下一步工作中，遵义市将继续坚持以习近平新时代中国特色社会主义思想为指导，持续贯彻绿色发展理念，大力加强生态建设、打好污染防治攻坚战、抓实节能减排，着力发展绿色经济，全力推动遵义生态文明建设再上新台阶，努力探索出一条生态优先、绿色发展的新路。

（一）持续加大环保基础设施建设力度

积极争取中央预算内资金、省级资金支持，有效解决资金难题，加快遵义市环境基础设施建设步伐。尽快启动中心城区1500吨/日生活垃圾焚烧发电项目，督促湄潭县、务川县、道真县等尽快启动生活垃圾处理设施项目。同时，统筹建立区域性协调处置机制，实现生活垃圾跨区域就近转运处置，提高生活垃圾转运处理效率。积极推广城镇生活污水处理设施采用PPP、BOT等投融资模式，全面实施提标改造项目。加大督导督查的力度，加强对城镇生活污水处理设施运行情况的监督管理，确保城镇生活污水处理厂规范运行，发挥正常效益。

（二）持续打好污染防治攻坚战

充分发挥好大气污染防治、水污染防治以及土壤污染防治工作领导小组的作用，大力开展建筑施工扬尘、道路扬尘、秸秆焚烧和挥发性有机物的污染防治工作，继续深入实施好"水十条"和"土十条"的年度工作任务。继续加强农村环境综合治理和农业面源污染防治工作，开展农业绿色发展行动，坚持投入减量、绿色替代、种养循环、综合治理，实现农业用水总量控制，化肥、农药使用量降低，畜禽粪便、秸秆、农膜基本资源化利用的"一控两减三基本"目标。有序开展受污染土壤治理和修复，确保农村环境综合治理取得明显成效。认真组织开展《遵义市农村人居环境整治三年行动方案》，实施农村生活垃圾、污水处理、农村卫生厕所、安全饮用水和村容村貌等突出问题集中攻坚行动，确保按期实现农村人居环境整体大改善。

（三）持续推动节能减排

认真贯彻执行好《贵州省"十三五"控制温室气体排放工作实施方

案》，开展好国家低碳试点城市建设，加快推进国家低碳工业园区试点贵州遵义经济技术开发区建设。合理确定2019年各县节能目标计划，确保全市年度节能目标任务的完成。严格控制能源消费总量，淘汰落后产能，切实推进工业、交通、建筑、公共机构、重点用能单位等领域节能工作。严格实施固定资产投资项目节能评估和审查制度，重点抓好节水工作，深入贯彻落实最严格的水资源管理。严格按照《贵州省实行最严格水资源管理制度考核工作"十三五"实施方案》，严控遵义市"三条红线"控制指标，以创建国家节水型城市为重要着力点，不断增强全民节水意识，建立健全节约用水管理体系，组织实施管网改造、非常规水源利用等节水工程建设，不断提升城市节约用水管理能力和水平，稳步提高城市用水效率。

（四）持续推动绿色经济发展

加强与云贵川其他兄弟市联系，争取国家层面启动《赤水河流域生态经济示范区综合保护和发展总体规划》编制工作，以赤水河流域"四河四带"建设为载体，助推生态文明制度建设先行示范区建设；做好国家低碳试点城市、国家新能源示范城市和遵义经开区国家级循环化改造示范园区建设，推行清洁生产，发展循环经济，组织实施工业废渣综合利用示范工程，规划建设一批符合国家产业政策、节能减排效果显著、工艺技术装备先进的重点项目。加快"绿智园区"建设，大力实施"美丽园区"建设、园区循环化改造工程，促进园区转型升级，着力打造效益显著、环境优良的现代新型绿色低碳智能数字产业园区。积极申报创建产业示范试点基地。针对新能源汽车推广利用短板问题，加快巴斯巴新能源汽车产业园建设，积极引进国内整车知名品牌实施兼并重组，加大新能源汽车研发投入和推广力度，制定落实新能源汽车推广应用优惠政策，加快建设新能源汽车制造集聚区，着力打造百亿级机电制造业。

B.9
六盘水市大生态战略行动发展报告*

颜 强**

摘 要: 本报告依据生态文明建设的相关理念，运用定性和定量分析
相结合的方法，通过对资源型城市六盘水实施大生态战略行
动以来的主要生态建设指标进行综合分析，系统总结其主要
建设成效、主要措施与经验以及新时期面临的挑战，结合国
内外生态文明建设与绿色发展的经验，为其"绿色转型"和
加快生态建设提供对策建议。

关键词: 六盘水 大生态战略 生态建设

　　六盘水市位于贵州西部，是 20 世纪 60 年代建设起来的以煤炭工业为基
础的工业城市，素有"江南煤都""中国凉都"之称。作为"两江"上游
重要的生态屏障，六盘水生态区位十分重要，加之地质地貌独特，生态基础
脆弱。与 20 世纪中叶发展起来的其他资源型工业城市一样，过度的资源开
发和粗放型的发展，导致水土流失岩石裸露，矸石废渣堆积如山，酸雨、污
水四处肆虐，全市森林覆盖率曾经降至 7.55%，空气总悬浮物一度超过国
家标准的 4.4 倍，水质达标率最低的时候不及 30%。生态环境曾一度成为
全市经济发展的"硬伤"，成为人民群众生活的"痛点"。

---

* 本报告主要根据中共六盘水市委政策研究室提供的资料撰写。
** 颜强，硕士，贵州省社会科学院工业经济研究所助理研究员，研究方向为生态经济、绿色
发展。

众多资源型城市倚重资源型工业发展模式，环境污染、生态衰退、资源枯竭等外部性问题凸显，同样作为国家"三线"建设时期发展起来的工业城市，六盘水市也陷入了因资源而兴，也因资源而困的"资源诅咒"，增长持续放缓。为此，习近平总书记在党的十九大报告中明确提出支持资源型地区经济转型发展，指出资源型城市应把经济发展与资源环境的协调统一作为资源富集地区转型的重点。随着国家生态文明领域发生的历史性变革，六盘水生态文明建设驶入了快车道。近年来，六盘水市始终牢记习近平总书记"守住发展和生态两条底线"的殷殷嘱托，坚持"生态优先、绿色发展"的理念，坚持"生态产业化、产业生态化"的战略定位，将大生态作为加快转型升级、推动绿色高质量发展和实现后发赶超的重大战略行动，生态文明建设取得了新成效，迈出了新步伐。本报告将通过系统梳理总结这些经验，为其他资源型城市产业绿色转型和岩溶地区的生态文明建设提供重要的借鉴。

一 大生态建设现状分析

（一）实施大生态战略行动以来的大生态环境现状

1. 林业生态建设情况

由表1可见，党的十八大以来各项林业生态建设指标均大幅增长，其中2016～2018年综合指标涨幅最大。在森林覆盖率方面，2016年六盘水市森林覆盖率52.77%，同比增加4.27个百分点，森林覆盖率首次突破50%，2017年同比增加4.17个百分点。2016年森林面积是787万公顷，当年营造林面积150.6万亩，新增森林面积达到82万亩，超出以往任何时期。2017林木木蓄积量达到1600万立方米，比2016年增长250万立方米，林木木蓄积量增加值再创历史新高。在石漠化防治方面，虽然2017年治理面积稍有下降，但基本维持同期水平且小幅增长。在水土保持综合治理方面，2017年水土流失治理面积达到399平方公里，为历史同期最高，2018年以170平方公里次之。

从表2可以看出，党的十八大以来六盘水的森林面积、森林覆盖率、林木蓄积量在砥砺奋进的 5 年内年均增长了 6.65%、6.69%、12.20%，森林资源主要三个指标实现共同增长，这为六盘水市生态环境建设奠定了良好的基础；而实施大生态战略以来平均均增长率分别为 10.55%、11.81%、25.93%，涨幅均大于十八大以来的年均水平。表 1 和表 2 充分表明，贵州省实施大生态战略以来，六盘水林业生态建设成效显著，为历史同期最高水平。

表 1　六盘水市林业生态情况

年份	森林覆盖率（%）	森林面积（万亩）	当年营造林面积（万亩）	林木蓄积量（万立方米）	完成石漠化治理（平方公里）	水土流失治理面积（平方公里）
2012	41.20	616	36.33	900	—	—
2013	43.30	647	52.54	1100	53.50	48.44
2014	45.40	678	45.37	1250	53.50	55.58
2015	48.50	705	51.75	1300	66.42	58.24
2016	52.77	787	150.60	1350	—	76.56
2017	56.94	850	118.39	1600	45.00	399.00
2018	59.00	870	85.54	1700	65.74	170.00

资料来源：六盘水市 2015～2019 年国民经济和社会发展统计公报、政府工作报告，2012 年数据为截至 2012 年 9 月份数据。

表 2　六盘水市森林资源保护情况

森林资源	2012 年	2016 年	2017 年	2018 年	大生态战略实施以来平均增长率（%）	党的十八大以来年均增长率（%）
森林面积（万公顷）	616	787	850	870	10.55	6.65
森林覆盖率（%）	41.2	52.77	56.94	59.00	11.81	6.69
林木蓄积量（万立方米）	900	1350	1600	1700	25.93	12.20

资料来源：六盘水市 2015～2019 年国民经济和社会发展统计公报、政府工作报告，2012 年数据为截至 2012 年 9 月份数据。

2. 主要污染物控制情况

党的十八大以来，六盘水市化学需氧量（COD）、二氧化硫（SO_2）、氮氧化物指标和烟（粉）尘的排放量总体呈现缓慢下降的态势，四指标总计排放量总体降幅明显，其中，2013 年降幅最大，达到 93.71%，这主要与烟（粉）尘排放量的非常规超大幅度下降有关。2016 年四项指标均出现大幅度下降，总计降幅达到 33.88%。截至 2017 年末，化学需氧量、二氧化硫、氮氧化物指标和烟（粉）尘的排放量分别降至 2.16 万吨、14.49 万吨、6.48 万吨、4.62 万吨，排放量总计降至 27.75 万吨（见表 3 和图 1）。值得注意的是，2017 年二氧化硫、氮氧化物排放量有所增加，虽然主要污染物控制指数均在贵州省环保厅的总量控制指标范围内，但应积极采取有效措施，确保完成市"十三五"节能减排的约束性目标。

表 3　六盘水市 2012～2017 年主要污染物排放量

指　　标	2012 年	2013 年	2014 年	2015 年	2016 年	2017 年
COD 排放量（万吨）	0.55	2.42	2.55	2.45	2.22	2.16
SO_2 排放量（万吨）	21.41	19.35	16.69	15.27	8.87	14.49
氮氧化物排放量（万吨）	136.19	12.49	9.72	8.54	5.58	6.48
烟（粉）尘排放量（万吨）	476.37	5.64	10.06	6.51	5.00	4.62
四指标总计排放量（万吨）	634.52	39.89	39.02	32.78	21.67	27.75
四指标总计排放量升降比例（%）	—	↓93.71	↓2.19	↓16.01	↓33.88	↑28.05

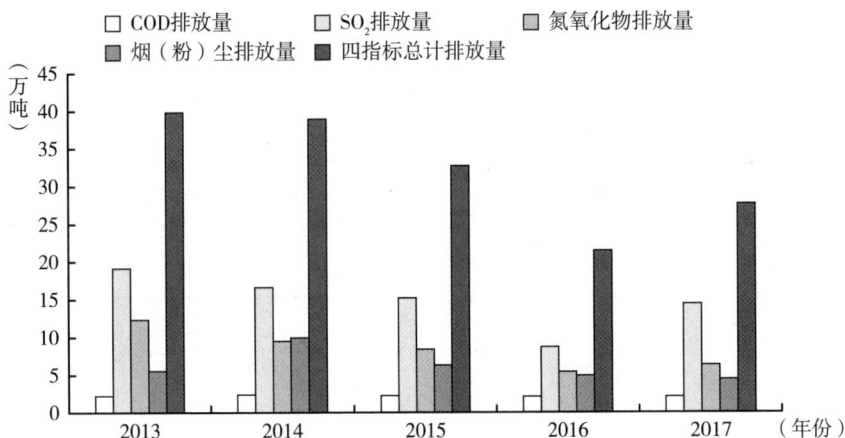

图 1　六盘水市 2013～2017 年主要污染物排放情况

资料来源：六盘水市 2012～2018 年统计年鉴；图中四项主要污染物中的"氨氮排放量"指标数据难以获取，用"烟（粉）尘排放量"替代。

3. 城乡人居生态环境改善水平

从表 4 和图 2 中不难发现，六盘水市城乡人居环境水平逐年改善。千人以上集中式饮用水水源地水质监测达标率保持 100%。其他指标在 2012～

2014 年，城市人居环境水平各项指标基本呈现逐年优化趋势，2015 年加入乡村数据后，指标数据出现下滑，而实施大生态战略行动以来，2016～2018 年，城乡人居环境水平各项指标开始呈现逐年优化的趋势。2018 全市环境空气质量优良率达 97.6%，城市（镇）污水处理率、城（乡）生活垃圾无害化处理率达 91.13% 和 81.04%。

表 4　六盘水市人居环境生态主要指标

单位:%

年份	集中式饮用水源地水质达标率	城市（镇）污水处理率	建制镇污水处理率	城市（县城）环境空气质量优良率	城（乡）生活垃圾无害化处理率
2012	100	73.00	—	100	81.00
2013	100	74.00	—	100	90.00
2014	100	75.90	—	98.40	90.35
2015	100	91.60	—	99.63	88.00
2016	100	86.09	—	96.40	81.06
2017	100	87.00	—	94.00	83.50
2018	100	91.13	51.27	97.60	81.04

资料来源：六盘水市 2012～2018 年国民经济和社会发展统计公报；污水处理率、环境空气质量优良率、生活垃圾无害化处理率指标中 2012～2014 年的数据统计口径为城市或者中心城区，2015～2018 年数据统计口径包含城市和乡村。

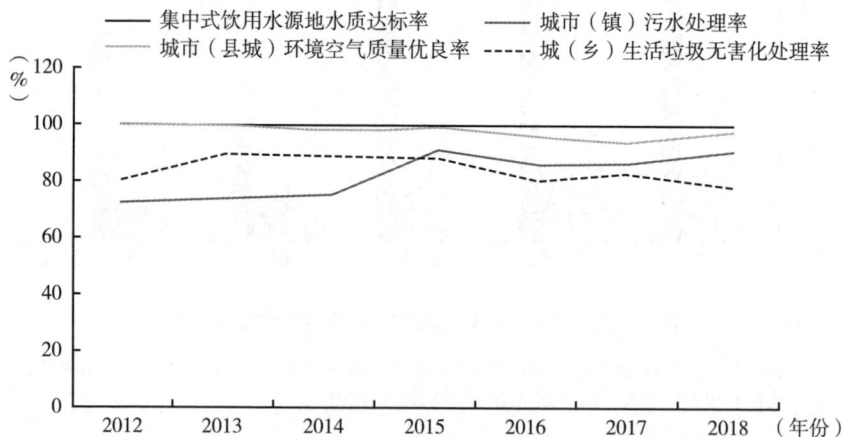

图 2　六盘水市人居环境生态主要指标趋势

资料来源：六盘水市 2012～2018 年国民经济和社会发展统计公报。

4. 自然保护区建设和湿地保护情况

截至 2018 年，六盘水市新建立湿地小区 11 个，全市湿地保有量 12.2 万亩。有陆生野生动物类市级自然保护区 1 个、县级自然保护点 1 个、国有林场 4 个、国家级森林公园 3 个、国家级湿地公园 3 个、省级森林公园 4 个，拥有"六园三乡"9 张"国字号"生态名片。

5. 能源资源消耗与利用情况

表 5 显示，六盘水自 2015 年资源产出率和资源重复利用率逐年提高，其中单位 GDP 能耗同期下降率呈稍微放缓趋势，2017 年农作物秸秆综合利用率为 85.6%，为历史最高水平，其他指标均在 2018 年达到同期最高，2018 年工业用水重复利用率 96%，工业固体废弃物综合利用率 70%，城镇污水处理设施再生水利用率 81.65%，主要再生资源回收率 85%，餐厨废弃物资源化利用率 65.25%。综合数据分析表明，实施大生态战略以来，六盘水市从"资源依赖"成功转为"绿色发展"，积极打造资源利用率高、废物最终处置量小的产业体系，加快推进企业、产业、园区绿色发展、循环发展，已经走上了生态产业化、产业生态化绿色高质量发展的道路。

表 5　六盘水市能源资源消耗与利用主要指标

指标	2015 年	2016 年	2017 年	2018 年	平均值
资源产出率（元/吨）	2436.63	2598.43	4623.14	5940.06	3899.565
能源产出率（元/吨标准煤）	5990	5794	8771	9278	7458.25
水资源产出率（元/立方米）	156	191	212.43	219.6	194.7575
工业用水重复利用率（%）	94	95.08	95.76	96	95.21
工业固体废弃物综合利用率（%）	62.6	62	66	70	65.15
建设用地产出率（万元/平方千米）	22138.94	22138.91	22993.44	24758.18	23007.3675
农作物秸秆综合利用率（%）	71.98	80.82	85.6	79.87	79.5675
城镇污水处理设施再生水利用率（%）	13	16.44	22.89	81.65	33.495
主要再生资源回收率（%）	68	72.5	76.8	85	75.575
餐厨废弃物资源化利用率（%）	—	23.53	30.02	65.25	39.6
单位 GDP 能耗同期下降率（%）	9.96	9.66	7.6	7.5	8.68

（二）实施大生态战略行动以来的大生态产业现状

近年来，六盘水秉持"绿水青山就是金山银山"理念，坚持绿色生态是最大财富、最大优势、最大品牌。创造性地提出运用"三变"改革，激活生态资源、旅游资源，聚焦产业绿色发展，成为资源型城市转型发展主战场、国家循环经济示范城市创建主阵地，推动生产增效、生活增收、生态增值，转型势头良好，形成了"生态产业化、产业生态化"发展格局。据统计，2018 年，全市地区生产总值达到 1525.69 亿元，年均增长 13.9%；三次产业结构从 2011 年的 5.2∶62.7∶32.1 调整为 2018 年的 9.7∶48.6∶41.7；粮经比从 20 世纪末的 60∶40 调整为 30∶70，林业产值首次突破 300 亿元；山地旅游成为重要经济增长点，2018 年接待游客超 4000 万，旅游总收入 300 亿元，实现"井喷式"增长；深入推进供给侧结构性改革，实施采煤采气一体化，煤炭就地转化率从 2010 年的 20% 提高到 2018 年的 80% 以上；贫困发生率从 2013 年的 23.3% 下降到 2018 年底 3.74%。

二 主要工作措施和取得的成效

党的十八大以来，特别是大力实施大生态战略行动以来，六盘水市坚持人与自然和谐共生的基本方略，坚持走生态文明建设之路，采取坚决措施解决环境污染和生态恶化问题，生态环境实现了根本好转，生态环境品质日益优越。

（一）着力加快绿色经济发展

1. 聚焦"百姓富、生态美"，不断推动农林产业绿色高质量发展

聚焦产业结构调整，持续优化农业产业布局。以产业生态化、生态产业化为引领，立足生态资源条件和产业发展实际，加大农村产业革命力度。已获批全省唯一的国家首批认定的现代农业产业园 1 个，已建成 32 个省级农业示范园区，已发展 10 个市级现代农业产业园，"1+10"现代农业产业园

总产值增长 7.76%。聚焦农产品品牌打造，提升农特产品竞争力，成功打造一批名特优品牌，提升了农产品产业价值链，发布了全省首个市级地方标准体系"六盘水市猕猴桃生产技术标准体系"，促进了"弥你红"猕猴桃品牌走向世界。发展林下经济 209.62 万亩，产值达 158.07 亿元。全市林业产值实现 302.34 亿元，同比增长 34.26%。

2. 围绕发展循环经济、改造提升传统产业、培育发展新动能助推工业产业转型升级

深入推进国家循环经济示范城市创建，积极推进红果经济开发区、钟山经济开发区国家园区循环化改造示范试点建设。加快推进传统产业高质量发展。"双百工程"实施技改工业企业 148 家、引进外来企业 110 家。启动煤炭工业转型升级高质量发展三年攻坚行动计划，释放煤炭产能 840 万吨/年，采煤机械化率达到 82.5%，位列全省第一，西南地区第一个智能化采煤工作面发耳煤矿通过省级验收且正常生产。加快培育新兴产业，大力发展以物联网为重点的大数据产业，大数据企业主营业务收入增长 14%。

3. 依托全域旅游发展新引擎，打造现代绿色服务业增长新高地

一是加快生态体育旅游融合发展。充分发挥六盘水市"一江"（北盘江）、"一泉"（温泉）、"一雪"生态优势和利用好凉爽天气和清爽空气"两口气"气候资源优势，创建了国家 4A 级景区 10 个。二是加快生态文化旅游融合发展。积极推进牂牁江打那客运索道、老王山客运索道、韭菜坪景区海嘎索道和中欧装备制造园建设，打造"索道"之都。成功举办 2018 年中国凉都·六盘水消夏文化节、第六届凉都夏季国际马拉松赛、2018 世界雪日暨国际儿童滑雪节、中国凉都·生态水城藏羌彝文化产业走廊·第二届彝族文化产业博览会等活动赛事。三是加快休闲农业和乡村旅游融合发展。以乡村振兴为契机，大力发展农业休闲旅游，建成 4 个全国休闲农业与乡村旅游示范点、1 个中国最美田园、1 个中国美丽休闲乡村。四是着力推进旅游提质增效。先后被评为"中国十佳旅游避暑城市"，入围"2018 全球避暑名城排行榜"百强的第 59 位，"中国凉都"荣获 2018 年腾讯全球合作伙伴大会评选的"最受欢迎旅游目的地"。

（二）着力建设绿色家园

全力推进国家森林城市、国家园林城市和全国文明城市建设。六枝特区、水城县获得省级森林城市认定。成功创建国家卫生城市和省级园林城市，城市品质品位不断提升。依托山水脉络等独特风光，把"绿色"主题融入示范小城镇建设，高标准建设体现自然风光、民族风情、特色产业的绿色小镇，成功创建生态乡镇 14 个，创建森林小镇 10 个。打造美丽乡村升级版，通过深入实施"四在农家·美丽乡村"六项小康行动计划，建成市级示范点 45 个，创建森林村寨 20 个、森林人家 200 个。

（三）着力筑牢绿色屏障

1. 统筹山水林田湖系统治理，全面修复生态系统

持续开展"绿色贵州"建设六盘水行动，2018 年，完成石漠化治理面积达 65.74 平方公里、水土流失面积 170 平方公里，完成营造林面积 85.54 万亩，完成矿山地质环境恢复治理面积 192 公顷。

2. 坚决打好污染防治攻坚战，聚力打赢"五场战役"

（1）聚力打赢蓝天保卫战。深入实施市中心城区蓝天保卫战扬尘治理六大专项行动，不断加大"打赢蓝天保卫战"工作力度，中心城区大气环境质量得到改善，2018 年全市环境空气质量优良率达 97.6%，主要污染物 PM10、PM2.5 平均浓度首次达到国家二级标准。

（2）聚力打赢碧水保卫战。加快污水处理设施建设，新建污水管网69.80 千米，新增雨水管网 58.88 千米。启动 26 个乡镇污水处理设施建设，已建成 15 个乡镇的污水处理设施，污水收集管网 99.3 公里，实现了乡镇污水处理设施实现全覆盖。全面加强水污染防治，持续推进重点流域环境整治，深入落实"河长制"，全市河湖治理、水环境治理和水资源保护等工作取得明显成效。2018 年，水环境质量保持稳定，全市 17 个省控以上断面水质达标率保持在 94.1%。

（3）聚力打赢净土保卫战。完成钟山区大湾镇开化片区白泥巴梁子片

区项目主体工程建设，积极开展铅锌废渣污染综合整治工程，项目完成后可治理废渣160.76万吨，治理面积269亩。建成40个乡镇垃圾收运设施，全市处理城市生活垃圾约25万吨，无害化处理率98%。

（4）聚力打赢固废治理战。开展固体废物专项整治，组织开展长江经济带工业固废排查，开展污染渣场、环境隐患渣库集中整治，规范建设新渣场。加强医疗废物集中无害化处置，实现医疗废物安全处置全覆盖。加大危险废物处置监管力度，严厉打击危险废物破坏环境违法行为。2018年，综合利用固体废弃物783万吨。

（5）聚力打好乡村整治战。积极推广节肥、节药、节水和清洁生产技术。以实施"三改三化"六个攻坚为突破口，加大推进农村垃圾、污水治理力度，大力推进农村"厕所革命"，因地制宜、整合资源、统筹推进、全力打造"四在农家·美丽乡村"小康行动计划升级版。实施改厨33.83万户、改厕23.14万户、改圈10.26万户、房屋美化25.47万户、庭院硬化29.54万户。

3. 紧盯中央环保督察和省委巡视督察，狠抓问题整改

各级各部门根据环保督察和巡视督察反馈意见，迅速开展即知即改工作，制定整改方案，逐项抓整改。对标《中央环境保护督察反馈问题整改销号工作办法》，全面梳理中央环保督察交办投诉信访件和反馈问题的整改落实情况。中央、省委环保督察交办信访案件办结率分别为100%和95%，中央环保督察反馈意见省交办问题整改完成率达到87%。

（四）深化生态文明体制机制创新

深入推进生态文明制度建设，不断推进六盘水市绿色改革、绿色创新。深入推进176项改革重点任务，出台重点事项改革方案31个。主要包括《关于加快推进生态文明建设实施意见》《六盘水市加快绿色发展助推生态文明试验区建设的实施意见》《六盘水市生态文明体制改革实施方案》等相关政策性文件。开展生态文明法治建设创新试验，出台首部地方性实体法规《六盘水市水城河保护条例》，将水城河保护纳入法制化轨

道；出台了首部村寨规划条例《六盘水市村寨规划条例》，促进改善农村人居环境。

（五）开展绿色绩效评价考核

出台《六盘水市生态文明建设目标评价考核办法（试行）》并完成对各县（市、特区、区）绿色发展指数测算和生态环境公众满意度测评，并将结果及时通过媒体公开，回应社会关切。市生态文明建设领导小组审定并及时通报各县（市、特区、区）年度生态文明建设目标任务评价考核结果，并把结果作为评价领导干部政绩、年度考核和选拔任用的重要依据，充分发挥了绿色绩效评价考核"指挥棒"的作用。

（六）培育和厚植绿色文化

坚持把生态文明的理念贯穿文化生活各领域，大力培育绿色文化，提升全民生态文明意识，绿色文化不断深入人心。以环境日、节能节水宣传周等主题宣传活动为契机，推进大、中、小学生开展形式多样的生态文明知识教育活动，将生态文明理论知识培训纳入领导干部培训计划。保护和开发生态文化资源，大力提倡勤俭节约、绿色低碳、文明健康的生活方式和消费模式，推动群众在衣、食、住、行、游等方面向绿色低碳、文明健康的方式转变。

三　大生态建设存在的主要问题和面临的挑战

实施大生态战略行动以来，六盘水市生态文明建设取得了阶段性的显著成效，但依然存在绿色制度不尽完善，绿色经济发展不足，绿色文化普及不够等不足和问题。

（一）生态环境依然脆弱

全市森林覆盖率高但无森林蓄积量，森林蓄积仅占全省 4.2 亿立方米的

3.8%。且林业生产立地条件差，结构不合理，低质低效林占比高。轻度以上石漠化面积占全市国土总面积比重大，生态建设欠账多，造林难度大，成果巩固难，生态系统修复任务依然艰巨；煤矿采空区引发的地质灾害隐患治理任务还比较重。

（二）产业生态化任重道远

生态结构、生产结构、生活结构不尽合理，传统工业占比依然较大，煤炭产业仍占工业总产值的61.7%，"一煤独大"局面一时难以改变，优化调整和加速转型绿色化发展任重道远。一批科技含量高、带动能力强、发展后劲足的绿色环保新兴产业，面临推进难、建设慢的困难。

（三）污染防治任务艰巨

大气、水、土壤环境问题突出，农业农村环境问题突出，投入不足，"三改三化"推进滞后，部分乡镇污水处理和生活垃圾收运系统不够完善，难以满足乡村振兴背景下建设绿色家园的需求。

（四）体制机制还不健全

生态补偿、环保监管监督、环保技术创新、公众参与生态环境保护等机制不完善，生态环保改革力度需要进一步加大。

（五）高层次生态环保专业人才结构性缺乏问题突出

随着"互联网＋"、大数据和人工智能的发展，六盘水市现有人才结构未能满足生态文明建设的新形势、新要求，导致全市环境监察、监测能力建设相对滞后。

（六）主体责任落实还不够有力

有的地方落实生态环保"党政同责""一岗双责"还不够到位，导致破坏生态环境的行为时有发生，全市林地被违法占用、改变用途的情况依然突出。

四 深入实施大生态战略行动的对策和建议

以习近平生态文明思想为指导,深入贯彻落实全国生态环境保护大会、全省生态环境保护大会暨国家生态文明试验区(贵州)建设推进会和全市生态环境保护大会精神,积极主动融入长江经济带和国家生态文明试验区(贵州)建设,全力构筑可持续发展的绿色长城,在筑牢"两江"上游生态屏障和建设国家生态文明试验区的贵州行动中做出六盘水贡献。

(一)深入推进"两个融入"战略行动

1. 主动融入长江经济带建设

以"共抓大保护、不搞大开发"为导向,加快实施乌蒙山生态带和三岔河及南、北盘江流域生态带等核心区的生态修复治理,筑牢"两江"上游重要的生态屏障。同时,主动加强与周边市(州)协调联动,努力在生态环境联防联控、基础设施互联互通、公共服务共建共享等方面取得重大突破。

2. 主动融入生态文明试验区建设

扎实做好空间规划"多规合一"、自然资源统一确权登记、自然生态空间用途管制、自然资源资产负债表等改革试点工作,努力形成一批可复制、可推广的六盘水试验成果。加快推进24项生态文明改革制度成果落地见效,不断提升全市生态文明制度建设水平。

(二)加快发展生态经济

1. 大力发展生态利用型产业

继续念好"山字经",打好特色牌。一是大力发展山地旅游业。加快创建国家全域旅游示范区,不断提高"康养胜地·中国凉都"和"南国冰雪城"品牌影响力。加快完善生态旅游管理体制,推动景区市场化、专业化运营,提升旅游服务接待能力和水平,提高旅游产业发展综合效益。二是大力发展现代山地特色高效农业。坚持走特色化、差异化的现代山地生态农业发展路子，做强做大猕猴桃、刺梨、软籽石榴、小黄姜、早春茶等产业，培育市场竞争力强的特色品牌。按照"引进一批、新建一批、壮大一批"的发展思路，加强农产品加工市场主体培育。加快推进全市现代山地特色高效农业发展示范区建设。三是大力发展特色林业产业。大力发展精品水果、林下经济、苗木培育、森林康养、山地旅游、林产品加工等林业产业，推动林业产值增效。不断延长刺梨、核桃等传统优势产业产业链，提升产品附加值。利用展销会、"互联网＋"和电子商务平台做好包装、宣传和营销，打造凉都林产品专属品牌。

2. 加快发展再循环高效型产业

围绕建设国家循环经济示范城市目标，加快推进企业、产业、园区绿色发展、循环发展，打造资源利用率高、废物最终处置量小的产业体系。一是实施农业循环经济提升行动。开展畜禽粪污资源化利用行动，提升畜禽粪污处理能力。大力开展果菜茶有机肥替代化肥行动，减少核心产区和知名品牌生产基地（园区）化肥用量。二是实施工业循环经济提升行动。加强煤矿安全技术改造和产业升级，提升采掘智能机械化水平。加快推进化工、有色、钢铁等原材料行业升级改造。加快发展绿色轻工业，提升茶、酒、医药、食品等轻工业的循环化、标准化生产水平。推进煤矸石、脱硫石膏、粉煤灰、建筑垃圾等大宗废弃物综合利用。

3. 大力发展低碳清洁型产业

着力推进清洁生产，最大限度减少污染物的产生和排放，实现源头清洁、过程清洁、产品清洁。着力攻关煤炭清洁高效利用，大力推广煤炭清洁利用技术、节能低碳建筑材料和工艺技术，鼓励使用绿色建材产品和绿色装饰材料。

4. 加快发展环境治理型产业

发展节能环保服务业，完善环保投入回报、补贴与风险补偿机制。引导社会资本进入节能环保服务领域，创新环境治理服务模式。加强节能环保装备、配套材料等研发、制造和产业化，培育和引进节能环保设施设备研发、制造等企业。加快推进城区实施生活垃圾分类相关工作。

（三）加大生态系统修复力度

1. 加强森林生态系统保护

继续实施天然林保护工程，全面停止天然林商品性采伐，落实管护责任，对现有森林资源进行有效保护；启动非天保工程区盘州市集体和个人天然商品林区划界定工作，扩大天然林保护范围。加大中幼林抚育和低产低效林改造力度，提升全市森林质量。

2. 保护与恢复湿地生态系统

加快推进湿地保护与恢复工程，开展湿地生物多样性保护，加强湿地周边水生态保护与修复，强化人工湿地减污，扩大湿地面积。开展湿地综合治理，实施河流水库库塘湿地污染治理示范工程，营造湿地周边结构完善的水源涵养林和水土保持林。合理开发利用湿地资源，全面恢复湿地生态系统的自然生态特性和基本功能。

3. 强化生物多样性保护

深入实施生物多样性保护战略与行动计划，大力保护野生动植物栖息等重要生态功能区。加快物种资源调查，开展生物多样性资源本底调查和评估，建立种质资源库。加大典型生态系统、物种、基因和景观多样性保护力度，加强对外来入侵物种的防范和控制。

4. 加强废弃矿山地质环境修复和土地复垦

加强创面和宕口生态环境修复治理。严格执行矿山环境治理恢复基金有关规定，督促企业落实矿山环境治理恢复责任。

（四）全力打好污染防治攻坚战

按照生态系统整体性、系统性以及内在规律，因地制宜、多措并举，统筹山水林田湖草系统综合治理，进一步打好"五场战役"。

1. 坚决打好蓝天保卫战

严格落实国家"大气十条"，聚焦工业、燃煤、扬尘、机动车四大污染源进行重点治理。加大"散乱污"企业整治提升力度，划定县级及以上城市高污染燃料禁燃区和限燃区，持续推进燃煤锅炉淘汰，加快推进以电代煤、以气代煤，逐步提高城市清洁能源使用比例。

2. 坚决打好碧水保卫战

严格落实国家"水十条"，深入开展饮用水源地保护、长江及珠江上游生态屏障保护、城市黑臭水体治理攻坚行动。全面深入落实"河长制""湖长制"。实施城镇污水处理"提质增效"三年攻坚行动，加快推进源头截污、雨污分流、污水处理设施及管网建设。

3. 坚决打好净土保卫战

严格落实国家"土十条"，深入开展土壤污染防治和修复攻坚行动，加快编制全市土壤污染治理与修复规划，开展土壤污染调查详查，实施耕地土壤环境治理保护重大工程，保护老百姓"舌尖上的安全"。

4. 坚决打好固废治理战

开展固体废物专项整治，降低资源消耗和各类固体废物产生量。加强医疗废物集中无害化处置。加大危险废物处置监管力度，严厉打击危险废物破坏环境违法行为。推进固体废物综合利用，鼓励支持大宗工业固体废物综合利用规模化、产业化项目建设。

5. 坚决打好乡村整治战

实施农村人居环境整治三年行动，加快推进"乡村家园行动计划"，打赢"三改三化"攻坚战，全面改善提升人居环境质量。全面推行垃圾分类处理，积极开展农村生活垃圾分类和资源化利用示范建设，健全垃圾收运处理体系。积极推广"海坝经验"，遵循海绵村庄生态建设理念，成片连村实施水生态系统和水环境治理。大力推进农村"厕所革命"，推进农业清洁生产，开展化肥、农药零增长行动，加大畜禽养殖废弃物和农作物秸秆综合利用力度。

（五）全面加强生态文明制度和文化建设

1. 深化大生态制度改革

围绕绿色屏障建设制度、促进绿色发展制度、生态脱贫制度、生态文明大数据建设制度、生态旅游发展制度、生态文明法治建设、生态文明对外交流合作、绿色绩效评价考核八个方面，加快推进各项生态文明改革制度成果落地见效，形成可复制、可借鉴、可推广的改革创新成果。

2. 培育大生态文化

利用"世界地球日""贵州生态日"等重要时点加大宣传力度，普及生态文明知识，倡导生态文明行为。倡导勤俭节约、绿色低碳、文明健康的生活方式和消费模式，唱响"绿色发展、知行合一"主旋律，夯实生态文明建设的群众基础。积极引导和发动群众广泛参与植树造林。加大生态文明建设和生态环境质量信息公开力度，大力普及生态环境保护知识，营造公众关注生态文明建设的浓厚社会氛围，提高公众参与和监督生态环境质量的意识。

（六）进一步压实生态文明建设主体责任

按照生态文明建设"党政同责""一岗双责"要求，健全一一对应的任务链、责任链，把生态文明建设的举措落实、工作落细。充分发挥绿色绩效评价考核"指挥棒"的作用，严格落实党政领导干部自然资源资产离任审计和责任追究制度。加强环保督察巡查，确保生态环境保护目标任务落实到位、生态环境突出问题解决到位。

参考文献

杜朋城、孙志刚：《大力推动经济高质量发展》，《当代贵州》2018 年第 32 期。

《撑起经济发展的脊梁——六盘水项目建设综述》，《理论与当代》2018 年第 7 期。

王忠：《走出绿色生态高质量发展六盘水新路》，《当代贵州》2018 年第 26 期。

《坚决走出资源型经济转型发展新路》，http：//sx. people. com. cn/n2/2017/1114/c189130 - 30918210. html。

《中共贵州省十一届委员会第七次全体会议在贵阳举行》，http：//gywb. cn/content/2016 - 09/01/content_ 5229779. htm。

《坚决走出资源型经济转型发展新路——四论学习贯彻党的十九大精神》，http：//jc. sxrb. com/sxxww/dspd/jcpd/zcjj/7157757. shtml。

杜朋城、张丽：《写好绿水青山就是金山银山这篇大文章》，《当代贵州》2018 年第 42 期。

B.10
安顺市大生态战略行动发展报告

姚 鹏 胡顺庭 徐 辉*

摘 要： 近年来，安顺市始终坚持从大局出发，审时度势、科学规划，统筹推进"四个全面"战略布局及"五位一体"总体布局，在省委、省政府的坚强领导下，深入实施大扶贫、大数据、大生态三大战略行动，持续推进"一二四"攻坚战，全市经济社会实现持续健康发展，在实施大生态战略行动中取得显著成绩。安顺将紧密团结在以习近平同志为核心的党中央周围，以习近平新时代中国特色社会主义思想为指导，不断加大生态文明建设的推进力度，全力以赴解决好生态环境问题，推动形成人与自然和谐发展现代化建设新格局，为建设美丽中国，实现"两个一百年"奋斗目标，为中华民族伟大复兴中国梦做出新的更大的贡献。

关键词： 安顺市 大生态战略行动 现状 措施

自党的十八大以来，以习近平同志为核心的党中央，从战略及全局的高度出发，在生态文明建设上提出了一系列的新思想、新理念、新论断及新要求，同时作出了一系列重要指示。特别是习近平总书记在 2015 年视察贵州

---

* 姚鹏，硕士，贵州省社会科学院历史研究所助理研究员，研究方向为地理标志产品认证、生态学；胡顺庭，中共安顺市委政策研究室调研三科科长；徐辉，中共安顺市委政策研究室干部。

工作时强调，要正确处理发展和生态环境保护的关系，守住发展和生态两条底线。2017 年 4 月 16 日，在贵州省第十二次代表大会上，提出在大扶贫及大数据两大战略行动的基础上，增加大生态战略行动，形成大扶贫、大数据、大生态三大战略行动，这对贵州的发展战略是一个重大的拓展和部署，为贵州以全新的方式谋划跨越发展增添了新路径：以"大扶贫"补足短板，以"大数据"抢占先机，以"大生态"迎接未来，是更好守住发展和生态两条底线的战略思考和路径选择。近年来，安顺市始终坚持从大局出发，审时度势、科学规划，统筹推进"四个全面"战略布局及"五位一体"总体布局，在省委、省政府的坚强领导下，深入实施大扶贫、大数据、大生态三大战略行动，持续推进"一二四"攻坚战，全市经济社会实现持续健康发展，在实施大生态战略行动中取得显著成绩。

一 安顺市实施大生态战略行动现状

安顺市位于贵州省中部，是世界上典型的喀斯特地貌集中区域，素有"中国瀑乡、屯堡文化之乡、蜡染之乡、西部之秀"的美誉。全市土地总面积有 9267 平方公里，其中耕地面积有 445 万亩，而石漠化面积占到 2969 平方公里，水土流失面积有 2462.87 平方公里。自党的十八大以来，安顺市深入践行习总书记提出的生态文明思想，紧紧围绕绿水青山就是金山银山的发展理念，牢牢守住生态与发展"两条底线"，将全市 2317.65 平方公里划定为生态红线面积，确立 310.16 万亩为永久基本农田面积，石漠化的综合治理面积达到 108.63 平方公里，水土流失的治理面积达到 220 平方公里，同时完成营造林 46.13 万亩，森林覆盖率逐年上升到 56%。邢江河国家湿地公园通过国家验收，紫云格凸河、镇宁高荡·夜郎洞分别获国家地质公园、省级地质公园称号，安顺药王谷荣获第四批全国森林康养基地。全市范围内的 6 个建制县区成功创建省级森林城市。同时全市持续推进污染防治的"五场战役"，辖区内全面淘汰取缔了燃煤锅炉的使用，全市的环境空气质量优良率也达到 98.6%；全力开展落实"河长制"，网箱养鱼在辖区流域范围全面取缔，国控及省控的地表水断面水质优良率均达到100%，8个县级以上饮用水源地的水质也实现100%达标，县级以上城市污水处理率达到92.5%，工业固体废物综合利用率达到76%；与此同时，全市的城市噪声污染防治工作也得到持续强化，在大生态战略行动不断深化实施的过程中，人民群众生活的获得感、幸福感不断得到提升，生态文明建设成效日趋明显。

（一）生态环境

根据《贵州省水土保持公告》（2011~2015）的数据，安顺全市的水土流失面积在2015年底前达到2462.87平方公里，占到全市土地面积的26.58%，而石漠化面积也达到2969平方公里，占全市土地面积的32.04%，生态环境十分脆弱。在党的十八大后，特别是在2014~2018年的5年时间内，安顺市委、市政府深入践行习近平生态文明思想，紧紧围绕绿水青山就是金山银山的发展理念，牢牢守住"两条底线"，大力推动对全市生态环境改善整治工作，取得了卓越的成效。安顺市近5年的政府工作报告显示，2018年全市对石漠化的综合治理面积108.63平方公里，全市的石漠化面积由32.04%缩减为20.31%，水土流失治理面积达到220平方公里，全市的水土流失面积由26.58%下降为19.45%，全市营造林面积达到46.13万亩，森林覆盖率由2014年的44%上升到2018年的56%，5年间提高了12个百分点，年均增长率达到2.4%（见图1）。

（二）水环境

安顺市境内主要分布有长江流域乌江水系、珠江流域北盘江水系和珠江流域红水河水系，全市境内水环境由于并未存在较大较严重的污染源，加上近年来对水环境的持续整治，水环境总体质量向好且趋于稳定。根据2014~2018年对全市范围内的19条河流5个湖库上布设的近40个水质监测点的动态监测数据，国控、省控地表水断面水质优良率均为100%，饮用水源地的水质达标率除2014年和2015年分别为99.55%、95.8%外，近三年的达标率则实现了100%，2018年在严格执行"河长制"，实行最严格水资源三条

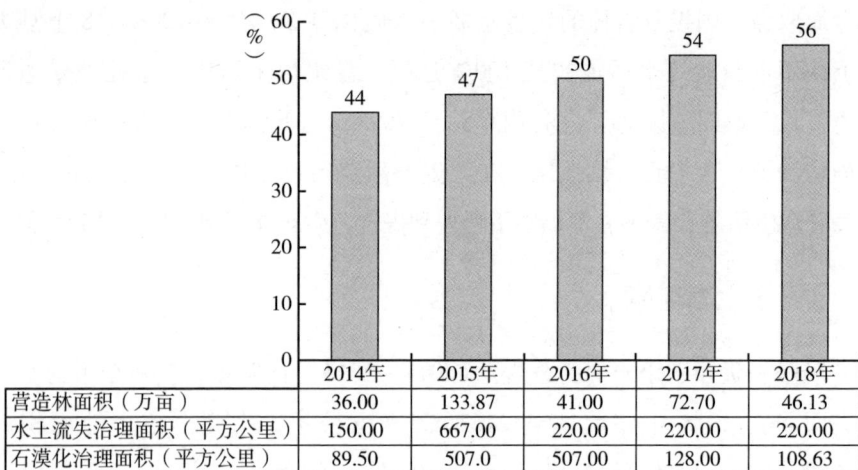

	2014年	2015年	2016年	2017年	2018年
营造林面积（万亩）	36.00	133.87	41.00	72.70	46.13
水土流失治理面积（平方公里）	150.00	667.00	220.00	220.00	220.00
石漠化治理面积（平方公里）	89.50	507.0	507.00	128.00	108.63

图 1　安顺市森林覆盖率增长趋势

资料来源：根据安顺市 2015～2019 年政府工作报告中基础数据统计整理得到。

红线管理的同时，网箱养鱼在全域实现完全取缔，而城镇污水治理也得到进一步的加强，县级以上城市污水处理率达 92.5%，对比 2014 年的 79.4% 增长 13.1 个百分点，全市的水环境在实现质"优"目标的同时也保持着动态的稳定（见表 1）。

表 1　安顺市水环境治理数据统计

单位：%

指标	2014 年	2015 年	2016 年	2017 年	2018 年
饮用水源地水质达标率	99.55	95.80	100	100	100
城镇污水处理率	79.40	91.30	85.30	92.40	92.50

资料来源：根据安顺市 2015～2019 年政府工作报告中基础数据统计整理得到。

（三）环境空气质量

根据 2014～2018 年的环境空气质量月报的数据统计，全市近年来市中心城区及各县城区环境空气质量总体良好（见图 2），市辖区域内共设有 10 个环境空气质量自动监测站点，以国家标准《环境空气质量标准》（GB

3095 – 2012）中的规定对一氧化碳、二氧化硫、二氧化氮、可吸入颗粒物
（PM10）、细颗粒物（PM2.5）、臭氧等六个污染物指标进行监测，全市的 6
个县区均达到国家标准《环境空气质量标准》二级要求。空气降尘方面，
在 2015 年市中心城区开展降尘量监测以来，市中心城区的降尘量总体情况
呈逐年下降的趋势，且达到国家南方城市暂定标准的要求。近年来市中心城
区降水 pH 值范围维持在 5.5 ~ 8.5 区间，pH 值年均值在 6.5 左右，除 2014
年的酸雨率为 0.8% 以外，近 4 年已无酸雨检出。

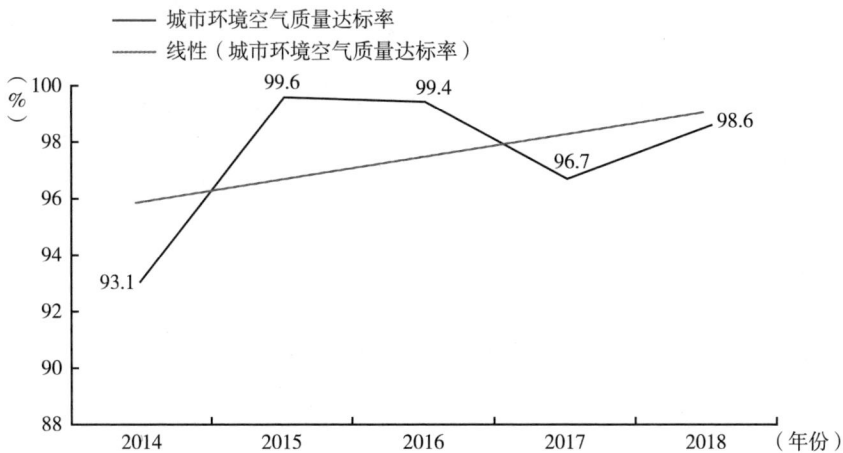

图 2　安顺市城市环境空气质量达标率统计

资料来源：根据安顺市 2015 ~ 2019 年政府工作报告中基础数据统计整理得到。

（四）声环境质量

近年来，随着安顺市的城镇化建设不断加速发展，人民群众对噪声污染
愈加重视，声环境质量也成为城市生态建设中的重要考核指标之一，全市的
城市噪声污染防治也得到持续强化。2017 年全市中心城区的声环境质量监
测点达到 103 个，昼间平均等效声级值为 52.2 分贝，较 2016 年下降了 0.2
分贝，符合国家二类区昼间（≤60 分贝）的标准要求，以《环境噪声监测
技术规范　城市声环境常规监测》（HJ 640 – 2012）标准要求进行评价，市

区区域环境噪声质量总体水平为"较好"级别（见图3）。中心城区及各县城区的功能区噪声，根据《声环境质量标准》（GB 3096－2008）中规定的各类功能区标准限值，各类功能区噪声值昼、夜间等效声级均符合该标准的要求，各县（区）功能区噪声达标率均为100%。

市中心城区区域环境噪声
线性（市中心城区区域环境噪声）

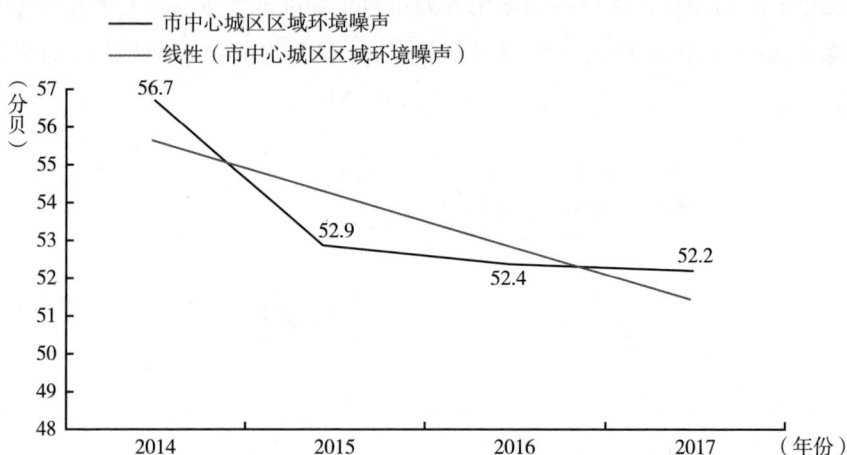

图3　2014～2017年安顺市中心城区区域环境噪声对比

资料来源：根据安顺市2014～2017年环境公报中基础数据统计整理得到。

二　安顺市大生态战略行动具体措施

（一）四大工程

1. "青山"工程

以保护优先、自然恢复为原则，严格执行环境保护的"六个一律"和森林保护的"六个严禁"等规定，实施山水林田湖生态保护和修复工程，深入推进绿色贵州建设三年行动计划、新一轮退耕还林、石漠化治理等重点工程；以创建园林城市为目标，全面推进城乡绿化美化建设。加大矿区、山体生态修复力度，有序推进生态扶贫搬迁。加快县城区绿化。全面启动园林县城、园林创建工作，大力开展"四旁"绿化工程，深入推进城市生态修复、城市修补试点工作。

2. "蓝天"工程

以源头控制、综合治理等方式展开对大气污染的防治工作。持续抓好黄标车淘汰、重点行业挥发性有机污染物治理、建筑工地和道路扬尘治理；强化各部门之间的多方联络联动，共同推进淘汰小蒸吨燃煤锅炉治理、秸秆禁烧和综合利用、重污染天气预警预报等工作。自 2016 年 4 月 1 日起，中心城区全面施行对老旧车全天限行，以最大限度压缩老旧车的活动范围，持续降低其对大气污染的危害。

3. "碧水"工程

各级各部门将水污染防治作为长期常管常抓工作，共同推进水污染防治。开展黑臭水体整治，实施"沿河大截污"、底泥清淤疏浚、中水回用、远程调水等根本性和实质性工程性措施。扎实开展饮用水水源地保护攻坚行动，加强市、县集中式饮用水水源地和千人以上农村饮用水水源地整治，最终实现饮用水源地水质 100% 达标的目标。深入推进"河长制"，实现最严格水资源三条红线、四级河长制的管理，并开展巡河调研。

4. "净土"工程

持续加强对建立健全土壤环境管理体系的工作力度，完成土壤污染状况详查点位核实。开展土壤污染状况详查工作，明确责任、细化措施、协同推进。以节约优先、保护优先、自然恢复为主为基本指导方针，牢牢守住生态底线，将自然保护区、风景名胜区、森林公园、饮用水源地、文化遗址保护区、地质公园、公益林列入省级以上保护名录的野生动植物自然栖息地等，划入生态保护红线，严格用地管控。持续推进耕地保护，制定《中共安顺市委安顺市人民政府印发〈关于加强耕地保护和改进占补平衡推进绿色发展的实施方案〉的通知》，通过测土配方施肥、休耕制度试点、耕地质量保护提升和化肥减量增效，实现用地养地相结合，提高耕地质量，提高肥料利用率，降低化肥使用量，降低化肥流失对水资源的污染，有效控制氨氮排放和土壤污染。

（二）四大变革

1. 农业转型升级变革

立足安顺市资源富集、环境良好、气候宜人等优势，以农业供给侧结构性改革引领现代山地特色高效农业发展，坚持走突出特色、集聚集约、绿色生态、增效增收的现代山地特色高效农业发展路子，打造好茶山、药山、林山、花果山，发展好山地生态畜牧业，实施好坡耕地退耕还林还草工程，念好"山字经"，种好"摇钱树"，真正把绿水青山变成金山银山。全市特色产业如精品水果、生态畜禽、茶叶、蔬菜、食用菌、中药材等规模得到不断扩大，农业中畜牧业产值的比重持续保持全省领先位置，绿色农产品得到"泉涌"发展。

2. 工业绿色发展变革

强力推进工业提质增效。以"生态优先、绿色发展"为原则，坚决守住发展和生态两条底线，积极贯彻落实《贵州省绿色制造三年行动计划》，深入实施工业强市战略和大生态战略行动，以促进工业全产业链和工业产品全生命周期绿色发展为目的，实现以绿色产品、工厂、园区及供应链的整体发展。加快企业转型升级改造、淘汰化解落后产能及两化融合步伐，推动企业开展节能降耗、清洁生产、资源综合利用和循环经济等重点项目建设，着力构建以高效、清洁、低碳、循环等模式的工业绿色发展体系，从而助推工业经济高质快速发展。积极开展"万企融合"大行动，鼓励支持企业开展两化融合工作，工业企业合理使用自然资源能源，实现清洁生产、绿色生产的能力不断提升。

3. 生态旅游方式变革

以创建国家全域旅游示范区为目标推进旅游强劲升级，实施了黄果树国家公园、大屯堡旅游区等一批旅游项目，打造了如奇缘谷冰雪小镇、九龙山森林公园休闲度假区等一系列的成熟旅游产品，云峰屯堡、虹山湖等一批景区成功申报为国家4A级旅游景区，黄果树智慧旅游公司也在新三板成功挂牌上市，同时在安顺市境内举办的诸如黄果树国际半程马拉松、格凸河国际攀岩邀请赛及坝陵河国际跳伞邀请赛等体育赛事的知名度及影响力也得到不断提升。旅游方式从点到线到面逐步发展，带动生态旅游、全域旅游"井喷式"增长。

4. 特色产业发展变革

始终坚持"因地制宜、突出特色"的原则，对传统特色产业结构进行不断的优化及调整。在持续发展关岭牛、紫云红心薯、普定白旗韭黄等传统特色产业基础上，重点发展稻田综合种养殖、冷水鱼养殖、休闲渔业特色水产养殖，全市特色养殖面积进一步扩大，养殖新品种逐步增加，全年引进澳洲龙虾、澳洲银鲈、加州鲈鱼、七星鱼等新品种进行推广试验。新建观赏鱼养殖基地 1 个，养殖面积 70 余亩，实现全市无观赏鱼养殖基地零的突破。全市水产养殖基地基础设施建设、新品种引进、设施改造等新增投入累计 4000 余万元，直接带动全市 3000 余人增收。

（三）四大体系

1. 城乡规划体系

"多规融合"实现突破。安顺是贵州省第一家以地级市为单位完成"多规融合"规划编制的城市，同时在市域及城市规划区两个层级之间划定了生态保护红线等"四界四区"，在统一坐标及规划数据的同时，也为全市下一阶段进行空间规划打下了坚实的基础。积极探索通过大数据、云平台等技术手段来实现"一张蓝图"的精细管控，初步构建"多规融合"信息化管理平台，对各部门中分散及碎片化的规划数据进行归纳整理，统一了录入数据库的标准。逐步打造完善规划编制管控系统、智能选址辅助系统、成果展示系统、数据管理系统、运营维护系统、项目落地管控系统等"六大系统"，让"多规融合"真正实现智能管理。

2. 基础设施体系

安顺作为国家首批新型城镇化试点城市，以新型城镇化为工作主线，集中人力、财力、物力、政策等各类资源，不断加大对基础设施建设的投入，率先两年完成省内提出的"县县通高速公路"的目标，同时各村基本实现互通油路，公路密度占比全省最高。高速铁路方面，沪昆高铁已建成通车，民用航空方面，黄果树机场相继开通至北京、广州等全国各大重要城市的10余条航线。安顺被水利部和省政府批准为石漠化片区精准扶贫示范区，黄家湾水利枢纽工程开工建设，马马崖一级水电站建成发电，黔中水利枢纽一期等一批骨干水利工程建成使用，民生水利建设覆盖到全市77个乡镇。现已基本实现全市范围内各县均有数字影院、各乡均通有线电视、各村均通广播电视，同时完成与贵阳、遵义的通信同城化。

3. 垃圾处置体系

加速城乡一体化建设步伐，农村生活垃圾基本实现户投、村收、镇运、县（区）统一处理。生活垃圾以"焚烧为主，填埋为辅"的模式进行无害化处理，全市范围内共建成投入使用的垃圾无害化处理设施达到7个，生活垃圾无害化处置设施每日处理量达到1460吨。全市共安放垃圾收集装置（桶）1.6万个，垃圾转运车辆1198辆，投入使用的垃圾转运站71座。各县区生活垃圾收运积极探索市场化管理，部分县区市场化管理模式已趋于成熟。同时积极投资研发关于将垃圾分类再利用的相关项目，以实现废弃资源的再利用。

4. 畜禽粪污防治体系

按照"消减存量、控制增量"原则，对全市畜禽规模养殖场废弃物资源化利用情况实行档案化管理、长效化监督、责任化追究，全面完成中央环境保护督察反馈未达环保要求的18家养殖场污染整治工作。培育形成了黔农公司沼气工程种养循环利用一体化模式、柳江公司有机肥生产模式、温氏集团生物发酵床处理模式等生态模式，让全市的畜禽粪污综合利用率达到69%，安顺的畜禽粪污资源化利用工作已成为全省的示范带动标杆。

（四）四个保障

1. 组织保障

安顺市高度重视大生态战略行动的实施及生态文明建设工作，超前谋划、提前部署，2013年出台了《关于成立安顺市生态文明建设领导小组的通知》。2016 年 9 月，安顺市生态文明建设领导小组成立，开创性地由党委及政府一把手任双组长，全盘负责全市关于大生态战略行动及生态文明建设的规划统筹、协调推动以及督促落实等各项工作，大生态战略行动及生态文明建设工作格局转变为由党委统一领导、政府组织实施、人大政协监督、部门分工协作、全社会共同参与，强化了大生态战略行动及生态文明建设的组织保障。

2. 立法保障

从安顺市城区湖泊管理的实际情况出发，制定了地方法规《安顺市虹山湖公园管理条例》，并于 2017 年 10 月 1 日正式实施。该管理条例是安顺市第一部实体法，对虹山湖公园在科学规划、有效保护、严格管理及法律责任等方面做出了详细的规定，对安顺市加快大生态战略行动实施及生态文明建设、推进可持续发展以及建设法治安顺都具有十分重要的意义。大生态战略行动的生态文明建设工作纳入法制化轨道将有利于其开展各项工作时更为制度化及规范化，也有利于在实际工作中加强各项决策部署的推进力度，减少实施阻力。

3. 制度保障

不断加强生态环境的保护力度，积极做实做强关于大生态战略行动的生态文明建设各项政策的顶层设计。制定印发《中共安顺市委安顺市人民政府关于推动绿色发展建设生态文明的实施意见》《生态文明体制改革实施方案》《中共安顺市委安顺市人民政府关于贯彻落实〈中共中央国务院关于加快推进生态文明建设的意见〉深入推进生态文明先行示范区建设的实施方案》《安顺市各级党委（工委）政府（管委会）及相关职能部门生态环境保护责任划分规定（试行）》等一系列文件，有力地推动大生态战略行动的实施及生态文明建设。建立生态文明建设考核体系，制定印发《安顺市生态文明建设目标评价考核办法（试行）》，确保辖区内各县区地方党委政府每年工作考核目标均包含生态文明建设工作，保证生态文明建设各项工作目标能按时保质保量完成，持续推进生态文明建设。

4.资金保障

大力争取中央、省级预算内资金，中央专项资金等上级补助资金实施生态修复、水利基础设施、城镇污水垃圾基础设施建设，积极助推节能环保、清洁生产、清洁能源等产业的快速发展，对重点用能及排放单位的监管力度不断加强，积极引导绿色消费。生态文明建设项目在积极引入社会资本参与的同时，也大量采用PPP模式，共成功签订了西秀区生态修复综合治理项目、贵州省安顺市西秀区旧州景区旅游配套设施项目、安顺市西秀区贯城河下游水环境综合治理工程等PPP项目，污水处理、生态修复以及美丽乡村建设等方面的工作都得到持续的推进。

三 安顺市实施大生态战略行动的困难及问题

（一）生态环境保护形势不容乐观

安顺市喀斯特地貌特征突出，石漠化问题仍然严峻，是典型的生态环境脆弱区，一旦遭受环境污染或生态破坏，生态环境的自我恢复时间漫长，人工修复的难度巨大；随着全市城镇化建设的步伐加快，工业和生活污水排放量越来越大，相应对地表水带来的污染隐患也越来越大，再加上工业、生活用水挤占了生态用水，环境用水量呈逐年减少趋势，而且对污水垃圾等环保基础处理设施建设也提出了新需求和高要求，山区坡陡的地理环境使村庄分布较为分散，污染物不但数量较大且种类较广，集中进行治理的难度很大；由于长期过量施用农药化肥、工业企业超标排放等问题凸显，土壤遭受重金属污染的隐患也日趋加大；加之对土地的开发强度过大，占补严重失衡，对水土流失及生态环境的破坏日趋严重，土地的整体质量明显下降，以人民群众日常生活为基础的土地资源受到越来越严峻的威胁。

（二）生态保护和经济发展之间仍然存在矛盾

安顺市的地区生产总值较小，财政收入一直都维持在一个较低的水平，且辖区内并没有支柱型工业产业的支撑，固定资产投资十分薄弱，这些都是安顺实现后发赶超的巨大挑战。所以目前乃至以后较长的一段时间内，全市需要考虑解决的头等大事依然是如何加快经济社会发展这一问题。而经济社会发展的加速也势必加快全市城镇化、工业化的建设进程，这也带来了工矿建设、资源开发、城镇和农田扩张等挤压原有生态空间的问题，局部地区的生态破坏及退化的现象日趋加重。生态环境保护任务更加艰巨，"赶"与"转"双重压力依然很大。

（三）生态建设财政资金投入不足

近年来，随着中央和省对安顺的发展重视程度越来越强，各项支持的力度也不断加强，全市的产业结构和发展方式得到进一步的调整及转变，持续加大对生态的修复、对环境的保护，千方百计守好发展和生态两条底线，以助推全市经济社会形成循环可持续的发展模式。但是，作为西部欠发达地区，安顺财力有限，能够投入参与生态建设的资金十分有限，生态建设虽取得一定成效，任务仍十分艰巨。

四　安顺市实施大生态战略行动的对策建议

自党的十八大以来，生态文明建设已成为各级党委政府开展各项工作的重中之重。习总书记指出："我国生态环境质量持续好转，出现了稳中向好趋势，但成效并不稳固。生态文明建设正处于压力叠加、负重前行的关键期，已进入提供更多优质生态产品以满足人民日益增长的优美生态环境需要的攻坚期，也到了有条件有能力解决生态环境突出问题的窗口期。"习总书记的这一重大科学判断在为我们指明了生态文明建设面临的新局势的同时，也对我们下一步如何开展生态文明建设工作、加强生态环境保护力度以及打好污染防治攻坚战具有重要的指导意义。

（一）强化思想认识

深入学习贯彻党的十九大精神和习近平总书记在贵州省代表团重要讲话

精神，贯彻落实省委十二届二次全会和市委四届三次全会精神，以创新、协调、绿色、开放、共享发展为要求，牢固树立绿水青山就是金山银山的理念，牢牢守住生态和发展两条底线，在实现绿色发展、循环发展、低碳发展的同时，协同推进大生态战略行动的实施及生态文明建设。

（二）加强环境治理力度

以新《环境保护法》的发布实施作为重要的依据，实行最严格的生态环境保护制度，依法对各种环境违法行为进行严厉处理，深入贯彻落实大气、水、土壤污染治理三大行动计划。对中央环保督察反馈的各项问题进行全面整顿整改，确保各类环保基础设施正常运行，进一步提升环境质量。严格施行"河长制"，进一步加强对饮用水源保护区等重点区域的保护力度。严格监管对耕地的保护，加强对地质灾害的防治。坚持不懈推进"厕所革命"，对城乡垃圾处理和污水处理基础配套设施不断完善及提升。持续深入开展蓝天、碧水、净土保卫战，深入推进固废治理和乡村环境整治，切实打好污染防治攻坚战。

（三）加快绿色发展步伐

立足资源禀赋和市场需求，深入贯彻新发展理念，牢牢抓住项目建设、发展平台、招商引资，加大"千企引进"力度，以脱贫攻坚、军民融合、通用航空、智能制造、全域旅游等领域的发展为契机，重点关注涉及这些领域的 500 强企业和上市公司动态，加大以大数据产业为重点的电子信息产业、新医药大健康产业、山地现代高效农业、以文化旅游业为重点的现代服务业和新型建筑及建材产业的引进及发展力度，助推全市各项优势特色产业实现生态化及规模化发展，为全市的烟、酒、茶、药、食品"五张名片"持续增色增彩，发展环境友好型、生态友好型产业，推进生态产业化、产业生态化，实现借力发展、多赢共进。

（四）加大投入力度

全面筹划生态文明各种项目，加大对项目前期工作的投入力度，全力争取中央预算内资金、中央专项资金、省级预算内资金等补助资金，用于生态文明建设项目中；加大市级财政资金投入，在保证市级生态文明建设保障开支的前提下，确保生态文明建设工程市级配套资金应配尽配；拓宽投资渠道，积极吸引各路社会资本，大力实施PPP项目，争取更多资本投入大生态战略行动及生态文明建设中来。

（五）夯实基层基础

以"产业兴旺、生态宜居、乡风文明、治理有效、生活富裕"为总要求，建立健全城乡一体化的发展体系，大力推动乡村振兴。紧紧围绕产业振兴这一突出重点，积极发展高效设施农业和生态休闲观光农业，加快林下经济发展步伐，培育及拓展新型农业经营主体，促进生产要素的优化配置，实现农产品生产、加工、销售及休闲等相关服务业的整个产业链的有机整合，最终使农村的一、二、三产业紧密结合、协同发展。打好脱贫攻坚组合拳，深入推进旅游扶贫"十大工程"，推广"塘约经验""一村一公司""菜单式"扶贫等模式，持续推进"三权"促"三变"改革，不断激发农业农村经济发展的动力与活力。加速"四在农家·美丽乡村"建设步伐，在六个小康行动计划基础之上，打造升级版的八个小康行动计划，加强对美丽乡村的新建力度。加强农村基层基础工作，强化农村人才培训，打造一批了解农业、热爱农村、热爱农民的"三农"工作团队。加强对乡村文化的挖掘、保护及利用的工作力度，注重对乡村文化的传承，提高农村整体文化水平。

五 安顺市大生态战略行动发展趋势

从目前安顺的市情出发，全市的大生态战略行动已进入以更多的优质生态产品来满足人民群众日益增长的优美生态环境需求的关键时期，生态环境问题已上升为人民群众越来越关注及重视的民生问题，也成为在全面建成小康社会中的一大软肋。当然，全市在进行生态文明建设及大生态战略行动的实践中也探索出了一些适用于安顺的生态环境保护与经济社会协同发展的经验和方法，这些经验与方法可能在全省乃至全国范围推行存在一定的局限性，但单从安顺市的实践看具有较好的可行性及示范性，并在以后的生态文明建设工作中继续完善及提升。而且全市在深入开展生态文明建设工作时，在思想上必须更加坚定"四个意识"及"四个自信"，在行动上不折不扣地做到"两个维护"，各司其职、分工合作、锐意进取，切实把生态文明建设作为中心工作任务来抓，以最大的决心去解决在改革过程中遇到的各种困难。

（一）总体成效实现新突破

以制定的《安顺市 2018 年度生态扶贫工作要点》为依据，对实施退耕还林建设扶贫工程、森林生态效益补偿工程以及以工代赈资产收益扶贫试点工程等八个方面的工作做出具体安排，明确责任主体，加强保障措施，进一步加强对生态建设的保护和恢复工作，促使贫困人口在保护和恢复生态建设中实现增收脱贫、稳定致富，在这一过程中不断加强人民群众对保护生态环境的自觉性及主动性，最终达到人民富裕与生态美好的有机统一。大力推进林业供给侧结构改革的实施，盘活森林资源资产；积极推进单株碳汇试点工作，经近年来的帮扶实践证明，单株碳汇精准扶贫是一条促进农村贫困户增收、保护林业资源和调动全社会积极参与脱贫攻坚的有效途径。

（二）绿色产业扶贫实现新突破

大力推进产业生态化、生态产业化，引导加快发展森林旅游、森林康养，创建国家级、省级、市级森林康养试点基地，打造生态休闲观光产业园、乡村旅游点等。促进绿色产业的蓬勃发展，将资源优势转化经济优势，有力助推贫困户增收致富。

（三）"三权"促"三变"改革实现新突破

以施行"三权"促"三变"改革为契机，不断深化对农村产权制度的改革，努力促使城镇与乡村之间的各要素对等交流，持续缩小城乡之间的各项差距，以实现公共资源的均衡配比，最大限度利用农村资源、资产、资金，开辟出一条具有安顺特色的新型农村改革发展之路。

（四）资产收益扶贫实现新突破

积极探索"以工代赈资产变股权、贫困户变股民"这一资产收益扶贫新模式的实践路径，引导以工代赈投入贫困乡村的基础设施建设中，如道路、水利设施建设等，使其成为难以切分的不动资产，从而只能折股量化为农村集体经济组织所有，也可引导以工代赈参与到当地具有较好发展潜力的特色产业项目建设中，同时在农村集体经济组织收益分配时，优先考虑支持建档立卡贫困户。推进普定县木㭎河水库电站水资源开发资产收益扶贫改革试点项目，建立中央投资收益的专有账号，该项资金专用于对建档立卡贫困户的扶贫及贫困村落基础设施建设等公益事业建设。初步建立对水电矿产资源项目分红资产收益扶贫的长效机制，促使资源开发与脱贫攻坚之间形成有机的利益关系，最终实现贫困人口对资源开发红利的共享。

生态文明建设是一件功在当代、利在千秋的大事，安顺将紧密团结在以习近平同志为核心的党中央周围，以习近平新时代中国特色社会主义思想为指导，从思想上和行动上统一到党的十九大精神上来，不断加强生态文明建设的推进力度，全力以赴解决好生态环境问题，推动形成人与自然和谐发展现代化建设新格局，让中华大地天更蓝、山更绿、水更清、环境更优美，为建设美丽中国，实现"两个一百年"奋斗目标，为中华民族伟大复兴中国梦做出新的更大的贡献。

参考文献

安顺市人民政府：《2019 年安顺市政府工作报告》，2019 年 1 月 21 日，http：// www. anshun. gov. cn/zwgk/zfxxgkml/zpfl/jcxxgk/zfgzbg/201901/t20190128_ 3745154. html。

安顺市人民政府：《2018 年安顺市政府工作报告》，2018 年 1 月 30 日，http：// ghj. anshun. gov. cn/gzdt/201801/t20180130_ 3155983. html。

安顺市人民政府：《2017 年安顺市政府工作报告》，2017 年 1 月 12 日，http：//www. anshun. gov. cn/zwgk/zfxxgkml/zpfl/jcxxgk/zfgzbg/201811/t20181120_ 3693917. html。

安顺市人民政府：《2016 年安顺市政府工作报告》，2016 年 1 月 329 日，http：//www. anshun. gov. cn/zwgk/zfxxgkml/zpfl/jcxxgk/zfgzbg/201811/t20181120_ 3693916. html。

安顺市人民政府：《2015 年安顺市政府工作报告》，2015 年 1 月 27 日，http：//www. anshun. gov. cn/zwgk/zfxxgkml/zpfl/jcxxgk/zfgzbg/201811/t20181120_ 3693915. html。

安顺市环境保护局：《2017 年安顺市环境状况公报》，2018 年 6 月 1 日，http：//sthjj. anshun. gov. cn/zwgk/hjjc_ 69507/hjzkgb_ 69509/201806/t20180601_ 3283785. html。

安顺市环境保护局：《2016 年安顺市环境状况公报》，2017 年 6 月 5 日，http：//sthjj. anshun. gov. cn/zwgk/hjjc_ 69507/hjzkgb_ 69509/201711/t20171109_ 2963707. html。

安顺市环境保护局：《2015 年安顺市环境状况公报》，2016 年 6 月 2 日，http：//sthjj. anshun. gov. cn/zwgk/hjjc_ 69507/hjzkgb_ 69509/201711/t20171109_ 2963706. html。

安顺市环境保护局：《2014 年安顺市环境状况公报》，2015 年 6 月 19 日，http：//sthjj. anshun. gov. cn/zwgk/hjjc_ 69507/hjzkgb_ 69509/201711/t20171109_ 2963705. html。

B.11
毕节市大生态战略行动发展报告[*]

黄　昊[**]

摘　要： 作为乌江、珠江的发源地，生态区位重要、生态环境脆弱一直是毕节经济社会发展的重要特征。在坚守生态和发展"两条底线"，全面加快推进"百姓富，生态美"的大生态战略指引下，毕节市的贫困状况和生态建设取得了明显的跨越。先后获得了国家授予的"生态文明先行区""全国生态文明示范工程试点""全国生态保护与建设示范区""全国石漠化防治示范区"等荣誉。近年来，毕节市生态建设获得了很多的成就，有着许多的成功经验，同时也存在一些问题，需要在今后的建设中不断改进和提高。

关键词： 毕节试验区　生态　战略

　　2018年是毕节试验区建立30周年，30年来，毕节市一直秉承着"开发扶贫、生态建设"的宗旨，把治山治水、治穷治愚作为首要任务来抓。2017年，贵州省提出了大生态战略行动，毕节市在围绕试验区建设这一主题上，把牢固树立"创新、协调、绿色、开放、共享"，坚持"既要金山银山，也要绿水青山"作为实行大生态战略的重要理念。

　　＊　本报告主要根据中共毕节市委政策研究室提供资料撰写。
　＊＊　黄昊，贵州省社会科学院历史所副研究员，主要研究方向为生态史、城市史。

一　毕节市大生态战略建设的基本情况

从 1988 年毕节建立"开发扶贫、生态建设"试验区以来，市委、市政府始终坚持把"生态建设"作为党委、政府的核心工作之一，尤其在 2017 年贵州省委、省政府提出大生态战略行动的指导下，全市生态文明建设取得了明显的成效。

（一）生态建设成效显著

1. 绿色毕节不断拓展

森林覆盖率的高低直接决定了绿色毕节发展程度的高低。1988 年，毕节市的森林面积只有 601.8 万亩，生态建设面临严峻的局面，经过 30 年的发展，2018 年的森林面积达到 2261 万亩，是 1988 年的 3.8 倍，全市的森林覆盖率从 14.9% 增长到 56.1%，提升了 41.2 个百分点，实现了绿色毕节森林资源的持续增长，全市除威宁自治县外，其余县区均获得省级森林城市称号。图 1 为毕节市 1988～2018 年森林资源趋势变化情况，从中可以窥探出绿色毕节不断扩展的趋势走向。

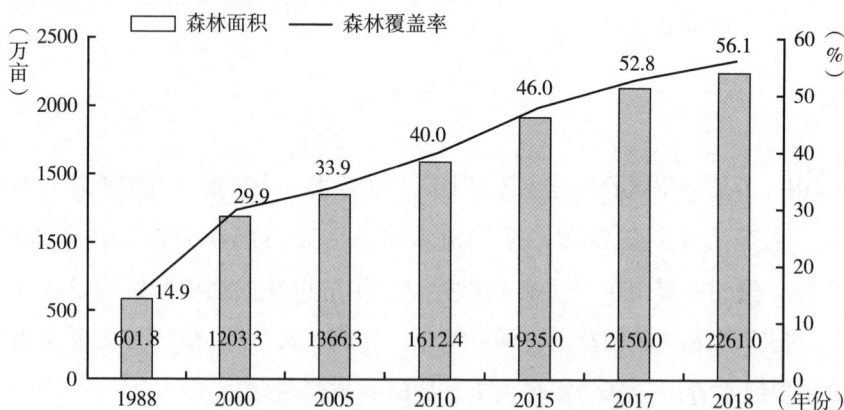

图 1　森林资源

资料来源：毕节市历年政府工作报告。

在森林资源增长的同时，石漠化的治理和水土保持工作也是绿色毕节的重点。1988年毕节的水土流失面积为16830平方公里，到2015年降至10342.54平方公里，1989~2017年，全市水土保持综合防治面积累计达到8966.04平方公里，年均治理320平方公里。2016年毕节的石漠化治理面积达673.6平方公里，2017年石漠化治理面积达165.71平方公里，2018年石漠化治理面积达160.2平方公里（见表1）。

表1 2016~2018年毕节石漠化治理和水土保持情况

年份	2016	2017	2018
石漠化治理面积(平方公里)	673.6	165.71	160.2
水土流失治理面积(平方公里)	471	482.52	91.84

2. 环境保护不断强化

严厉打击各类环境违法行为，为环境治理保驾护航是毕节市深入贯彻大生态战略的决心，也是毕节市环境保护不断改善的一把利剑。2018年，毕节市加大环境违法行为的打击力度，并深入实施环保"五大行动"，用好森林保护"六个严禁"和环境保护"六个一律"等政策。在政策与实际行动紧密结合的执法力度下，共办理环境违法案件570件，罚款3662.59万元，实现了全市自然保护地排查全覆盖。在严厉打击各类环境违法行为的同时，还按要求整改落实中央环保督察反馈涉及毕节的问题，落实省委环保督察组交办件、群众信访投诉件，以及生态环境部专项督察组反馈的15个问题。并持续强力推动能源消耗和强度"双控"工作，在省政府2018年对各市评价考核结果中，毕节市获全省第一，超额完成"双控"目标任务。

3. 流域治理不断推进

为切实加强乌江、赤水河流域水环境保护，确保境内水环境质量得到改善，毕节市深入落实"河长制"。2017年以来，毕节市落实流域治理的相关政策，全面推进河长制工作，流经境内的每一条河、每一个湖都派遣专人管理，并制定了相应的政策和法规，截至2018年，全市基本完成了覆盖市、县、乡、村四级的河长制建设工作，实现了河长制的全覆盖，断面水质达标率从 2015 年的 92.9% 上升至 2018 年的 100%，流域治理成效明显。2015 ~ 2018 年，16 个县级以及 260 个千人以上集中式饮用水源地水质达标率均为 100%（见图 2）。在加强河长制的同时，草海治理也按上级督察组的要求不断推进整改和完善。

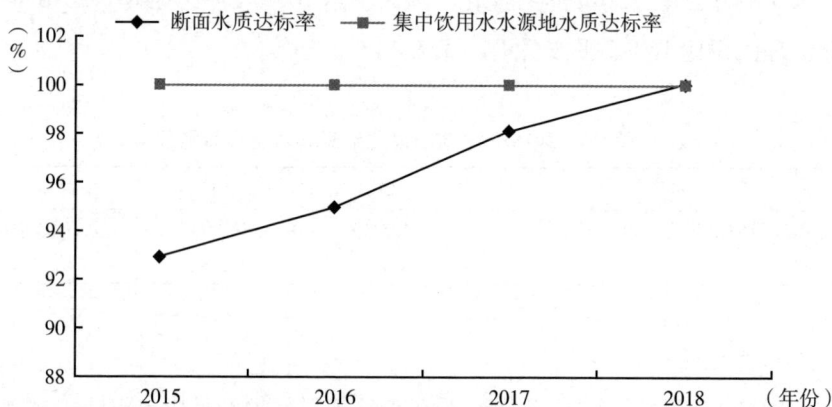

图 2 河流水质和饮用水水质情况

资料来源：2015 ~ 2018 年毕节市环境统计公报。

4. 防污治污不断深入

坚决打好"蓝天、碧水、净土"保卫三场硬仗是毕节市环境建设的主要内容。这项工作主要包括 10 个攻坚行动：扬尘污染治理、柴油货车污染治理、工业企业大气污染防治、燃煤及油烟污染治理、饮用水源地保护、城乡生活污水治理、工业固体废物污染防治、生活垃圾污染防治、农业面源污染防治、矿山治理修复。这些行动的开展，为确保全市打好污染防治攻坚战，全面加强污染天气应急管控，启动毕节市环保云平台项目建设提供了基础保障，毕节市的空气优良指数也在 9 个市中呈现较好的趋势。2015 年优良指数为 94%，2016 年为 97.5%，2017 年为 96.2%，2018 年 12 月为 96.8%。①

――――――――――――

① 资料来源于 2015 ~ 2018 年贵州省环境状况公报。

5. 红线管控不断加强

红线管控是加强生态治理的有效措施，目前，毕节市共划定 12 类生态保护红线区域，涉及面积 5710.14 平方公里，占全市土地总面积的 20.6%，主要涉及水源涵养生态保护红线、水土保持生态保护红线、生物多样性维护红线、水土流失控制生态保护红线、石漠化控制生态保护红线 5 种类型。2018 年，毕节市全力加大《毕节市林业生态保护红线责任考核办法》落实的力度，对林业生态破坏行为进行严肃处理，林业部门累计查结行政案件 705 起，罚款 1.35 亿元。

（二）生态产业持续变强

近年来，毕节市在建设生态文明的同时，更加注重绿色经济的发展，并有逐年总量持续壮大的趋势。以推进生态产业化和产业生态化为重点，加大绿色经济发展的步伐，2018 年全市继续巩固"三二一"的产业结构，实现地区生产总值 1921.43 亿元，第三产业对全市经济增长的贡献率为 42.1%（见图 3）。

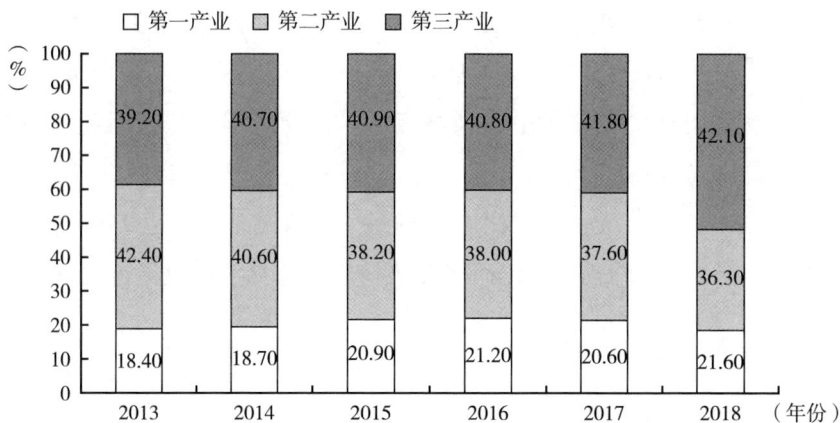

图 3　2013～2017 年三次产业占地区生产总值的比重

资料来源：毕节市历年国民经济与社会发展公报。

1. 新兴产业培育壮大

新兴产业的培育与壮大体现了经济发展的绿色指数。近年来，毕节试验区新型能源化工基地建设速度逐步加快。2018 年，黔希 30 吨/年煤制乙二醇建成投产；中石化织金 60 万吨/年聚烯烃项目获得省发展改革委核准，全市新型能源产业格局初步形成。新型装备制造实现产值 69.1 亿元，电子信息制造业企业达到 78 家，实现产值 31.8 亿元，新医药大健康实现产值 2.8 亿元，建材企业数提高到 85 户，实现产值 56.05 亿元。全市煤炭"两化"改造及"三利用"也有序推进，共关闭煤矿 167 个，淘汰落后产能 2265 万吨/年。

2. 生态农业快速推进

在农村生态产业建设上，主要是从生态农业上下足功夫。目前，毕节市农村结构调整已经初见成效。主要体现在四个方面。一是调整种植结构。全市调减玉米种植面积 183.45 万亩，初步形成茶叶、苹果、皂角等一批特色农业产业示范带。二是农业园区不断转型升级。目前全市农业园区达 326 个，实现了"乡乡镇镇建农业园区"的目标。种植产业实现增长，全市种植蔬菜 285.9 万亩、马铃薯 517.97 万亩、高山生态茶 58.39 万亩，大力发展核桃、刺梨、苹果、樱桃等特色经果林，建成特色经果林基地 517.34 万亩，产值 80 亿元。三是加强农民专业合作社建设。全市已注册农民专业合作社 15597 个，注册资金共计 275 亿元。113 个产品授予"乌蒙山宝·毕节珍好"品牌使用权。生态种植—畜牧养殖—"三沼"（沼气、沼液、沼渣）综合利用的模式得到广泛应用。四是生态旅游方兴未艾。2018 年全年全市旅游总人数为 1.04 亿人次，同比增长 34.9%；旅游总收入达 931.12 亿元，同比增长 46%。同时，景区设施不断完善，为生态旅游提供了有效载体。

（三）人居环境明显优化

1. 五城同创成果丰硕

统筹推进全市"五城同创"是城乡统筹工作的重点。2018 年，毕节市成为中央文明办 2018～2020 年全国文明城市（地级城市）提名城市。黔西县、金沙县、威宁县成功获得"国家卫生县城"荣誉称号。"国家环境保护模范城市"26 项指标实现 25 项达标、1 项基本达标，137 个创模重点项目、75

个国家环保重点项目全部完成。金沙县被命名为全国双拥模范城（县），大方县等 5 县（区）被命名为省级双拥模范城（县），全市人居环境明显优化。

2. 基础设施日益完善

基础设施的完善体现了城市的职能日益优化。2018 年，全市开工城市基础设施、城市公共服务设施及其他城市建设项目共 270 余个。加快推进 120 个特色小城镇建设，完成投资 42 亿元；启动 6343 个村庄建设工作。中心城区、金沙县、织金县、威宁县垃圾焚烧发电项目顺利获得省级核准，项目建设快速推进，全市生活垃圾收运系统全部建成。城乡生活垃圾无害化处理率 80% 以上；全市城乡生活污水处理率为 91%。

3. 中心城区提质扩容

2018 年，毕节市常住人口城镇化率为 42.5%，城镇化进程指数全省排名第一。这主要得益于近年来的中心城区扩容建设。这项工作以大力实施"19456"工程为重点，全市城镇道路交通、管网建设、污水和垃圾处理设施、生态园林建设等各类城镇基础设施得到不断完善。

（四）制度体系不断完善

1. 工作制度建立健全

制定出台《毕节市生态文明建设目标评价考核细则（试行）》和《毕节市生态文明建设工作调度暂行办法》，推动生态文明建设工作的扎实开展。制定《毕节市 2018 年度县（区）生态文明建设考核指标体系》，以生态文明建设涉及的 44 项工作任务为基础，按照指标化管理的方式"对标对表"推进工作，将生态文明建设工作列入对县（区）、市直部门的考核体系中。建立领导干部任期生态文明建设责任制，按照"谁决策、谁负责"和"谁监管、谁负责"的原则落实主体责任，以自然资源资产离任审计结果和生态环境损害情况为依据，进行责任追究。

2. 建成绿色约束机制

建立生态环境影响评价联动机制，全面强化空间、总量、行业"三位一体"的环境准入机制，严守项目选址"底线"，严控"两高"行业新增产能，对不符合国家产业政策、达不到总量控制要求、布局不合理和工艺落后、污染防治措施不成熟的项目坚决予以否决。制定《毕节市长江经济带战略环境评价"三线一单"编制工作推进方案》，认真执行方案措施，实现产业向绿色生态转型，建立"高效、低耗、低污染"的生态产业体系。

3. 法治建设稳步推进

设置专门环境资源审判庭，对涉及生态环境保护的诉讼案件实行集中统一审理，逐渐推动环境资源案件专门化的审判。集中审理全市涉及环境保护的破坏生态、排污侵权、损害赔偿、环境公益诉讼等类型的刑事、民事、行政案件，实现了生态环境保护司法机构全覆盖。2018 来，全市共批捕生态领域职务犯罪案件 7 件 7 人；批捕破坏环境资源犯罪案件 17 件 19 人；提起生态领域公益诉讼 3 件，收到法院生效判决 2 件，均为公益诉讼人胜诉。制定《毕节市探索编制自然资源资产负债表工作实施方案》，通过探索编制自然资源资产负债表，推动建立健全科学规范的自然资源统计调查制度，摸清自然资源资产"家底"及其变动情况。深入推进"国家集体林业综合改革试验示范区"建设，深化林权制度改革。顺利完成百里杜鹃管理区自然资源统一登记确权试点工作，于 2018 年 3 月 27 日通过省级评审验收。

二 毕节市大生态战略的主要经验和做法

近年来，毕节市坚持生态优先、绿色发展，深入实施以功能区建设为引领的绿色发展战略，强化顶层设计，推进"多规合一"，科学谋划绿色发展布局，生态建设取得了很多宝贵的经验。

（一）优化绿色发展布局

1. 科学谋划产业布局

以资源禀赋和环境容量为依据，合理确定各类区域的功能定位，充分利用山水林气等要素的比较优势，加快发展生态利用型、循环高效型、低碳清洁型、环境治理型产业。充分利用毕节国家新能源汽车高新技术产业化基地、国家新型工业化产业示范基地两张"名片",加快创建国家高新技术开发区。

2. 科学谋划城镇布局

坚持以绿色理念规划、建设和管理城镇,深入推进"五城同创",加大城市综合公园、湿地公园、主题公园等建设,做到"显山、露水、见林、透气"。结合乡村振兴战略实施,充分运用山水林田湖草等要素,把城镇建设与美丽乡村建设结合起来,建设一批体现山水风光、民族风情、特色风物的绿色小镇和产业兴旺、生态宜居、乡风文明、治理有效、生活富裕的美丽乡村。

3. 科学谋划生态布局

按照建设生态文明先行区战略定位,严守生态红线,建立完善林业、水资源、耕地生态保护红线管控制度,全面完成生态保护红线划定、勘界定标。加强不同类型生态区建设,实施生态功能区自然修复和治理,加大对自然保护区、风景名胜区等生态敏感区域的保护。

(二)大力发展绿色产业

在深入推进毕节市供给侧结构性改革的同时,促进产业结构优化升级,加快构建绿色生态经济体系是近年来毕节市产业布局的主要方向,产业的优化升级为毕节市实施大生态战略提供了有力支撑。

1. 加快推动新兴产业的成长壮大

近年来,毕节市新兴产业的发展主要是围绕装备制造、电子信息、清洁能源、新能源汽车、新型建材等重点领域来逐层展开,同时培育发展"大旅游""大健康""大数据"等生态利用型、低碳清洁型新兴产业。依托手机智能终端、智能家电、无人机等电子信息产品制造,打造金海湖、金沙和七星关大数据信息产业的聚集区。实施"大生态+"产业行动,实现产业发展与绿色理念耦合共生。加快推动"智慧旅游",全面提升旅游公共服务数字化智能化服务水平,展示"洞天福地·花海毕节"新形象。

2. 加快推动传统产业的转型和升级

毕节市把巩固提升传统产业的升级换代作为助推绿色发展的重要举措。在大力实施"双千工程",加快煤炭、电力、烟酒等传统工业企业信息化、智能化、绿色化、集约化改造上出台相关政策和制定相应规划。持续推动煤化工、煤制烯烃等重大项目建设,加快发展"煤—电—化""煤—电—建(材)"循环产业。加大科技研发投入,推进传统产业清洁化改造,提高绿色发展能力。按照国家政策淘汰高耗能、高污染、低产出等落后产能,开展火电、水泥、煤炭等重点行业能效对标、环保对标和节水对标,坚决整治环保设施建设不到位、偷排漏排的企业。

3. 加快推动绿色农产品风行天下

按照"八要素"要求,以农业供给侧结构性改革为主线,深入推进农村产业革命,用好"黔货出山"通道、广州帮扶机遇和"乌蒙山宝·毕节珍好"农产品公共品牌,加大农超对接和电子商务发展力度,加快推动马铃薯、中药材、食用菌、刺梨、皂角等特色有机农产品走出毕节、风行天下。大力实施乡村旅游扶贫工程,着力发展旅游观光、养生养老、创意农业、农耕体验等产业,推进田园综合体建设,促进农村繁荣、农民富裕。

(三)着力筑牢绿色屏障

牢固树立山水林田湖草生命共同体理念,守护好宝贵的生态环境,为全省打造长江珠江上游绿色屏障示范区做出毕节应有的贡献。

1. 深入实施"绿色毕节"行动

全面实施新一轮退耕还林还草、石漠化治理、水土保持、天然林保护等生态修复工程,筑牢"两江"上游生态屏障,争取长江经济带大保护示范城市试点。加强自然保护区和湿地保护建设,最大限度保护生物多样性,维护生态系统平衡。落实好五级干部植树增绿工程,积极倡导简约适度、绿色低碳的生活方式,构建生态文化体系。

2. 以零容忍态度打击环境违法行为

全力推进国家环境保护模范城市创建,深入开展环境保护和森林保护执法专项行动，坚持"六个严禁""六个一律"，严格执法、重拳出击。坚持"督政"与"督企"相结合，将大气、水、土壤等生态环境质量"只能更好、不能变坏"作为责任红线，严格落实党政同责、一岗双责的责任措施，实行对领导干部自然资源资产离任审计制度。着力推动生态文明制度建设完善，确保形成治当前、管长远的机制。同时，牢固树立底线思维，把生态环境风险纳入常态化管理，系统构建全过程、多层级生态安全体系。

三　毕节市大生态战略建设存在的问题

（一）生态环境问题还比较突出

各级政府财力紧张、投入不足，生态环保设施建设较为滞后，部分区域领域环境问题突出，部分县（区）环境空气质量未达到国家相关标准；河流断面、草海未完全达到水功能区标准，固体废物堆存点多量大，农村垃圾污染较为普遍；全市污染物量多面广，集中治理难度大，生态环境脆弱区一旦遭受环境污染或生态破坏就难以修复。

（二）生态文明体制机制还不完善

生态文明体制的建立需要完善的考核奖惩机制，在这方面上，还存在不健全、不完善的问题。在政绩考核体中还存在侧重于考核经济发展指标而忽略生态指标的问题，因此，要把建立健全资源有偿使用和生态补偿等机制作为未来工作的重点。循环经济、生态修复、环境公益诉讼、生态补偿等重点领域的地方法规是生态文明体制的法律保障，毕节市目前还未出台相关的法规。另外，排污权交易、绿色信贷、环境责任保险等仍处于探索与试点阶段。

（三）生态文化体系建设还很滞后

大部分干部群众尚未形成生态价值观、生态道德观、生态发展观、生态消费观、生态政绩观，部分干部仍"重经济增长，轻环境保护"，部分企业经营者缺乏社会责任意识和长远发展眼光，生态环境保护的自觉性、主动性还不强，代表公众环境利益与生态文化诉求的公益性社会活动力量尚未形成。

（四）绿色发展质量还不够高

全市森林覆盖率仍然低于全省平均水平，乔木林和竹林面积占比较低。经济发展方式显得较为粗放，传统产业占比大，经济转型压力大，新型化工产业建设起步较晚，现有产业清洁改造和产业优化调整任务较重；产业发展科技创新投入不足，资源利用率偏低，绿色环保型产业尚未成为主导产业，实现绿色发展任重道远。

四　毕节市大生态战略建设的对策建议

当前，全国生态文明建设处于关键时期，贵州省作为生态文明试验区，在大生态战略已经提上日程的大环境下，生态建设成为工作的重中之重。在机遇与挑战并存的生态建设攻关期，毕节市的生态文明建设只有进行认真的谋篇布局，才可以在大生态战略中大有可为。

在贯彻落实习近平总书记对毕节试验区重要指示精神，以全面推进贵州大生态战略为核心工作的基础上，以打好"蓝天""碧水""净土"保卫战为重点，毕节市的生态建设应从以下几方面着重开展。

（一）在生态文明建设工作上明确政治责任

1. 严格落实生态环境保护党政同责、一岗双责

"党政同责，一岗双责"要求毕节市的各级党政机关，要层层分解和落实生态环境保护的责任清单，层层传导责任和压力，这是落实大生态战略的决心与勇气。各级党委、政府要将环境质量建设的好坏作为考核标准，把变好作为红线。相关部门对业务工作内的环境保护负直接领导责任，切实履行"管行业管环保"的职责。把生态环保指标作为对县（区）党政领导班子工

作的考核权重分，并在实绩考核中不断对评价办法进行调整和优化。同时，制定相应的考核指标体系，并对在任内发过生重大环境破坏和污染事件的人员实行"一票否决"制。

2. 加强生态环境保护长效机制建设

认真落实《毕节市各级党委、政府及相关职能部门生态环境保护责任划分规定（试行）》。建立领导干部环境突出问题包保机制，对辖区内生态环境突出问题实行市、县党政领导包保责任制。实行环保履职年度报告制度，各县（区）党委（党工委）、政府（管委会）及市直有关部门每年向市委、市政府专题报告履行环境保护"党政同责、一岗双责"情况。建立人大政协环保监督机制，县级以上人民政府每年向同级人大常委会报告生态环保工作。人大常委会、政协常委会加强对人民政府及其有关职能部门履行生态环保职责情况的监督。

3. 加大宣传力度，营造浓厚的生态文明建设氛围

生态文明的建设需要全社会的积极参与。毕节市在加大生态环境保护力度的同时，也要注重对生态环境保护舆论的引导，利用各类媒体对生态文明理念和环境保护实践成果进行广泛宣传。借助一些重大节日深入开展环境保护知识宣传，如"6·5"环境日、"贵州生态日"等活动，把生态环境建设深入群众中去；组织开展环境保护进学校、进企业、进社区等活动，有条件的地方，可以在中小学开设一定课时的生态环境保护课程。同时加快推进生态乡镇、绿色学校、绿色社区建设，在全社会各层面加快形成尊重环境、保护环境、顺应环境的良好氛围。

（二）在打好污染防治攻坚战上狠下功夫

1. 加快重点流域污染防治

深入推进辖区内流域总磷污染治理，推进磷石膏综合利用，彻底整治尾矿库危库、险库。按照落实"河长制"工作要求，定期开展"河长大巡河"等工作；推进山水田林湖草系统治理，继续大力实施退耕还林还草工程，实施森林修复重大工程，力争建设一批森林质量精准提升试点；加快推进石漠

化、水土流失综合治理等生态工程建设，"确保到2020年，毕节市能完成造林700万亩，石漠化综合治理达到4000平方公里、水土流失治理2000平方公里，森林覆盖率达到60%以上"；全面推进草海综合治理，大力实施退耕还湖、退村还湖、治污净湖、造林涵湖、退城还湖"五大工程"；加强污水处理设施第三方运营管理，确保草海1万吨污水处理厂和19个环草海分散式污水处理站稳定运行；完成草海绿化提升工程，可绿化区绿化率达65%。

2. 推进化工企业污染治理

深入推进化工污染整治专项行动，依法开展各类保护区及环境敏感区域内的化工企业、化工园区和入河排污口的取缔工作。一是限期整改存在排污问题的化工企业，将距离岸线1公里范围内存在违法违规行为的化工企业搬离或者引入合规园区，依法关闭整改后仍不能达到要求的企业；二是推动化工产业整治提升和转型升级，加快推进化工产业绿色化发展，组织开展重污染落后工艺和设备以及不符合国家产业政策的小型和重污染项目排查，能够整合搬迁进入合规园区的项目要严格环评审批，建立健全入河排污口台账，优化入河排污口设置布局，细化完善污染排放标准；三是加强农业污染防治工作，实施农业标准化、农村污染治理、生态循环农业等工程，全面推进农业面源污染防治，加快农村环境综合整治，加大生活污水垃圾处理力度，统筹推进农村、城市、景区等重点区域厕所建设。

3. 加强城镇污水垃圾治理

加快推进城镇污水垃圾处理设施建设，结合国家"海绵城市"建设要求推进新区建设和老城区改造，提升城市生态环境承载能力。加快实施城市污水处理提质增效、提标改造工程，确保到2020年实现全市县城、乡（镇、街道）污水处理设施全覆盖，实现全市"十三五"新增城乡生活污水处理能力22.95万吨/日，总处理规模达到52.74吨/日，全市城乡污水处理率达91%。

4. 全面推动水污染联防联治

按照国家、省安排部署，加快构建水污染全方位立体监控网络，全面实施断面监测预警；健全环保信用评价、信息强制性披露、严惩重罚等制度，认真落实环境应急联动机制，强化与其他地区区域协作应急响应机制，在水环境风险预警和防控、处置突发水环境事件等方面加强合作。严格执行水体污染、突发水环境事件监测预警分级、启动、升级及解除标准；完成涉危、涉重企业突发水环境事件应急预案备案工作；整治水质不达标水体，强化排污者责任，规范水污染物排放企业，实行排放大户限产减排，关停整顿超标排放企业；深入推进规划环境影响评价会商，加强水污染源头防控，不断提高污染行业准入条件。

（三）推动经济高质量发展

着力加快建设实体经济、科技创新、现代金融、人力资源协同发展的产业体系。一是大力实施"千企引进"和"千企改造"，推动传统产业技术改造和优化升级。二是加强自主创新，强化科技创新平台建设，加大科研投入力度。三是打造一批特色旅游区和精品旅游线路，把毕节打造成为国际知名山地康养度假旅游目的地。四是按照生态理念开展城镇设计，编制城镇绿地系统规划，形成山水林田湖与城镇建设相融合的布局，因地制宜建设山体公园和绿道系统，提高公园绿地覆盖率，到2020年，城市建成区绿化覆盖率达到40%。五是按照国家和省出台的单体建筑绿色设计施工规范，全面推行建筑物、屋顶、墙面、立交等立体绿化。构建以轨道交通、快速交通、环保汽车为主体的城市公共交通体系。

（四）筑牢两江上游绿色屏障，严格守护生态保护红线

全面加强生态环境保护，坚持以解决环境突出问题为导向，深入开展10项污染防治攻坚行动，打好全市污染防治攻坚战。按照国家《长江经济带市场准入禁止限制类目录》中岸线开发、河段利用、区域开发和产业发展4个方面禁止限制准入内容及相应的管控要求，推进负面清单管理，对不符合要求占用的岸线、河段、土地和不符合规划布局的产业无条件退出；落实《省人民政府关于发布贵州省生态保护红线的通知》要求："对本区域内生态保护红线的落地、保护和监督管理，将生态保护红线作为综合决策的重要依据和前提，履行好对生态保护红线内森林、河流、湿地等自然生态系统

的保护管理责任；建立健全目标责任制，把生态保护红线目标、任务和要求层层分解、落到实处。"① 严格执行重点生态功能区产业准入负面清单制度，建立完善主体功能区战略实施方案。

（五）扎实推进环保投资和执法力度

1.加大财政资金投入力度

市、县两级财政设立环境保护与生态建设专项资金，一般公共预算支出中环境保护、环境治理、环境监测、环境执法、污染防治等方面的总支出比例要逐年增长。对重点区域、重点流域按治理成效实施"以奖代补"、生态补偿、转移支付等。加大改革创新的力度，推动建立政府、企业、社会多元化的投资机制和平台，撬动社会资金投入污染治理与生态建设，不断加大对生态环境保护领域的资金投入力度。

2.着力实施生态扶贫工程

支持毕节市贫困县纳入国家重点生态功能区县，争取贫困县和国家重点生态功能区相关倾斜政策，完善生态公益林补偿机制，逐步提高补偿标准。到2020年实行地方公益林与国家公益林生态效益补偿标准并轨制，大力争取国家重点生态功能区转移支付资金支持；配合省在长江流域生态保护地区和生态受益地区之间开展横向生态补偿工作，实现地区之间发展共享；建立统一规范的森林资源管护体系，完善建档立卡贫困人口生态护林员选聘机制；将退耕还林、巩固退耕还林成果、石漠化综合治理、天然林资源保护、村寨绿化等林业工程项目倾斜安排在贫困乡镇、村、户，增加农户工资性收入；鼓励贫困户发展经果林和林下经济，将林业工程与"五在农家·美丽乡村"建设、通道绿化美化建设相结合，提升乡村旅游形象，增加农民收入。

3.强化环境执法监管

严把环评审批关，杜绝严重污染项目落地毕节；深化环保执法"利剑"行动，在严厉打击各类环境违法犯罪行为上，要加大环保执法部门与司法部

---

① 参见《省人民政府关于发布贵州省生态保护红线的通知》（黔府发〔2018〕16号）文件。

门的联合、联动；环境网格化监管要常态化，逐级落实监管责任；依法打击非法排放、倾倒、处置危险废物行为，提升危险废物规范化管理水平；加强核与辐射环境安全监管，确保辐射环境质量安全；加强环境应急管理，组织开展环境应急演练，提高环境应急处置能力。

4. 建立生态环境"大数据"监测网络

通过建成环保"大数据"信息共享平台，完善"环保云"数字管理。加快推进水、大气、土壤、噪声、辐射、重点污染源等监测点位布设，监测数据共享，预报预警能力和监测质量控制体系建设，实现环境质量、重点污染源、生态环境状况监测"大数据"全覆盖。

参考文献

刘子富：《攻坚——毕节试验区开发扶贫、生态建设纪实》，新华出版社，2015。

孟伟、舒俭民、张林波：《生态文明建设的总体战略与"十三五"重点任务研究（第八卷）》，科学出版社，2017。

程垚：《探索多党合作服务改革发展新经验——析毕节试验区实践过程》，《贵州社会主义学院学报》2017年第3期。

糜小林：《不负青山　赢得金山》，《当代贵州》2017年第C3期。

《"五子登科"绿了荒山富农家》，《贵州日报》2018年7月6日。

《2016年毕节市政府工作报告》，《毕节日报》2016年1月27日。

《2017年毕节市政府工作报告》，《毕节日报》2017年1月17日。

毕节市政府办公室：《2018年毕节市政府工作报告》，2018年1月10日。

《2019年毕节市政府工作报告》，《毕节日报》2019年1月8日。

毕节市统计局：《毕节市2015年国民经济和社会发展统计公报》，2016年2月12日。

毕节市人民政府：《毕节市2016年国民经济和社会发展统计公报》，2017年3月22日。

毕节市人民政府：《毕节市2017年国民经济和社会发展统计公报》，2018年4月12日。

毕节市人民政府：《毕节市2018年国民经济和社会发展统计公报》，2019年4月26日。

毕节市环境保护局：《毕节市2015年环境公报》，2016年6月6日。

毕节市环境保护局：《毕节市2016年环境公报》，2017年6月5日。

毕节市环境保护局：《毕节市2017年环境公报》，2018年6月5日。

B.12
铜仁市大生态战略行动发展报告

张云峰 马兴方 王 为*

摘　要： 近年来，在省委、省政府的领导下，铜仁市各级党委、政府认真贯彻落实大生态战略行动，在生态建设持续向好发展、繁荣生态产业、建立健全生态保护制度、铁腕整治生态破坏、培育生态文化等方面进行了有益探索，积累了一定的经验。创建新时代绿色发展先行示范区，铜仁市仍需在财政支持、技术人才、考评体系、生态产业等方面加大投入。

关键词： 铜仁市　大生态战略行动　经验　生态产业

铜仁市是贵州向东开放的门户和桥头堡，全市辖2区8县、9个省级经济开发区、1个省级高新技术产业开发区，总人口440万，聚居着汉、苗、侗、土家、仡佬等29个民族，少数民族人口占总人口的70.45%。铜仁市作为贵州东大门、武陵山区腹地、长江上游重要的生态屏障，生态区位很重要，生态保护任务艰巨。长期以来，尤其是党的十八大后，铜仁市上下认真贯彻党中央国务院的决策部署，牢牢守住生态和发展的两条底线，紧紧围绕建设生态文明、构筑长江上游生态安全屏障、打造贵州东部绿色风景线的要求，大力发展绿色经济、打造绿色家园、完善绿色制度、筑牢绿色屏障、培育绿色文化，全市生态战略成果丰硕，众多的优质生态产品已逐渐成为富民

---

* 张云峰，硕士，贵州省社会科学院党建研究所副研究员，研究方向为党史、生态史；马兴方，中共铜仁市委政策研究室主任；王为，中共铜仁市委政策研究室副科长。

产业，美好生态已经成为铜仁最鲜明的底色和最亮丽的名片。铜仁市牢记习近平总书记"牢牢守住生态和发展两条底线"的重要指示，将生态保护与经济发展有机结合起来，在经济快速发展的同时，生态建设显著成效亦显著：梵净山成功列入世界自然遗产名录，全市通过国家验收的国家级湿地公园有 6 个、入围全国绿色发展百强县 1 个、国家级自然保护区建成 3 个、国家碳汇城市 1 个、国家森林旅游示范县 1 个、国家湿地公园 9 个、省级森林公园 8 个、省级森林城市 7 个，完成全域绿化"六绿"攻坚 112.32 万亩，森林覆盖率达到 63.5%，居全省第二位。[①]

2018 年，按照省委对铜仁的发展定位，全市上下着力念好"山字经"、做好水文章、打好生态牌，奋力创建绿色发展先行示范区，守好发展和生态两条底线，践行绿水青山就是金山银山的理念，夯实绿色屏障，发展绿色经济，宣传绿色文化，共建绿色家园。2018 年全市完成绿化建设面积 113.15 万亩，湿地保有量 232.61 平方公里；森林覆盖率达 63.49%，居全省第二位，比 2016 年的 60.1% 提升 3.39 个百分点；全市 6 条主要河流 15 个监测断面水质优良率为 100%，中心城区集中式饮用水源地水质达标率为 100%，县级城市集中式饮用水源地水质达标率为 100%（总磷不参与考核）；中心城区环境空气质量优良率为 97.3%；县城环境空气质量达到《环境空气质量标准》（GB 3095 – 2012）二级标准；全市县城以上污水处理率达 94.49%；中心城区全年焚烧生活垃圾 12 万吨以上、无害化处理率达 100%，全市城乡生活垃圾无害化处理率在 85% 以上；治理水土流失面积 113.7 平方公里。

一　铜仁市实施大生态战略行动的主要做法

（一）加大生态系统保护，筑牢绿色屏障

一是全面推进全域绿化"六绿"攻坚行动。2018 年全市完成绿化建设

---

① 相关资料来源于《铜仁市生态文明建设情况综合报告》。

面积 113.15 万亩，建成绿化示范点 46 个、面积 3.43 万亩，绿化示范带 20 条、面积 3.42 万亩，完成高速公路红线范围内绿化点 86 处；治理完成石漠化面积 172 平方公里；共治理矿山 140 个，治理矿区面积 35.18 平方公里，复绿面积 136.34 公顷。

二是持续加强生态管护和保护区建设。铜仁市国家森林城市建设总体规划通过国家林业和草原局专家组评审；铜仁市、万山区和松桃县成功创建"省级森林城市"；碧江、万山长寿湖、江口、思南白鹭湖、德江白果坨和沿河乌江 6 个国家湿地公园试点全部顺利通过国家验收。主动服务、提前介入涉林手续办理，完成 80 多个项目使用林地审核报批工作，缴纳森林植被恢复费 3.5 亿元。出台《铜仁市湿地保护修复制度实施方案》，公布铜仁市第一批湿地名录。

三是加大生态功能区建设。编制了铜仁市重点生态功能区产业准入负面清单，作为《铜仁市创建新时代绿色发展先行示范区规划》（铜府办发〔2018〕35 号）附件印发实施。组织江口县、石阡县、印江县、沿河县积极配合省发改委完成了新增 16 个国家重点生态功能区县市产业准入负面清单编制工作，并经省人民政府同意后印发。2018 年完成沿河、江口、印江、石阡 4 个国家重点生态功能区水土流失治理面积 39 平方公里。

四是积极开展"互联网+全民义务植树""我为家乡捐棵树，同心共建春晖林"活动，全市完成义务植树 450 万株、四旁（零星）植树 240 万株。

（二）加快发展生态产业，壮大绿色经济

一是大力发展生态农业。2018 年示范创建田园综合体 6 个，新增省级农业园区 9 个。新增水果种植面积 19.52 万亩，中药材种植面积 36.4 万亩，茶园 25.85 万亩；新增市级家庭农场 144 家，培育市级家庭农场 144 个，截至目前，全市国家级龙头企业达 3 家、省级龙头企业达 127 家。完成新增无公害农产品产地 137.57 万亩、无公害畜禽产品产地 62 家、无公害农产品 170 个、绿色食品 7 个、有机农产品 26 个，拟申报的农产品地理标志保护产品"郭家湾贡米""思南黄牛""德江复兴猪""印江绿壳鸡蛋"已通过

农业农村部审核。全市新增有机产品认证企业 32 家，44 张认证证书，累计有机产品认证企业达 100 家，143 张认证证书，认证基地面积 6774.47 公顷。全市 10 个区（县）、172 个乡（镇、街道）全部开展了承包地确权登记颁证工作，共完成承包地实测面积 666.08 万亩。"梵净山茶"公共品牌在 2018 年中国茶叶区域公共品牌价值评估中排全国第 31 位，品牌价值 19.86 亿元。成功举办首届梵净山国际抹茶文化节，成功签约各类项目 150 余个，总投资 200 多亿元；成功举办"梵净抹茶·香溢天下"专场推介会，签约金额 6.6 亿元。中国国际茶文化研究会向铜仁授予"中国抹茶之都""中国国际茶文化研究会抹茶文化研究中心"牌匾，中国茶叶流通协会向铜仁市授予"中国高品质抹茶基地"牌匾。

二是大力发展生态工业。紧紧围绕提质增效、绿色化改造等，积极推动工业转型升级。全年实施千企改造项目 206 个，其中，2018 年新启动千企改造企业 109 户、项目 113 个，完成投资 148.7 亿元。积极推动中伟正源新材料有限公司、百思特新能源材料有限公司、格瑞特新材料有限公司等企业建成投产，形成 20 万吨锂电池正极材料、3 万吨负极材料生产能力，全年预计完成产值 60 亿元；智能终端产业初具规模，规上企业达 12 家；以汉能为主的新能源移动产业园建成投产，全年预计完成产值 30 亿元。对海螺水泥、科特林水泥等 7 户水泥企业实施阶梯电价能耗专项监察，预计全年单位工业增加值能耗下降 5.5%。积极推动工业固废综合利用，预计全年工业固废综合利用率将达到 60% 以上。大龙经开区被工信部列为第八批国家新型工业化产业示范基地。

三是大力发展生态旅游业。2018 年以来先后在江苏、上海、南宁及港澳台等客源地市场举行了 10 余场旅游宣传推介会。梵净山列入世界遗产名录，成为我国第 53 处世界遗产和第 13 处世界自然遗产。江口县云舍村、思南县郝家湾村被纳入全省打造 20 个乡村旅游基地名单。思南九天温泉综合开发项目和石阡佛顶山温泉小镇项目被纳入全省新建 10 个高端温泉项目名单。石阡佛顶山被评为"中国天然氧吧"。松桃大湾村、石阡楼上村和印江团龙村荣获"2018 年度传统村落示范村"称号。2018 年预计实现旅游人次 8350 万人次，旅游收入 773 亿元，同比分别增长 33.87% 和 36.3%。

四是大力发展生态林业。2018 年全市新发展油茶 7.24 万亩，建成油茶园区 12 个，培育油茶品牌 10 个，育苗 2.88 万亩，贵州省油茶工程技术研究中心落户铜仁市玉屏。全市苗圃场 325 家，育苗 2.88 万亩，年产各类苗木花卉 1.42 亿株。全市新发展林下经济 4.21 万亩。成功组建铜仁城投集团绿源林产有限公司，林业投融资平台公司达 13 家，融资贷款 31.09 亿元，到位资金 10.94 亿元。获得全省第一批林业科技示范县 1 个、林业科技示范园 6 个、林业科技示范点 22 个。铜仁市、万山区和松桃县成功创建"省级森林城市"。全市争取中央林业项目资金 8.45 亿元，完成林业投资 168.55 亿元，林业产业总产值达 360 亿元以上。

五是大力发展大健康产业。2018 年新增思南九天温泉酒店康养旅游基地、德江洋山河生物有限科技公司等两个大健康示范基地；梵净山大健康医药产业示范区已建成中药材 3.3 万亩，1000 亩以上示范基地 1 个。贵茶集团、香港屈臣氏、农夫山泉等企业落户入驻示范区。引进茶叶企业 51 家，组建茶叶专业合作社 68 个，培育省级产业化龙头企业 3 家，省级扶贫龙头企业 6 家，市级龙头企业 16 家，建设茶叶加工厂 33 个，已办理 QS 认证 16 家。建成仿野生铁皮石斛育苗配置及精深加工研发实验室，申报国家发明专利 22 个，其中 12 项铁皮石斛应用型专利获批。扶持培育本土企业两家——贵州苗药生物技术有限公司和贵州梵天农业科技有限公司。2018 首届中国贵州（铜仁）国际抹茶文化节在江口举办，发布《2018 中国·梵净山生态养生指数报告》。

六是大力发展生态水产业。发挥生态优势，抢抓发展机遇，做好水资源、做强水产业、做响水品牌、做活水文化、做大水平台，真正把水文章做实做深做好，2018 年全市天然饮用水及关联产业规模以上企业达到 159 户，实现工业总产值 136 亿元；成功举办 2018 年梵净山国际天然饮用水博览会；中国食品工业协会向铜仁市授予"梵山净水·泡茶好水"牌匾。

（三）深入开展生态环境治理，共建绿色家园

一是做好中央环保督察问题整改工作。铜仁市涉及中央环保督察组反馈意见共 31 个问题，目前已整改完成 29 个，正在按时序整改 2 个，整改率 93.55%，办理中央环保督察组交办群众信访投诉件 150 件，办结 150 件，办结率 100%。中央环保督察组共交办铜仁信访投诉件 175 件，目前已全部办结，办结率 100%；责令整改 72 家，立案处罚 21 家，罚款金额 165.07273 万元，关停取缔 12 家，约谈 34 人，问责 14 人。

二是持续实施大气污染防治行动。印发了《铜仁市 2018 年大气污染防治六十日攻坚专项行动方案》，开展建筑施工扬尘治理专项检查 1657 个次，责令整改 297 个次，行政处罚 35 起，处罚金额 41.7 万元。对化工污染企业进行执法整顿，华电大龙发电有限公司 2 号机组完成超低排放改造。2018 年累计淘汰每小时 10 蒸吨及以下燃煤锅炉 81 台共 89.291 蒸吨，主干道临街门店油烟净化设备安装率达 95% 以上，完成贵州安泰轮胎公司挥发性有机物（VOCs）治理。

三是加强水污染防治。2018 年建成城镇污水处理工程 13 个，新增污水处理能力 1.52 万吨/日，新建污水收集管网 160km。修订完善了《贵州省松桃河流域综合防治规划》，对乌江铜仁段流域各区县县城污水处理厂进行提标改造，目前出水水质达到 A 标。全市 51 个在建（含已建）规模以上入河排污口全部完成了设置审批或登记，并对其中已运行（含试运行）的 40 个规模以上入河排污口开展了监督性监测。完成了市、县、乡级河长"一河一策"方案编制和"一河（湖）一档"的建立，全市各级河长开展巡河活动共计 7.8 万余次，开展清河活动 476 次，清理河道 463 条，开展专项执法 160 次，联合执法 83 次，责令停止违法行为 119 起，下发整改通知书 52 份，查处各类案件 97 起。

四是加强土壤污染防治。制定印发《铜仁市土壤与水稻协同调查样品采集流转工作方案》，完成 1054 个样品采集、流转工作。完成印江、玉屏、德江、石阡、万山 5 个区县耕地质量地球化学调查，其余县（区）完成示

范围区的采样与测试工作。印发了《铜仁市 2018 年土壤污染防治工作方案》，组织开展建设用地土壤污染状况详查，对重点行业企业 564 个土壤污染源进行遥感调查，建立了土壤污染源分布清单。

五是组织开展固体废物大排查行动。制定并印发了《铜仁市环境保护局固体废物大排查行动实施方案》，共排查全市危险废物产生单位 54 家、一般工业固体废物产生企业 49 家、危险废物处置企业 9 家、医疗废物处置单位 2 家、一般工业固体废物处置单位 17 家，查出问题 11 个，目前均已整改完毕。

六是加强农业污染整治。全年核发农药经营许可证 259 个，主要农作物绿色防控覆盖率达 34.2%，主要农作物病虫害专业化统防统治覆盖率达 38.6%；完成测土配方施肥技术推广面积 608.5 万亩，配方肥推广面积 185.955 万亩；秸秆饲料化利用率 32.77%；秸秆还田面积 194.48 万亩；开展"护渔"专项执法，全年查处渔业违法案件 237 起，拆除网箱 100 余万平方米；畜禽养殖废弃物资源化利用率达 64% 以上，规模化养殖设施配套率达 85% 以上，建设畜禽标准化示范场 9 个。

七是严厉查处生态环境违法行为。市公检法等机关制定出台了《全市法院环境资源案件审判工作方案》《关于环境资源刑事案件集中管辖等问题的意见》《铜仁市环保行政执法与刑事司法联动工作机制的通知》《全市公安机关依法严厉打击破坏环境资源违法犯罪专项行动实施方案》等文件，2018 年，市公安局侦办破坏环境资源犯罪案件 34 起，查处行政案件 11 起；市检察院公益诉讼涉及生态环境保护领域共立案 560 件，诉前程序案件 558 件，起诉案件 10 件；两级法院共审结环境资源刑事、民事、行政案件共696 件，在已审结的环资案件中，刑事案件 89 件 134 人、民事案件 544 件、行政案件 63 件（见图 1）；在已审结的刑事、行政案件中，公益行政诉讼案件 2 件，刑事附带民事案件 5 件。

（四）不断创新体制机制，完善绿色制度

一是注重加强规划引领。2018 年制定出台了《铜仁市创建新时代绿色

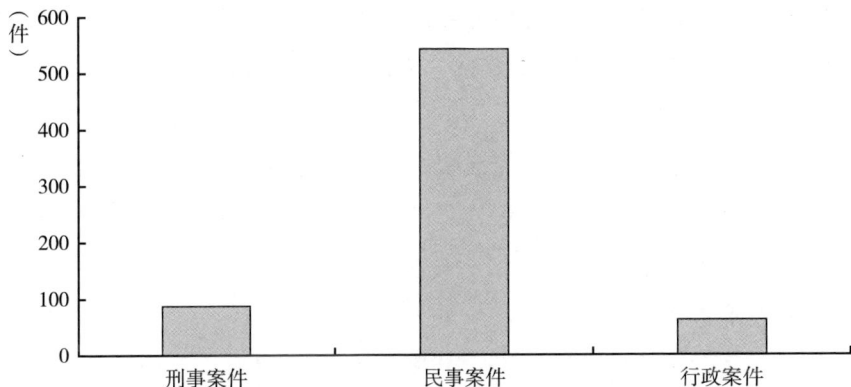

图 1　2018 年铜仁市两级法院共审结环资案件数

资料来源：铜仁市 2019 年政府工作报告。

发展先行示范区规划（2017~2020）》《铜仁市生态补偿示范区建设规划》《铜仁市汞行业发展规划（2018~2025）》《铜仁市锰行业发展规划（2018~2025）》《铜仁市特色水产业五年发展规划（2018~2022）》《铜仁市生物多样性保护规划》《铜仁市养殖水域滩涂规划（2018~2030）》《铜仁市城镇燃气发展规划》等一系列规划，准确定位引导全市生态文明建设工作。

二是不断完善各项制度。全年制定印发了《2018 年生态文明建设（创建绿色发展先行示范区）工作要点》《铜仁市贯彻落实〈国家生态文明试验区（贵州）实施方案〉任务分工方案》《铜仁市生活垃圾分类制度实施方案》《铜仁市人民政府办公室关于促进锰产业转型发展的实施意见》《铜仁市湿地保护修复制度实施方案》《铜仁市绿色制造三年行动实施方案（2018~2020 年）》《关于推进党政机关等公共机构生活垃圾强制分类的工作的通知》《铜仁市水土保持目标责任考核办法（试行）》《铜仁市林业生态补偿脱贫实施方案（2018~2020 年）》等文件，有力推动了生态文明各项工作落实。

三是强化考核督查。出台了《铜仁市环境保护"党政同责、一岗双责"责任制考核办法》《铜仁市各级党委、政府及相关职能部门生态环境保护责任划分规定（试行）》。将环境保护"党政同责、一岗双责"履行情况纳入领导干部年度工作考核内容，作为选拔任用的重要依据，并实施"一票否决"。制定了《铜仁市生态文明建设（创建绿色发展先行示范区）目标评价考核办法》，对 2017 年度各区（县、自治县、开发区）生态文明建设（创建绿色发展先行示范区）目标完成情况开展了评价考核并将考核结果进行全市通报。同时将生态文明建设（创建绿色发展先行示范区）工作开展情况纳入市政府督查室年度督查计划，按季度对各区（县、自治县、开发区）工作开展情况进行监督检查。

四是创新各项机制体制。《铜仁市梵净山保护条例》于 2019 年 1 月 1 日起施行。《铜仁市关于加快生态渔业发展的报告》获副省长吴强肯定批示。铜仁市"民心党建＋河长制"做法获省委常委、省委组织部部长李邑飞肯定批示。

（五）弘扬绿色文化，传递铜仁绿色"好声音"

一是搭建推广平台。全年成功承办 2018 中国梵净山生态文明与佛教论坛、2018 年中国国际大数据产业博览会铜仁分论坛、环梵净山国际公路自行车赛、中国传统龙舟大赛等活动，进一步宣传推广了铜仁市在生态文明建设方面的亮点做法。

二是开展各类宣传活动。全年开展了"保护母亲河·河长大巡河"活动、"绿水青山就是金山银山"巡山活动、"共筑绿色生态示范城市·共建美丽家园"巡城活动、创建新时代绿色发展先行示范区（国家生态文明试验区）宣传"十进活动"、6·5 世界环境日宣传活动、全国节能宣传周（全国低碳日）宣传活动、公共机构生活垃圾分类体验及宣传活动、2018 年"六绿"攻坚行动义务植树活动、湿地保护宣传活动、绿色宣传进工厂等系列宣传活动。

三是开展绿色创建活动。铜仁市德江县一中和万山区人民医院成功创建全国节约型公共机构示范单位。评选命名了贵州省思南中学等 23 所铜仁市"绿色学校"。铜仁市沿河县官舟中学、玉屏县田坪中学、思南县大坝场中学、石阡县坪山小学等 4 所学校获得贵州省"绿色学校"称号。

四是用好各类新闻媒介。2018 年全市先后策划推出了《坚持生态保护与绿色发展的成功实践　梵净山成功晋升国家 5A 级旅游景区》《松桃："民心党建 + 河长制"守护绿水青山》《沿河："六绿"攻坚助力生态发展》《铜仁：依托生态优势，推动茶产业提级发展》等主题报道 900 余篇（条），营造了浓厚的舆论氛围。

五是积极组织环保培训，使生态文明和环保理念深入人心。举办环保专题培训班 2 期、100 人，举办环保相关内容培训班 3 期、300 人。

二　主要经验

铜仁市生态建设取得重大成效，积累了一定的经验，具有对外推广和他地借鉴的价值。

（一）牢牢守住发展和生态的两条底线，着力推进经济发展和生态保护，着力营造生态富民、生态惠民的新局面

党的十八大以来，铜仁市各级党委、政府高度重视生态建设工作。一是把习近平总书记对贵州"牢牢守住发展和生态两条底线"的指示深入贯彻到实际工作中，领导干部在实际工作中把经济发展与生态保护有机统一起来，在发展中形成了既要金山银山又要绿水青山的共识。二是大力培育发展生态产业的意识，立足于全市既有的生态资源，全力走好新路子，厚植绿毯子，拔掉穷根子，鼓起钱袋子，过上好日子，让人民群众在生态保护中实现脱贫奔康。三是继续为人民群众营造良好的生态环境。大力实施"六绿"工程，继续加大改善人民群众居住环境的力度，人民群众在大生态战略行动中得到更多的实惠。

（二）坚持生态优先保护的策略，切实加强源头预防，重拳出击，铁腕整治破坏生态的一切行为

一是深入贯彻大扶贫、大数据、大生态战略行动，把招商引资、经济社会发展和生态保护有机结合起来，立足于生态保护的底线。二是立体预防。

强化大气污染管控，提高大气污染防治工作的科学性、精准性；开展土壤污染调查，掌握全市土壤环境质量状况；加大流域水污染防治专项整治力度，积极推进环境综合整治工作，提高污水处理能力，逐渐健全城镇污水处理工程；严格落实"河长制"，推进水环境质量逐步完善；加大危废企业规范化管理，对辖区内危废重点企业实行督查全覆盖，严防死角漏洞。三是加大对环境破坏行为的惩治力度。积极培育群众生态保护的意识，厚植生态保护的文化底蕴。同时，加强对生态环境的检查和督查，健全联动管理机构，及时向破坏生态环境的行为亮剑，加大对破坏环境行为的惩治力度。

（三）构建了生态产业体系，繁荣绿色产业，打造绿色产业集群，通过发展绿色产业助推脱贫攻坚工作

一是把发展生态产业作为传统产业和新兴产业转型的路径之一，全力为农业培育更多的绿色产品，为工业贴上绿色标签，为城市披上绿色新衣，千方百计为传统产业"脱胎换骨"和新兴产业"强筋壮骨"，推动经济高质量发展。二是以生态产业化和产业生态化为发展目标，不断壮大以生态工业、生态农业、生态林业、生态旅游业、大健康产业等产业为主的生态经济，重视对生态产业规模、品牌、市场的培育。三是大力扶持生态产业，发挥生态产业在助推脱贫攻坚中的作用。根据铜仁市生态环境好、生态资源丰富的特点，在政策和资金方面给予生态产业大力支持，吸引更多的创业者，在全市形成生态工业、生态农业、生态林业、生态旅游业、大健康产业互相发展的局面，通过发展和繁荣更多的生态产业，带动当地贫困户参与就业，有效助推脱贫攻坚。

（四）扎实推进生态环境保护管理制度建设，为大生态战略行动提供更有利的体制机制支撑

一是深入贯彻实施中央和省委、省政府关于大生态战略行动的各项方针政策，用大生态发展的实践来推动生态文明理论的发展。二是根据地方实际，

健全生态保护责任制度，确保生态建设在规范化、制度化、可量化的轨道上运行。三是制度建设力度逐渐加强，尤其是对重要生态功能区、自然保护区、水源保护区等生态环境敏感和脆弱区域的管理制度建设，制定出台了湿地保护管理、环境污染第三方治理、节约用水、城市（农村）生活垃圾污水治理、生态环境损害领导干部问责、城镇市政基础设施建设管理、林业生态补偿脱贫、全域绿化"六绿"三年攻坚行动、环保督查机制建设、河长制工作、生态修复等办法或实施方案，建立完善了生态环境保护、城乡生活垃圾污水治理、河长巡河、环保督查、生态环境损害问责等工作机制。

三　存在的问题

铜仁市在贯彻大生态战略行动、创建绿色发展先行示范区过程中，在资金投入、管理人才、技术支持、评价机制等方面还存在一定的问题，制约着铜仁大生态战略行动的实施。

（一）生态环境脆弱，地方财力有限，投入保护的资金严重不足

铜仁市位于喀斯特石漠化地区，生态环境脆弱，生态修复困难。铜仁市贫困人口多、贫困程度深，经济总量小，地方政府财力薄弱，生态环保投入有限。受社会资本趋利性影响，在铜仁这样欠发达地区，建设的生态环保项目规模较小且分散，生态环境保护项目吸引社会资本投入有限，长期以来生态环境基础设施建设主要依靠国家和省项目和资金有限的投入，且该类中央预算内资金规模不断削减，一部分项目不能获得国家支持，而一些投资较大的项目虽然安排了中央资金，但安排比例较低，资金不足影响了项目建设、效益发挥。

（二）生态管理和生态产业发展方面的人才严重匮乏，制约生态保护和生态经济的发展

随着国家生态文明试验区、绿色发展先行示范区的加快建设和大生态

战略行动的强力实施，全市生态环境保护方面的人才明显不足，尤其是懂生态环保技术、懂环境管理、懂环保资本运作等方面的人才严重不足。随着国家"放管服"改革向纵深推进，基层在生态环保项目方面的审批核准事项增多，部分区县由于这方面的人才缺乏或学习相关政策能力不足，客观上存在项目接不好、管不好的问题。铜仁市拥有丰富的生态资源，但在生态产业发展、管理和销售方面，人才严重欠缺，制约了生态经济的发展。

（三）科学技术对生态保护和生态发展的支撑严重不足

一方面，生态环境保护的专业技术缺乏。保护区巡护监测员主要来源于林场职工和社区群众，专业水平不高，特别缺乏植物分类、生态学、动物学、森林保护和森林病理学等方面的专业人才；另一方面，用于保护和科研监测的设备设施十分落后，现有的设备设施与国家级自然保护区的建设标准还有较大差距，难以对重点保护对象进行全面、实时、有效监测，难以及时准确掌握保护区内生物及其环境资源数据，对重点保护对象数量及其动态变化规律掌握不够。

（四）绩效考核科学性不高，制约大生态战略行动深入贯彻实施

绩效考核的目的是推动大生态战略行动在铜仁全方位实施，更好地服务于铜仁市经济社会的发展。调研发现，铜仁市大生态战略行动考核指标体系不够科学、系统和全面，没有第三方监督，依然是传统的考核方式。有的考核存在重奖惩而忽视生态环境的建设，对领导干部离任生态审计还没有落到实处。

（五）保护与发展之间的矛盾是全市普遍存在的现象

铜仁市经济总量较小，财政负担重，脱贫攻坚压力大，为了加快发展，个别地方追求经济发展和环境破坏现象还存在；铜仁市少数民族人数众多，"靠山吃山"的传统意识较浓，生态保护与传统观念的矛盾较突出。

四 对策建议

铜仁市贯彻大生态战略行动，创建绿色发展先行示范区，还需从以下方面加强。

（一）继续加大省市财政投入，增强生态建设的资金保障

铜仁市经济总量较小，财力有限，省市财政须加强生态建设的投入，增强生态保护的财政实力。一是加强生态环境保护的财政投入。环境保护成本远远低于治理成本，鉴于铜仁的生态地位，建议省、市级财政加大投入力度，设立森林、水、自然资源、大气、土地保护专项资金，确保保护工作持续。二是继续加强对退耕还林的补助力度。实践证明，退耕还林工程实施以来，生态修复成效明显。要继续稳定投入，让群众得实惠，让生态继续恢复。三是加大对生态保护公益岗位的设置数量和公益保护宣传的投入力度，让更多人投入生态保护工作中来。

（二）建立科学的贯彻大生态战略行动的评价指标体系，落实各项奖惩制度

大生态战略行动是一项复杂的战略工程，需要考核监督来保障实施，系统地建立科学合理的监督体系、考核体系和奖惩体系。一是建立精准的监督体系。建立对环境破坏、资源污染的监督体系，加大环保部门的督查力度和扩大群众监督的方式，及时发现问题并整改。二是建立科学的考核指标体系。改变传统的考核方式，科学制定考核指标体系的相关指标，注重生态保护的成效，引进第三方机构进行考核评估，切实通过考核促进生态的保护和经济社会的发展。三是建立和落实生态保护奖惩制度。对于生态保护好、群众满意度高的地区和部门负责人，作为组织优先选拔和任用的对象，对生态破坏负有领导责任的地区或部门领导人进行问责。

（三）加大政策对生态产业的扶持力度，让更多生态产品涌向市场

铜仁市生态资源丰富，具备发展生态产业的良好条件。一是加强地方政府支持力度。继续加大对生态产业的资金投入、金融支持、税收优惠力度，尤其是鼓励小微企业投入生态产业发展。二是加大对生态产业发展的引导。按照省委、省政府"一县一精品"的规划，发展有特色的生态精品。三是重点支持与脱贫攻坚工作紧密的生态产业。运用扶贫的相关政策，大力发展生态产业，采取"公司＋基地＋农户""公司＋基地＋合作社＋农户"等模式，实现生态、企业和贫困户多赢。四是大力发展绿色服务业。按照全域旅游及"旅游＋"多产业融合发展的理念，推动旅游要素集聚、旅游商品研发、旅游业态培育，完善"吃、住、行、游、购、娱"六要素。发展集道地药材、民族医疗、养老养生、智慧健康一体的大健康服务产业。

（四）抓好生态环境整治，打好污染防治攻坚战

铜仁市生态环境质量持续好转，出现了稳中向好趋势，要继续加强生态环境整治力度。一是打蓝天保卫战，实施城市精细化管理，加强移动源污染治理和工业污染治理，继续巩固城市空气质量优良率。二是打绿水保卫战，深入实施水污染防治行动计划，全面落实"河长制"，强化严重污染水体治理力度，加大优良水体保护力度。三是打净土保卫战，强化土壤污染管控和修复，加快推进垃圾分类处理，强化固体废物污染防治，推动实现变废为宝、循环利用。四是打好乡村环境整治役，以建设美丽宜居村庄为导向，以农村垃圾、污水治理、村容村貌提升为主攻方向，实现行政村环境整治全覆盖。

（五）加大宣传力度，培育绿色文化

加强宣传的力度，厚植生态保护的文化底蕴，为大生态战略行动实施营造文化氛围。一是持续办好"贵州生态日""全国节能宣传周""全国低碳

日""世界环境保护日""保护母亲河·河长大巡河"等系列活动，引导全社会增强生态伦理、生态道德和生态价值理念，营造人人关心、参与共建生态文明的良好社会氛围。二是强化党政领导干部生态文明教育培训，全面推进生态文明进教室、进课堂、进机关、进社区、进乡村、进企业、进网络。依托世界自然遗产、森林公园、风景名胜区等资源，建设一批绿色文化示范教育基地。三是加强宣传铜仁市在探索生态保护新道路的过程中取得的重大成效和典型经验，树立一批建设生态文明和保护生态环境的先进典型。

参考文献

习近平：《与时俱进的浙江精神》，《哲学研究》2005 年第 4 期。

陈敏尔：《紧密团结在以习近平同志为核心的党中央周围　决胜脱贫攻坚　同步全面小康　奋力开创百姓富生态美的多彩贵州新未来》，《贵州日报》2017 年 4 月 25 日。

陈敏尔：《运用辩证思维　守住两条底线——深入学习习近平总书记在贵州调研时的重要讲话精神》，《求是》2015 年第 9 期。

中共贵州省委理论学习中心组：《"两线"一起守"两山"一起建》，《贵州日报》2016 年 7 月 8 日。

《走出一条有别于东部不同于西部其他省份的发展新路》，《贵州日报》2015 年 6 月 25 日。

B.13
黔东南州大生态战略行动发展报告

邢启顺　黄启华*

摘　要： 黔东南州建设生态文明先行示范区是贵州省实施大生态战略的重要实践之一。通过生态文明先行示范区建设，黔东南州在少数民族贫困地区探索出一条从绿色贫困走向现代文明的发展道路，有利于加快转变发展方式、化解经济社会深层次矛盾，为促进又好又快发展、确保生态安全、实现可持续发展做出有益探索；有利于推进供给侧结构性改革，培育发展绿色经济，加快形成体现生态环境价值、增加生态产品绿色产品供给的制度体系，探索一批可复制可推广的生态文明重大制度成果；有利于推进全国少数民族自治地区生态文明建设，加快西部欠发达欠开发地区建设资源节约型、环境友好型社会，为实现人与自然和谐发展、走向社会主义生态文明提供实践经验和模式。

关键词： 黔东南　大生态　生态文明先行示范区

生态文明是人类为保护和建设美好生态环境而取得的物质成果、精神成果和制度成果的总和，是贯穿经济建设、政治建设、文化建设、社

---

* 邢启顺，贵州民族大学民族学与社会学学院博士研究生，贵州省社会科学院民族研究所副研究员、副所长，贵阳孔学堂签约入驻学者，研究方向为民族社会学、民族文化产业、民族社会工作；黄启华，中共黔东南州委政策研究室综合科科长。

会建设全过程和各方面的系统工程，反映了一个社会的文明进步状态。生态文明包括生态意识文明、生态制度文明、生态行为文明、生态民主建设四个层面，其核心是科学发展观。2012 年 1 月，国务院在国发〔2012〕2 号文件中赋予了建设"黔东南建设生态文明示范区"的战略定位。按照国务院赋予的定位和国家发展改革委等六部门《关于印发国家生态文明先行示范区建设方案（试行）的通知》（发改环资〔2013〕2420 号）的要求，黔东南州扎实开展生态文明先行示范区建设。经过 5 年多的努力，黔东南州生态文明建设取得了较好成效，为生态文明建设试验打下了良好基础。

一 建设生态文明先行示范区的背景

（一）生态文明先行示范区建设的背景

20 世纪 60 年代以来，生态文明逐渐成为一种不可逆转的世界潮流。党的十七大提出"建设生态文明，基本形成节约能源资源和保护生态环境的产业结构、增长方式、消费模式"的发展战略和建设生态文明的总体目标。党的十八大将生态文明建设纳入中国特色社会主义建设"五位一体"总体布局，指出建设生态文明，是关系人民福祉、关乎民族未来的长远大计。必须把生态文明建设放在突出地位，融入经济建设、政治建设、文化建设、社会建设各方面和全过程。"努力建设美丽中国，实现中华民族永续发展"的宏伟目标，从本质上将生态文明建设与实现社会主义现代化和中华民族伟大复兴的总任务紧密联系起来，充分表明一个美丽的中国和永续发展的中华民族，主动承担起大国责任，对全球生态安全做出新的巨大贡献的庄严承诺。贵州省扎实推进生态文明建设，早在 2007 年 11 月，贵州省委十届二次全会就明确提出："按照走生产发展、生活富裕、生态良好的文明发展道路的要求，探索建立黔东南生态文明建设试验区。"2007 年 12 月，黔东南州委八届三次全会确立"坚持走生态文明崛起的科学发展道路"。2010 年 9 月，在中国科协的支持下，17 名中国科学院、中国工程院院士联合向国务院建议把贵州省确定的黔东南省级生态文明建设试验区设立为国家级生态文明建设试验区。2012 年 1 月，国务院在《关于进一步促进贵州经济社会又好又快发展的若干意见》（国发〔2012〕2 号）中明确了"黔东南建设生态文明示范区"的战略定位。自此，黔东南州启动了生态文明先行示范区建设，着力打造生态文明先行示范区的"黔东南样板"。

（二）生态文明先行示范区建设的价值

黔东南生态文明先行示范区建设是实现可持续发展的迫切需要，是决胜脱贫攻坚、同步全面小康的根本保障。通过生态文明先行示范区建设，黔东南州在少数民族贫困地区探索出一条从绿色贫困走向现代文明的发展道路，有利于加快转变发展方式、化解经济社会深层次矛盾，为促进又好又快发展、确保生态安全、实现可持续发展做出有益探索；有利于推进供给侧结构性改革，培育发展绿色经济，加快形成体现生态环境价值、增加生态产品绿色产品供给的制度体系，探索一批可复制可推广的生态文明重大制度成果；有利于推进全国少数民族自治地区生态文明建设，加快西部欠发达欠开发地区建设资源节约型、环境友好型社会，实现人与自然和谐发展、走向社会主义生态文明。

当前，国家生态文明先行示范区数量虽然较多，但学术研究不够，无论是理论研究还是实践性研究都还不足，特别是对黔东南"建设生态文明先行示范区"的研究就更少。深入探索"生态文明先行示范区"建设的原则、机制和模式，为"生态文明先行示范区"发展提供理论探索，对探索生态文明先行示范区建设具有十分重大的理论意义；总结 5 年多来的生态文明先行示范区建设工作、研究分析建设中存在的困难和问题、学习借鉴其他生态示范区的成功经验，研究提出相关对策措施建议，对有序、有效地推进黔东南州建设生态文明先行示范区，甚至贵州国家级生态文明试验区建设，都具有重要的实现意义。

二 黔东南建设生态文明先行示范区的机遇

（一）独特资源和基础

黔东南是长江、珠江上游的重要生态屏障，生物物种资源丰富且植物基因多样，在我国生态文明建设中地位关键、特殊。

资源禀赋良好。黔东南属亚热带湿润气候，年均气温适中，雨量充沛，日照和无霜期长。境内群山叠翠、林木葱绿，森林资源丰富，全州森林面积2959万公顷，活立木蓄积量1.2亿立方米，森林覆盖率66.68%，为全省之冠，是全国重点集体林区和国家现代林业建设示范区，是大西南的"天然氧吧"和滇桂黔石漠化片区中的生态绿洲。全省10个林业重点县，有8个在黔东南。黔东南也是湘鄂川桂黔区系植物荟萃之地，有各类植物3623种，有重点保护树种42种，占全国重点保护树种的16.53%，占全省的58.57%。有野生动物上千种，其中30多种被列为国家重点保护野生动物。境内有大小河流2900多条，年径流量192亿立方米，成为长江、珠江中下游地区地表水的重要来源和水源涵养带。

生态意识基本形成。近年来，黔东南州颁布实施《黔东南州生态环境保护条例》，启动实施了《黔东南州环境保护与生态建设规划》，按照守住发展和生态"两条底线"的要求，全面开展了生态县（市）建设，建成了一批国家级生态县、乡、村。完成营造林277万亩、石漠化治理437平方公里，新增8个县纳入国家重点生态功能区。全面完成节能减排目标任务，全州生态环境质量指数居全省第1位。整州列为全国生态文明示范工程试点，岑巩县列入"国家循环经济示范县"试点。开展了绿色机关、绿色学校、绿色社区、绿色厂矿、绿色宾馆等系列创建活动，生态文明理念在全州上下形成普遍共识。

生态基础逐步夯实。"十二五"以来，黔东南州紧紧扭住"赶"和"转"的双重任务，综合经济实力实现历史跨越。全州经济保持"三个高于"的连续五年的增长速度，年均增速居全省第1位。2016年地区生产总值和人均生产总值分别达到 939 亿元和 3868 美元，均为五年前的 2.4 倍。全社会固定资产投资累计完成 6357 亿元，是上一个五年的 5.2 倍。综合经济实力在全国 30 个民族自治州由第 13 位上升到第 9 位。交通、能源、通信等基础设施建设步伐明显加快，科技、教育、文化、卫生、体育、就业和社会保障等各项事业发展迅速，城镇化水平不断提高，为生态文明建设创造了基础和条件。

（二）历史性机遇

联合国的历次环境大会，党的十七大、十八大及其历次全会，省委十届二次全会以来的重大会议均对生态文明建设做出了部署、提出了要求、指明了方向，为黔东南生态文明先行示范区建设带来了重大历史机遇。

世界层面的机遇。1972 年 6 月在瑞典首都斯德哥尔摩召开了联合国人类环境会议，通过了《人类环境宣言》，并设立世界环境日，这是人类历史上召开的第一次具有全球影响力的环境会议，被誉为人类环境保护史上的第一座里程碑。此后，又先后于 1992 年、2012 年在巴西里约热内卢召开了两次全球性的环境大会，提出了在可持续发展和消除贫困的背景下发展绿色经济的倡议，为可持续发展建立全球制度框架，使生态文明建设成为当今全球的主流趋势。

国家层面的机遇。党的十七大首次提出要建设生态文明，要求基本形成节约能源资源和保护生态环境的产业结构、增长方式、消费模式。党的十八大提出，面对资源约束趋紧、环境污染严重、生态系统退化的严峻形势，必须树立尊重自然、顺应自然、保护自然的生态文明理念，把生态文明建设放在突出地位，把生态文明建设纳入中国特色社会主义事业"五位一体"总体布局。党的十八届五中全会提出设立统一规范的国家生态文明试验区。目前，全国有北京市密云区、贵州省等 100 个国家生态文明先行示范区建设地区，有福建省、江西省和贵州省 3 个国家生态文明试验区。

省级层面的机遇。2007 年 11 月，贵州省委十届二次全会明确提出"探索建立黔东南生态文明试验区"。2016 年 8 月，在贵州省获批国家生态文明试验区后，贵州省委十一届七次全会就加快建设国家生态文明试验区、全面推进全省生态文明建设进行了部署。2017 年 4 月，省第十二次党代会提出，要像保护眼睛一样保护生态环境，像对待生命一样对待生态环境，加快建设国家生态文明试验区。为推进生态文明建设，从 2009 年开始，贵州连续四年成功举办了生态文明贵阳会议。2013 年经党中央、国务院批准，"生态文明贵阳会议"升格为"生态文明贵阳国际论坛"，是我国目前唯一以"生态文明"为主题的国家级的国际性论坛。

（三）政策性支持

国家和省对推进生态文明建设都做出了一系列的工作部署和政策安排，为黔东南推进生态文明先行示范区建设提供了良好的政策支持。

国家层面的政策。2012 年 1 月，国务院《关于进一步促进贵州经济社会又好又快发展的若干意见》支持"黔东南建设生态文明示范区"。2013 年 8 月，国务院《关于加快发展节能环保产业的意见》（国发〔2013〕30 号）提出开展生态文明先行示范区建设，探索符合我国国情的生态文明建设模式。2013 年 12 月，国家发展改革委等六部门联合下发了《关于印发国家生态文明先行示范区建设方案（试行）的通知》（发改环资〔2013〕2420 号），启动了生态文明先行示范区建设。2015 年 4 月中共中央、国务院出台的《关于加快推进生态文明建设的意见》（中发〔2015〕12 号）和 2015 年 9 月中共中央、国务院出台的《生态文明体制改革总体方案》（中发〔2015〕25 号），提出要加快建立系统完整的生态文明制度体系，为我国生态文明领域改革做出顶层设计。2016 年 3 月，国家《"十三五"规划纲要》提出，坚持生态优先、绿色发展的战略定位，把修复长江生态环境放在首要位置，推动长江上、中、下游协同发展，东、中、西部互动合作，将其建设成为我国生态文明建设的先行示范带、创新驱动带、协调发展带。2016 年 8 月，中共中央办公厅、国务院办公厅印发了《关于设立统一规范的国家生态文明试验区的意见》，明确福建省、江西省和贵州省作为首批试验区。2017 年 10 月 2 日，中共中央办公厅、国务院办公厅印发《国家生态文明试验区（贵州）实施方案》，明确提出在黔东南开展三个试点：一是在黔东南开展自然资源资产管理体制试点，受贵州省政府委托承担所辖行政区域内全民所有自然资源资产所有权的部分管理工作；二是在黔东南生态农业、森林旅游功能区，建立生态旅游资源合作开发机制、市场联合营销机制和协作维护管理机制；三是开展黔东南州生态文明示范工程试点示范，统一纳入国家生态文明试验区集中推进。

省级层面的政策。2014 年 5 月，贵州省第十二届人民代表大会常务委员会第九次会议通过了《贵州省生态文明建设促进条例》，为生态文明建设提供了法律保障。2014 年 6 月，《贵州省生态文明先行示范区建设实施方案》获得国家发改委等六部门批复实施，力争在生态文明建设绩效考核评价、生态补偿机制等方面大胆实践、先行先试，探索可复制可推广的有效模式。2015 年 7 月，中共贵州省委、贵州省人民政府《关于贯彻落实〈中共中央国务院关于加快推进生态文明建设的意见〉深入推进生态文明先行示范区建设的实施意见》（黔党发〔2015〕11 号）、《关于印发〈生态文明体制改革实施方案〉的通知》（黔党发〔2015〕24 号）提出在生态文明建设体制机制改革方面先行先试，推动贵州生态文明先行示范区建设。2016 年12 月，贵州省人民政府《关于印发〈贵州省生态保护红线管理暂行办法〉的通知》（黔府发〔2016〕32 号）将黔东南的自然遗产地、风景名胜区、自然保护区、森林公园等 10 种类型 8908.48 平方公里占全州土地面积29.37%的区域划归生态保护红线进行保护。2017 年 2 月，贵州省人民政府办公厅印发的《关于健全生态保护补偿机制的实施意见》（黔府办发〔2017〕6 号）提出，对森林、草地、湿地、水流、耕地等重点领域和禁止开发区域、重点生态功能区等重要区域实施生态保护补偿。

三 生态文明先行示范区在黔东南的实践

2012 年以来，按照国务院和省委、省政府的部署和要求，黔东南州抢抓贵州省纳入国家生态文明试验区的重大战略机遇，突出用好生态环境和民族文化"两个宝贝"，守住发展和生态"两条底线"，坚决贯彻五大新发展理念，扎实推进黔东南生态文明先行示范区建设。

（一）出台了一揽子规范文件，做好了顶层设计

编制示范州建设规划。2013 年，在国家发改委的关心支持下，黔东南州人民政府以清华大学和中国林业科学研究院作为支撑单位，共同研究编制了《黔东南生态文明示范州建设规划（2013~2020 年）》。规划范围为黔东南州域行政管辖范围，包括 16 个县（市）、10 个省级经济开发区。规划基准年为2013 年，规划期限为 2013~2020 年。规划对黔东南建设生态文明示范州的背景、意义、条件进行了分析，明确了示范州的战略定位、发展目标、指标体系，对功能区划、空间布局和重点工作进行了框架设计和制度安排。

出台实施系列行动计划。先后出台了《黔东南建设生态文明示范州三年行动计划（2014~2017 年）》（黔东南党办发〔2014〕32 号）、《黔东南州深入推进生态文明先行示范区建设实施方案》（黔东南党发〔2016〕17号）、《黔东南州大生态战略行动意见》（黔东南党发〔2017〕21 号）等一系列方案和意见（见表1），对建设生态文明示范州实施意见确定的六大体系、五大工程任务、生态文明二十项重点工作任务进行了责任分解，明确了牵头领导、责任单位、推进措施和完成时限。

召开系列会议进行安排部署。先后召开了全州生态文明示范州建设大会、州委全面深化改革领导小组会议、州经济体制改革和生态文明体制机制改革专项小组会议等一系列会议，研究部署生态文明先行示范区建设和体制改革工作。

表1 2014 年以来黔东南州出台的生态文明建设文件一览

序号	文件名称	文号	制发单位	制发日期
1	《黔东南建设生态文明示范州三年行动计划（2014~2017年）》	黔东南党办发〔2014〕32号	州委办、州政府办	2014 年 10 月 9 日
2	《黔东南州"6 个 100 万"绿色生态现代农业工程实施意见》	黔东南府办发〔2015〕3号	州政府办	2015 年 1 月 13 日
3	《黔东南州2015 年生态文明示范州建设实施方案》	黔东南党办通〔2015〕10号	州委、州政府	2015 年 3 月 18 日

续表

序号	文件名称	文号	制发单位	制发日期
4	《关于加强生态建设推进精准扶贫的实施方案》	黔东南党发〔2015〕23号	州委、州政府	2015年12月24日
5	《关于印发〈黔东南州生态环境保护"党政同责"和"一岗双责"责任制〉的通知》	黔东南党通〔2016〕9号	州委、州政府	2016年6月17日
6	《关于深入推进生态环境保护工作的实施意见》	黔东南党发〔2016〕16号	州委、州政府	2016年6月17日
7	《黔东南州深入推进生态文明先行示范区建设实施方案》	黔东南党发〔2016〕17号	州委、州政府	2016年6月17日
8	《黔东南州生态文明体制改革实施方案》	黔东南党发〔2016〕18号	州委、州政府	2016年6月17日
9	《黔东南州2016年生态文明示范州建设实施方案》	黔东南党办通〔2016〕51号	州委办、州政府办	2016年7月21日
10	《关于推动绿色发展建设生态文明的实施意见》	黔东南党发〔2016〕26号	州委、州政府	2016年9月29日
11	《黔东南州大生态战略行动意见》	黔东南党发〔2017〕21号	州委、州政府	2017年7月19日

（二）建立整套运行机制，确保精准推进

建立工作协调机制。成立了以州委、州政府主要领导为主任的黔东南州生态文明建设委员会，统一组织、指挥、协调和督促生态文明建设工作。委员会下设办公室及6个专业工作组，委员会办公室设在州发改委，具体组织实施各项工作；建立健全统筹协调工作机制、部门协作制度、信息通报制度和联合督查制度，各县（市）和成员单位建立相应工作机构，整合资源和力量，强化协同协调，确保各项工作和目标任务顺利落实。

建立资金投入机制。按照《关于建设生态文明示范州的实施意见》的总体部署，逐年加大财政扶持力度，确保地方新增财力的10%~20%用于环境保护和生态文明工程建设。积极创新扶持手段，建立"政府引导、企业为主、市场运作"的多元化融资机制，定期公布鼓励发展的生态产业、环境保护和生态建设项目目录，为生态文明建设提供有力的资金保障和政策支撑。

建立技术保障机制。成立专家指导委员会，并设立专家组，为生态文明建设提供决策咨询和技术支撑，针对生态文明建设过程中存在的问题和不足，提出建设性的意见和建议。生态文明建设委员会办公室下设技术指导组，负责基层生态文明建设过程中的相关技术指导和政策咨询。目前，专家委员会有各方面专家32人。

完善工作考核机制。建立健全生态文明建设考核体系，把生态文明建设任务纳入率先基本实现现代化、宜居黔东南、科学发展评价和县（市）党政主要领导干部政绩考核内容。探索建立自然资源资产离任审计制度，对县（市）主要领导干部进行自然资源资产离任审计。建立生态文明建设重大事项督办制度，州委、州政府对生态文明建设过程中成绩突出的单位和个人给予表彰奖励，对未认真完成目标任务的单位和个人进行通报批评，责令落实整改。

（三）推进重点建设

推进生态经济建设。紧扣《国家生态文明先行示范区建设目标体系》，围绕建设有机大州目标，狠抓无公害、绿色、有机农业园区、现代高效农业产业基地、大健康产业建设，基本建设形成具有黔东南州地方特色、发挥生态优势的绿色经济体系。2016年，全州人均GDP达到26858元，城乡居民收入比为3.33，三次产业增加值比例为19.6∶27.8∶52.6，与2012年相比，经济发展数量上大幅增长，质量上明显优化（见表2）。

表2　黔东南州经济发展质量情况

指标名称	指标值				
	2012年	2013年	2014年	2015年	2016年
人均GDP(元)	14302	16838	20161	23311	26858
城乡居民收入比	3.20	3.67	3.42	3.38	3.33
三次产业增加值比例	20.5∶30.9∶48.7	19.1∶21.4∶50.1	17.7∶30.5∶51.7	20.1∶28.6∶51.2	19.6∶27.8∶52.6

注：本表源于国家生态文明先行示范区建设目标体系，数据依据《黔东南州统计年鉴》（2015年、2013年）、黔东南《领导干部手册》（2016年、2014年、2012年）、历年黔东南州小康进程初步监测。

推进资源能源节约利用。启动土地利用总体规划调整，编制《土地利用总体规划（2006～2020 年）调整方案》，划定城乡建设用地规模边界、扩展边界和禁止建设边界。加强节能环保治理技术研究，促进大气、水、土壤等污染治理技术、产品的开发运用。建立自然资源资产产权制度，成功将锦屏县列为省级自然资源统一确权登记试点。探索建立用能权交易制度、碳排放交易机制，推进碳排放交易市场建设。2016 年，黔东南州耕地保有量指数达 114.46%、单位 GDP 能耗为 0.8846 吨标准煤/万元，能源消费总量为 813.77 万吨标准煤。与 2013 年相比，耕地保有量指标逐年提升，GDP 能耗和能源消费总量逐步下降（见表 3）。

表 3　黔东南州资源能源节约利用情况

指标名称	指标值				
	2012 年	2013 年	2014 年	2015 年	2016 年
耕地保有量（%）	112.29	111.92	112.18	113.49	114.46
GDP 能耗（吨标准煤/万元）	—	1.8089	1.6846	0.9738	0.8846
能源消费总量（万吨标准煤）	—	877.35	934.41	790.30	813.77

注：本表源于国家生态文明先行示范区建设目标体系，数据依据《黔东南州统计年鉴》（2015 年、2013 年）、黔东南《领导干部手册》（2016 年、2014 年、2012 年）、历年黔东南州小康进程初步监测。

推进生态建设与环境保护。深入实施青山、蓝天、碧水、净土和环保能力建设工程，坚守山青、天蓝、水清、地洁四条底线，推进生态系统休养生息、环境污染得到有效治理、生态环境更加安全。加快环境监测系统建设，推进州、县两级环境监测中心站建设，全州 38 家国控、省控重点污染源全面建成污染源在线监控系统。2016 年，森林覆盖率达 66.68%、城镇（乡）供水水源地水质达标率达 100%、城镇（乡）污水集中处理率达 75.72%、城镇（乡）生活垃圾无害化处理率达 71.43%，与 2012 年相比，森林覆盖率等各项指标都大幅扩大（见表 4）。

推进生态文化培育工程。按照普及绿色理念、开展绿色创建、推行绿色生活的要求，积极开展各类绿色创建活动，培育绿色文化、生态道德，使生

表4 黔东南州生态建设与环境保护情况

单位：%

指标名称	指标值				
	2012 年	2013 年	2014 年	2015 年	2016 年
森林覆盖率	62.78	63.44	62.97	65.30	66.68
城镇（乡）供水水源地水质达标率	100	98.00	100	100	100
城镇（乡）污水集中处理率	63.00	77.00	72.30	86.9	75.72
城镇（乡）生活垃圾无害化处理率	7.00	21.00	45.00	80.85	71.43

注：本表源于国家生态文明先行示范区建设目标体系，数据依据《黔东南州统计年鉴》（2015年、2013年）、黔东南《领导干部手册》（2016年、2014年、2012年）、历年黔东南州小康进程初步监测。

态文明成为社会主流价值观。开展绿色生活创建行动，推动全民在生活方面向勤俭节约、绿色低碳、文明健康的方式转变。近年来，生态文明知识普及率、二级及以上能效家电产品市场占有率、党政干部参加生态文明培训的比例等指标均大幅提升，尊重自然、顺应自然、保护自然意识在全社会蔚然成风。

四　黔东南建设生态文明先行示范区面临的挑战

当前，黔东南州经济基础薄弱，还处于工业化和城镇化发展初期，守住发展和生态"两条底线"的任务还很艰巨，生态文明建设还面临诸多方面的挑战。

（一）农村生存发展与生态保护矛盾突出

黔东南州属滇桂黔石漠化集中连片特困地区，贫困面大、贫困程度深，是全国新阶段扶贫攻坚的主战场。在全州16个县市中，有14个国家扶贫开发重点县，占全州16个县市的87.5%，贫困人口73.39万人，贫困发生率为18.87%，是全国贫困人口比例最高的地区之一。长期以来，广大农村群众为建设和保护长江、珠江上游生态屏障，对2850万亩森林实行了严格的禁伐限伐措施，为保护生态环境和两江下游生态安全做出了贡献，却陷入了越是生态保护得好的地方越贫困的"绿色困境"，生存发展与生态保护矛盾突出，严重制约了生态文明先行示范区建设。

（二）粗放型经济模式与绿色发展矛盾突出

黔东南绿色产业有了一定发展，但主要以农业、林业、旅游业等领域绿色产业为主，绿色工业企业少、规模小，产业集聚能力不强，带动性不强，缺乏龙头企业作支撑。经济发展方式粗放，与绿色发展的要求差距大，长此以往，资源环境将不堪重负。

（三）运行机制缺乏与绿色制度创新矛盾突出

生态文明先行示范区建设的约束机制和监督机制还没有完全建立。绿色惠民机制还不够精准，绿色惠民政策带动群众脱贫效果还不够有效。虽然黔东南州在推进绿色制度创新方面取得了一些成效，形成一批改革成果，申请获得一批生态文明改革试点，但是整体上制度创新不足，生态文明改革试点尚未形成典型经验和可复制可推广的改革成果，整体带动效果还不够明显。

（四）生态意识不强与绿色文化建设矛盾突出

黔东南州蕴藏着丰富的生态民族文化资源，有着保存完好的传统农耕文化和民俗，但由于部分地区对原生态文化进行不合理开发，缺乏对民族文化的正确引导，破坏了民族传统文化的整体性，影响了原生态文化的传承和发展，生态文化带动作用还没有得到有效发挥。

五 国内建设生态文明先行示范区的经验借鉴

在国家发展改革委、财政部等六部门公布第一批 55 个地区作为生态文明先行示范区建设地区以来，各示范区积极开展生态文明先行示范区建设。吉林省延边朝鲜族自治州、广西壮族自治区玉林市、甘肃省甘南藏族自治州生态文明先行示范区的建设经验值得学习借鉴。

坚持规划引领。延边州、玉林市、甘南州（以下称"三市州"）都十分重视生态文明先行示范区的相关规划，以规划引导生态文明建设。如延边州编制出台了《延边朝鲜族自治州国家生态文明先行示范区建设实施方案》、玉林市编制实施了《玉林市生态红线区域保护规划》等，以精准指导示范区建设。黔东南州应参照三市州的做法，高标准、高起点做好生态文明先行示范区规划和相关实施方案，提高规划的科学性和实施的精准度。

坚持重点推进。三市州都十分重视生态建设等重点项目建设，推进生态文明发展。如玉林市以重大项目建设为抓手，谋划实施了一批建设项目，涉及绿色新能源、循环利用、城镇污水及垃圾处理设施等多个方面，推进生态经济发展重大项目建设。甘南州全面推进黄河重要水源补给区定居提升改造、山洪地质灾害防治、生态环境综合治理等一大批重点工程项目建设，有力地推进了生态文明建设。黔东南州应参照三市州的做法，进一步谋划和实施好生态文明建设的相关重点项目，以一个个项目的落实，推动生态文明建设。

坚持以点带面。三市州都十分重视生态乡镇、生态村建设，以点带面推动生态文明建设。如延边州推进生态乡村建设，建成了一批国家级、省级生态乡（镇）、生态村。玉林市创建了一批自治区级生态镇、生态村。甘南州也投巨资，建成了一大批生态文明小康村。黔东南州应参照三市州的做法，认真谋划和推进生态乡（镇）、生态村的建设，以生态村建设推进生态乡（镇）建设，以生态乡（镇）建设推进生态县建设，以生态县建设推进黔东南生态文明先行示范区建设。

六 对策建议

按照中共中央办公厅、国务院办公厅印发的《国家生态文明试验区（贵州）实施方案》做出的最新部署和要求，针对黔东南州建设生态文明先行示范区存在的问题，结合学习借鉴其他地区的先进经验，加快黔东南建设生态文明先行示范区应着重做好以下几个方面的工作。

（一）制定绿色规划，引领方向

做好总体规划。在《黔东南生态文明示范州建设规划（2013～2020年）》《黔东南州深入推进生态文明先行示范区建设实施方案》的基础上，加快编制《黔东南建设生态文明先行示范区总体规划》，明确先行示范区建设的总体要求、基本原则、建设范围、建设内容、机制建设等事项，科学划定生态红线，用以引领黔东南生态文明先行示范区建设。

做好分类规划。根据战略定位，编制好《黔东南州建设全国生态补偿示范区规划》《黔东南州建设民族文化旅游发展创新区规划》《黔东南州建设全国承接产业转移与创新示范区规划》《黔东南州建设民族自治地区体制改革先行区与城乡统筹示范区规划》《黔东南州建设民族团结进步繁荣发展示范区规划》等各类示范区规划，以分类指导各类示范区的建设。

做好实施方案。再好的规划，只有付诸实施才有意义。应加快制定各类规划的具体实施方案和推进措施，并落实到一个个具体项目，以具体项目的实施推进生态文明先行示范区建设。

（二）发展绿色经济，提供支撑

坚持绿色发展，着力打造中国有机第一州。围绕建设国家级有机农业示范区和农业标准化示范区"双区"目标，以农地生态化、耕作绿色化、产品特色化、生产标准化、监管信息化为支撑，加快建设山地特色有机农业大州。加快转变农业发展方式，大力发展以农产品保鲜、精深加工为主体的第二产业，加快发展以农业观光旅游、农业物流为主体的第三产业，着力构建"优一接二连三"的山地特色现代农业产业体系、生产体系、经营体系。应全域推动现代高效林业加快发展。充分发挥黔东南州林地资源丰富和人均占有量大的优势，围绕建成西南林产业重要基地，大力发展现代高效林业，着力构建完善的林业生态体系、发达的林业产业体系和繁荣的生态文化体系。立足黔东南州的森林公园、湿地公园、自然保护区、林场等丰富的森林资源优势，规划建设一批各具特色、功能各异的森林康养基地，大力发展森林康养产业。

（三）实施绿色工程，夯实基础

扎实推进绿色屏障建设工程。深入实施青山、蓝天、碧水、净土和环保能力建设五大工程，严格环保执法，着力提高全民绿色意识。全面实施"山水林田湖"生态系统综合修复治理工程，突出抓好"两江一河"生态综合治理，加强石漠化综合治理，实施新一轮退耕还林工程，着力打造雷公山、月亮山生态屏障和"三山三江"生态走廊。加快实施水土流失治理、石漠化治理工程，力争在每个县建成1个以上森林公园和湿地公园，努力建成水生态文明示范区和长江、珠江上游绿色屏障示范区，让绿色成为黔东南亮丽的名片。

开展生态建设示范试点工程。按照《国家生态文明试验区（贵州）实施方案》的部署，整合各部门，按照职责分工推进黔东南州生态文明示范试点工程，并力争纳入国家生态文明试验区集中推进。

扎实推进绿色家园建设工程。将绿色理念深度融入城乡建设各个方面，大力推进城市建筑绿色化、城市水资源节约和循环利用、城市燃料清洁置换、城市绿色交通建设等行动计划。深入实施农村人居环境改善行动，推动社区绿色化、生态化、和谐化发展。加快创建"美丽中国先行区"和全国农村人居环境改善示范州，确保城镇绿色建筑在新建建筑中所占比例达50%以上、城镇的污水处理率达到95%以上、城乡生活垃圾无害化处理率达90%以上。建成一批山水园林城市、绿色生态小镇、宜居宜业宜游美丽乡村、绿色低碳和谐社区。

（四）完善绿色制度，保障动力

扎实推进绿色制度建设。加快创建环境治理体系改革示范区。抓好"五权交易"和"五项金融"制度创新。健全国土空间开发保护制度、资源总量管理和全面节约制度。建立重点生态功能区产业准入负面清单，以实行绿色 GDP 核算、生态文明绩效评价、领导干部自然资源资产离任审计、生态环境损害责任终身追究及"河长制"等机制为重点，科学建立生态环境保护工作评价和问责体系。建立绿色发展开放合作机制，全面推进绿色投资贸易便利化。大力推进生态补偿惠民和绿色金融惠民。加强生态环境地方性法规和政府规章建设，完善环保行政执法与刑事司法衔接联动机制，实现环保督察全覆盖。

建立健全自然资源资产管理体制。《国家生态文明试验区（贵州）实施方案》确定将选择遵义市、黔东南州作为开展国家自然资源资产管理体制改革试点。

建立生态旅游融合发展机制。《国家生态文明试验区（贵州）实施方案》确定在黔东南等生态农业、森林旅游功能区，建立生态旅游资源合作开发机制、市场联合营销机制和协作维护管理机制。积极创建全域旅游示范区、生态旅游示范区。

（五）打造绿色品牌，构筑优势

加强绿色品牌建设。以绿色发展为方向，以打造绿色品牌为目标，大力实施质量、品牌和标准战略，增强绿色发展的自主创新能力，从而为产业转型升级和绿色品牌建设打下坚实基础。

加强政策支持力度。重点优化产业转型升级和绿色品牌建设所需的人才、资金、政策、法制等创新环境，加大企业转型升级政策支持力度，加快突破核心关键技术。鼓励企业加大创新投入力度，形成一批国内外知名的绿色品牌。

（六）营造绿色文化，凝聚共识

提高全民生态文明意识。积极培育生态文化、生态道德，使生态文明成为社会主流价值观。把生态文明教育作为素质教育的重要内容，纳入全州各级各类学校教育和干部教育培训。通过生态文化建设的典型示范、展览展示、岗位创建等形式，广泛动员全民参与生态文明建设，提高公众的节约意识、环保意识、生态意识。

培育绿色生活方式。开展绿色生活行动，推动全民在衣、食、住、行、游等方面加快向勤俭节约、绿色低碳、文明健康的方式转变，坚决抵制和反对各种形式的奢侈浪费、不合理消费。提倡绿色出行、绿色家居、绿色生活，提倡简约适度，反对和限制一次性用品的使用和过度包装。

积极营造全民参与的良好氛围。大力推动建立健全环境公益诉讼制度，对存在污染环境、破坏生态的犯罪行为，有关组织应及时提起公益诉讼。建立和完善公众参与制度，积极引导生态文明建设领域各类社会组织健康有序发展，大力发展生态文明志愿者队伍，充分发挥民间组织和志愿者在生态文明建设和绿色发展中的积极作用，积极营造建设生态文明先行示范区的良好社会氛围。

参考文献

国务院：《关于加快发展节能环保产业的意见》（国发〔2013〕30号）。

中共中央、国务院：《关于加快推进生态文明建设的意见》（中发〔2015〕12号）。

中共中央、国务院：《生态文明体制改革总体方案》（中发〔2015〕25号）。

中共中央办公厅、国务院办公厅：《关于设立统一规范的国家生态文明试验区的意见》，2016年8月22日。

中共中央办公厅、国务院办公厅：《国家生态文明试验区（福建）实施方案》，2016年8月22日。

中共中央办公厅、国务院办公厅：《国家生态文明试验区（江西）实施方案》，2017年10月2日。

中共中央办公厅、国务院办公厅：《国家生态文明试验区（贵州）实施方案》，2017年10月2日。

国家发展改革委、财政部、国土资源部、水利部、农业部、国家林业局：《关于印发国家生态文明先行示范区建设方案（试行）的通知》（发改环资〔2013〕2420号）。

《贵州省人民政府关于印发〈贵州省生态保护红线管理暂行办法〉的通知》（黔府发〔2016〕32号）。

《黔东南生态文明建设示范州规划》，2013 年 4 月 15 日。

李飞跃：《坚定不移贯彻党中央治国理政新思想新战略，牢牢把握打造国内外知名民族文化旅游目的地战略定位，为实现决战脱贫攻坚决胜全面小康的宏伟目标而努力奋斗》，2016 年 12 月 20 日。

黄秋斌：《坚持以脱贫攻坚统揽经济社会发展全局，坚定不移走绿色发展新路子，奋力开创"百姓富、生态美"的黔东南新未来》，2017 年 8 月 26 日。

B.14
黔南州大生态战略行动发展报告

张　可　刘江河　吴思娴*

摘　要：　2018 年黔南州坚守发展和生态"两条底线"，牢固树立"绿水青山就是金山银山"的发展理念，围绕"生态之州·幸福黔南"的战略目标，重点抓好生态文明体制机制创新、绿色屏障建设、绿色发展、生态脱贫、生态旅游等方面的工作，全州生态文明建设取得了明显成效，在取得成绩的同时，还存在加快发展与环境保护之间依然有矛盾、对生态文明建设重视程度不均衡等问题。对此，本报告提出要持续深化生态文明体制机制改革、抓好生态环境污染防治、加大生态系统保护力度、提升绿色发展水平以及实施生态文化工程的对策和建议。

关键词：　黔南　大生态战略行动　机制体制创新　绿色发展

　　牢牢守住发展和生态两条底线，树立"绿水青山就是金山银山"的理念，是新时代生态文明建设向我们提出的重要任务。黔南布依族苗族自治州作为贵州省三个民族自治州之一，具有经济欠发达、生态脆弱的州情和特点，如何在当前经济快速发展的同时保持良好的生态环境，成为黔南州各族人民上下一心、齐抓共管的首要大事。2018 年是脱贫攻坚、决胜全面小康

---

　　* 张可，法学博士，贵州省社会科学院法律研究所副研究员，研究方向：生态文明法治，大数据法；刘江河，黔南州发展改革局环资科工作人员；吴思娴，中共黔南州委政策研究室科员。

的关键之年，黔南州努力打造"生态之州·幸福黔南"，在推进大生态战略行动方面走在了全省前列。

一 黔南州推进大生态战略行动的基本情况

黔南布依族苗族自治州成立于 1956 年，位于贵州省中南部，系大西南通向大华南、大岭南的咽喉要津，既是贵州的南大门，也是贵州南下出海的最近通道。全州下辖 12 个县（市）和一个省级经济开发区，拥有国土面积 2.62 万平方公里，总人口 420 万人（常住人口 326 万人），其中少数民族人口占总人口的 58%。黔南奇峰竞秀、万水争流，催生了荔波喀斯特世界自然遗产地、茂兰世界生物圈保护区、樟江 5A 级风景名胜区，是全国著名的旅游目的地。黔南拥有大小河流 117 条，拥有国家级森林公园 6 个、省级森林公园 5 个。黔南地处云贵高原，系高海拔、低纬度地区，平均气温在 13.6～19.6℃，冬无严寒，夏无酷暑，是纳凉避暑的天堂。①

2018 年，黔南州在州委、州政府的坚强领导下，上下始终坚持以习近平生态文明思想为指导，认真落实中央、省委决策部署，坚守"两条底线"，牢固树立"绿水青山就是金山银山"的发展理念，围绕"生态之州·幸福黔南"的战略目标，以《黔南州贯彻落实〈国家生态文明试验区（贵州）实施方案〉三年行动方案（2018～2020 年)》为重要抓手，聚焦生态文明体制机制创新，狠抓落实，砥砺奋进，经过全州上下的共同努力，黔南州生态文明建设取得了明显成效，生态环境呈现出持续改善的良好局面，全州各族群众切实感受到生态环境质量的积极变化，公众满意度进一步提升，在贵州省排名第 2。

2018 年，黔南州投入各类资金约 40 亿元，实施了污水处理厂建设及提

---

① 黔南州政府办：《黔南布依族苗族自治州州情简介》，中国黔南布依族苗族自治州人民政府门户网站，2017 年 7 月 11 日，http：//www.qiannan.gov.cn/zjqn/qnzgk/201812/t20181226_2124252.html。

标改造、城镇垃圾收运设施建设、农村环境综合整治、都匀茶园水库饮用水源地保护区生活污水处理、12 县（市）饮用水源地自动监测站建设、地表水及空气自动监测站建设、荔波茂兰国家级自然保护区居民搬迁、瓮安青坑园区居民搬迁以及大批环保基础设施建设等重大工程，全州共出动环境执法人员 6000 多人次，检查企业 2500 多家次，下达执法文书 600 多份，立案查处环境违法案件 234 件，处罚金额 2200 多万元，实施限产停产 10 件，查封扣押 18 件，关停取缔企业 4 家，挂牌督办 16 件，移交公安机关办理案件 16件，移交法院强制执行案件 9 件，约谈企业 56 家（71 人次），积极开展"守护多彩贵州 严打环境犯罪"环境执法专项行动，严厉打击重点行业、涉危、涉重领域环境违法犯罪行为。

2018 年，全州森林覆盖率达到 64.2%，居贵州省第 2 位，集中式饮用水水源水质达标率稳定在 100%，重要江河湖泊水功能区水质达标率稳定在100%，纳入国家和省考核的地表水达到或优于 III 类水体比率提升至90.9%，劣 V 类水体全面消除，全州城市建成区无黑臭水体成果持续巩固；通过狠抓城市扬尘治理、大力推进工业企业大气污染防治、抓好机动车尾气治理等措施，对全州 475 个在建建筑工地实施清单化管理，全面完成 51 个扬尘污染防治问题整改，全年淘汰黄标车 1191 辆，注销老旧车 4806 辆。2018 年二氧化硫、氮氧化物排放量分别下降 36.90% 和 48.52%，全州环境空气质量均达到《环境空气质量标准》二级以上标准，空气优良率达到98.7%，同比提升 0.7 个百分点，空气质量位于全省前列；万元 GDP 能耗同比下降 7.84%，单位 GDP 用水量较上年下降 5.03%，全面完成省下达目标。生态文明制度体系进一步健全，全州上下参与生态文明建设的自觉性、主动性显著增强。

二 黔南州生态文明建设的主要做法及成效

2018 年，黔南州紧紧围绕《国家生态文明试验区（贵州）实施方案》（以下简称《方案》）明确的任务，重点抓住生态文明体制机制创新、绿色屏障建设、绿色发展、生态脱贫、生态旅游等几个方面的工作，并取得了明显成效。

（一）不断推动生态文明体制机制创新

黔南州在全省率先建立了生态文明目标评价考核部门协作机制，创造性地推出河长制"派工单"制度，建立了黔南州自然资源资产离任审计专家库制度、黔南州旅游资源保护开发专家论证机制和"1＋2"全州法院环境资源审判制度等。

1. 推进生态环境保护立法工作

2016 年 2 月 29 日，黔南州第十三届人民代表大会第六次会议通过了《黔南布依族苗族自治州古树名木保护条例》，该条例于同年 5 月 27 日获得贵州省第十二届人民代表大会常务委员会第二十二次会议批准；2016 年 8 月 25 日，黔南州第十三届人民代表大会常务委员会第三十四次会议通过了《黔南布依族苗族自治州樟江河流域保护条例》，该条例于同年 11 月 24 日获得贵州省第十二届人民代表大会常务委员会第二十五次会议批准；2017 年 12 月 21 日，黔南州第十四届人民代表大会常务委员会第五次会议通过了《黔南布依族苗族自治州天然林保护条例》，该条例于 2018 年 3 月 30 日获得贵州省第十三届人民代表大会常务委员会第二次会议批准。黔南州启动了《黔南布依族苗族自治州涟江河保护条例》立法工作，为生态环保提供法治保障。

2. 出台生态环境保护政策措施

2018 年，黔南州先后印发实施了《黔南州全面加强生态环境保护坚决打好污染防治攻坚战三年行动方案（2018～2020）》《黔南州农业面源污染防治攻坚战三年行动计划（2018～2020 年）》《黔南州农村生活垃圾治理实施方案（2018～2020 年）》《黔南州打赢蓝天保卫战三年行动计划（2018～2020 年）》《美丽黔南林业提质增效三年行动计划（2018～2020 年）》《黔南州绿色制造三年行动计划（2018～2020 年）》等各项生态环境保护政策文件共 91 个，为生态环境保护提供政策支撑。

3. 加强生态环境司法保障

2018 年，黔南州已初步建立起覆盖全州的 "1 + 2" 环境资源审判体系（州中级人民法院环境资源审判庭 + 荔波县、福泉市人民法院环境资源审判庭），以及打击、防范、保护三措并举，刑事、行政、民事三重保护，司法、行政、公众三方联动的 "三三三" 制生态环境保护检察运行模式（见图 1），为生态环境提供坚强有力的司法保护。[1]

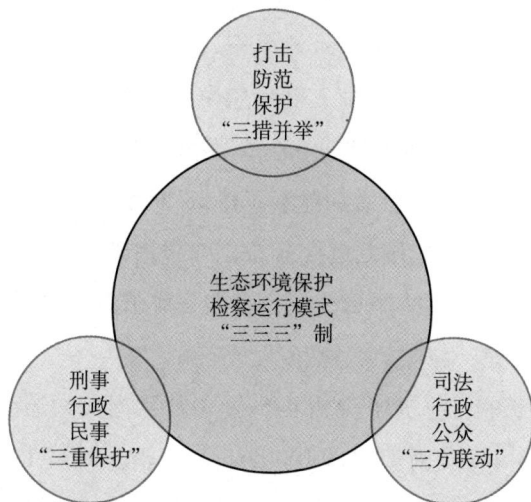

图 1　黔南州 "三三三" 制生态环境保护检察运行模式

4. 建立生态文明考核与追责体系

2018 年，按照《贵州省生态文明建设目标评价考核办法（试行）》要求，黔南州出台了《黔南州生态文明建设目标评价考核办法（试行）》，开展生态文明建设年度目标评价考核，并制定了《黔南州领导干部自然资源资产离任审计实施方案》，开展了长顺、罗甸两县领导干部自然资源资产离任审计，编制完成《黔南州编制自然资源资产负债表工作实施方案》，出台了《黔南州生态环境保护 "党政同责、一岗双责" 实施办法（试行）》，形

---

① 张恒：《用 "检察蓝" 守护 "生态绿"》，《当代贵州》2018 年第 41 期。

成生态环境保护"一票否决、党政同责、一岗双责、终身追责"制度,生态环保责任导向更加鲜明。

(二)生态环境质量方面得到较大程度改善

1. 狠抓生态建设,生态环境优势更加彰显

2018年,黔南州以实施《美丽黔南林业提质增效三年行动计划(2018~2020年)》为抓手,完成营造林91.36万亩,超年度目标任务6.23%,完成森林抚育11.91万亩,超年度目标19.1%,完成工程创面修复面积23.2万平方米,超年度目标任务20.6%;新增刺梨基地18.6万亩,新增特色商品林基地54.8万亩,新增林下种植33.15万亩,新增林下养殖41.99万亩,新增花卉基地2.43万亩,新增森林康养林28.1万亩(见图2)。[①] 森林覆盖率达到64.2%,比上年提升1个百分点,综合治理水土流失、石漠化面积分别为240平方公里和141平方公里,全面完成了贵州省下达的任务指标。

2. 狠抓环境治理,生态环境质量明显改善

深入推行河长制,开展了全州496条(段)河长大巡河活动,2018年全年共出动4200人次,清理河道100余公里,清运垃圾137余吨,有效维护了河湖健康生命。以"一河两江"(瓮安河、重安江、都柳江)为重点,制定《黔南州2018年瓮安河流域环境综合整治攻坚方案》《黔南州2018年度都柳江流域锑污染治理实施方案》《黔南州2018年重安江流域环境综合整治攻坚方案》,全面开展污染源大排查和加密监测,重点加强工程治理和生态治理,瓮安河总磷浓度大幅度下降,稳定在Ⅲ类水质,重安江总磷浓度下降58%,达到Ⅲ类水质,都柳江锑浓度下降30%以上,全州地表水达到或优于Ⅲ类水体比率提升至90.9%,长达20年的劣Ⅴ类水体全面消除,重点流域水质明显改善。

[①] 黔南州林业局:《2018年黔南州林业工作总结及2019年工作打算》,中国黔南布依族苗族自治州人民政府门户网站,2019年3月13日,http://www.qiannan.gov.cn/zwgk/bmxxgkml/zlyj/ghjh_34240/jhzj_34241/201903/t20190313_2301706.html。

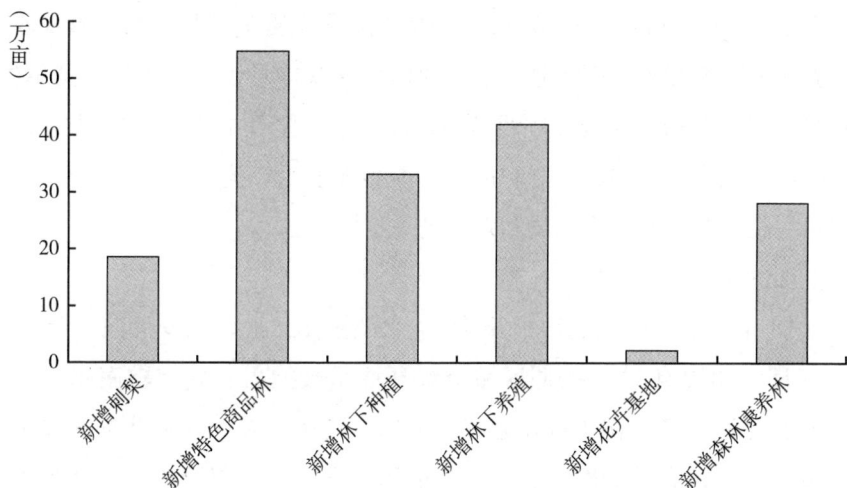

图 2 黔南州 2018 年林业提质增效（新增面积）示意

资料来源：黔南州 2019 年政府工作报告。

3. 狠抓农村环境综合整治，农村面貌发生明显改变

2018 年，黔南州以乡村振兴战略为抓手，全面实施了《黔南州乡镇环境整治三年行动方案（2018～2020）》，共争取资金到位 2208 万元支持农村人居环境整治试点工程建设，完成 56 个建制村农村环境综合整治，建成 34 个乡镇垃圾收运系统项目和 4446 个自然村寨垃圾收运项目。大力实施"厕所革命"，完成 2.61 万户农村户用厕所和 361 座村级公共厕所建设，农村卫生厕所普及率提高至 76%。积极开展农村面源污染治理，全面完成畜禽禁养区调整工作，开展了禁养区内养殖场搬迁、关闭工作，禁养区内退养率实现 100%。开展了网箱养殖整治专项行动，全州共投入资金 1.05 亿元，拆除网箱 5654.96 亩，实现零网箱，全州的城乡环境质量得到明显提升。

（三）绿色发展方面得到进一步提升

1. 加快传统产业改造

2018 年，黔南州大力实施"千企改造"工程，辖区内的瓮福集团获得 2018 年国家级技术创新示范企业，24 家企业入选省级"千企改造"工程

"双百强"企业，28家企业被列入2018年度省级质量品牌试点，惠水西南水泥获得国家级绿色工厂称号，福泉西南水泥获得省级绿色工厂试点单位，瓮福集团绿色制造系统集成项目获得国家工业转型升级资金1000万元，贵定海螺、金正大通过实施智能制造，基本实现全生产流程信息化，磷化工、建材等一批传统企业生产质量和效率进一步提高。

2. 加快绿色工业发展

2018年，黔南州人民政府出台了《黔南州工业绿色发展三年行动计划（2018～2020年)》，按照区域资源环境承载能力，确定黔南州工业发展方向和开发强度，初步构建起特色突出、错位发展、互补互进的绿色工业发展新格局，大健康医药制造、新能源、电子信息制造业、新材料等产业快速发展，2018年全州共打造大数据融合标杆项目7个，培育融合示范项目62个，大数据产值210亿元，大数据与实体经济融合指数由2017年的28提高到32.2。软件和信息服务业收入完成10.18亿元，同比增长95.4%，贵州迦太利华信息科技有限公司被授予2018年度贵州省十佳软件和信息技术服务业企业。高技术产业增加值、装备制造业增加值分别增长25.9%、20.5%，全年战略性新兴产业增加值占规模以上工业增加值比重有望突破15%。

3. 不断夯实生态农业基础

2018年，黔南州全州上下深入实施农业"185提升工程"和绿色农产品"泉涌工程"，茶叶、刺梨、蔬菜、水果、食用菌、中药材六大富民产业规模不断扩大，经济作物占种植业比重提高到70.35%。完成无公害产地认定517.3万亩，占耕地面积的71.93%；新增地理标志产品14个，绿色食品认证9个，有机农产品认证30个；获得驰名商标2个，中华老字号1个，贵州省名牌产品46个，贵州省著名商标50个；"都匀毛尖"荣获中国茶叶区域公用品牌价值十强，生态农业基础不断夯实。

4. 生态旅游业发展卓有成效

依托黔南州生态环境优势，以推进旅游"九大工程"为抓手，大力实施全域旅游战略，"全域旅游、黔南样板"特色更为突出，通过景区提质升级，荔波县大小七孔景区、瓮安草塘千年古邑旅游区、龙里双龙中铁巫山峡谷旅游区等成为旅游新亮点，贵定"金海雪山"景区晋升国家4A级旅游景区，长顺广顺凤凰坝田园综合体项目开工建设，都匀螺丝壳茶旅休闲观光园建成开园。荔波小七孔景区全年接待旅游人数突破340万人次，景区门票收入1.58亿元，进入全国知名景区行列，并荣获2018年中国旅游影响力品牌。

（四）公众满意度大大提升

1. 环境污染突出问题得到有效解决，治理成效逐步显现

2018年，黔南州以中央环保督察、省环保督察、长江经济带生态环境保护审计等查出的问题为导向，大力开展生态环境问题大排查大整治行动。目前中央环保督察反馈黔南州的30个问题，整改完成28个，未完成整改2个（但达到时序进度），整改完成率为93.33%；第二轮省委环保督察反馈的48个问题，已整改完成30个；长江经济带生态环境保护审计反馈黔南州的21个问题，完成整改12个，有9个问题部分完成（达到时序进度）；被国家挂牌督办的5个点位固废露天堆放问题和排查出的12家企业存在环境违法行为，全部完成整改。2018年中央生态环境保护督察"回头看"，黔南州整改工作得到国家督察办和省环保厅肯定，被列入全省两个被免检的市（州）之一，公众对环境整治工作普遍认可。

2. 污染防治攻坚战取得阶段性胜利，生态环境持续向好

污染防治五大战役"水、气、土、废、污"治理取得阶段性胜利。2018年，纳入国家和省考核的地表水达到或优于Ⅲ类水体比率提升至90.9%，劣Ⅴ类水体全面消除，全州城市建成区无黑臭水体成果持续巩固，氧化硫、氮氧化物排放量分别下降36.90%和48.52%，全州森林覆盖率达到64.2%，居全省第2位，集中式饮用水水源水质达标率稳定在100%，重要江河湖泊水功能区水质达标率稳定在100%，县级以上城市空气质量优良天数比率达到98.7%，空气质量位于全省前列。全州各族群众切实感受到生态环境质量的积极变化。

3. 美丽家园建设取得积极进展，幸福黔南更加美丽

以实施《黔南州提升城市品质三年行动计划（2018～2020年）》为抓手，大力实施市政基础设施和公共服务配套，2018年改造完成棚户区房屋3.2万套，建成城镇健康绿道217公里，完成海绵城市项目14个，完成多彩景观林5.29万亩。以乡村振兴战略为抓手，全面实施了《黔南州乡镇环境整治三年行动方案（2018～2020)》，共争取2208万元支持农村人居环境整治试点工程建设，完成56个建制村农村环境综合整治，建成34个乡镇垃圾收运系统项目和4446个自然村寨垃圾收运项目。大力实施"厕所革命"，完成2.61万户农村户用厕所和361座村级公共厕所建设，农村卫生厕所普及率提高至76%。积极开展农村面源污染治理，全面完成畜禽禁养区调整工作，开展了禁养区内养殖场搬迁、关闭工作，禁养区内退养率实现100%。开展了网箱养殖整治专项行动，全州共投入资金1.05亿元，拆除网箱5654.96亩，实现零网箱，全州城乡环境质量得到明显提升。第四届中国绿化博览会绿博园开工建设，瓮安朱家山、龙里生态园、长顺县杜鹃湖获批国家级森林康养基地试点，独山紫林山、都匀青云湖、平塘京舟、荔波兰鼎山获批省级森林康养基地试点。成功创建多彩森林村寨60个，独山县荣获全国森林旅游示范县称号，黔南州荣获贵州省森林城市称号，幸福黔南更加多彩。

4. 厚植生态文明理念，共建共享生态之州

深入开展生态文明宣传教育，以全国节能宣传周、世界环境日、世界水日、贵州生态日等宣传活动为契机，加强保护生态、爱护环境、节约资源宣传教育和知识普及。州委组织部将生态文明理论知识学习纳入全州各级领导干部培训计划，对全州各级干部进行了培训，州教育、民政、工会等单位主动开展了绿色学校、绿色社区、绿色企业等创建活动，人人参与生态文明建设的社会氛围逐步形成；政府采购严格执行"节能产品政府采购清单"，2018年全州公共机构人均能源消耗量降至129千克标准煤，用能效率居全省前列（第2位），政府绿色采购、绿色节能制度基本形成；全年新投放新能源公交车524辆，建成充电桩1300个，城镇每万人口公共交通运量84.11万人次，低碳环保、绿色出行正在成为人们的自觉行动。

三　黔南州生态文明建设的经验和启示

（一）生态文明建设必须坚守"两条底线"和牢固树立"两山论"理念

近年来，随着我国社会经济的快速发展，环境污染和生态破坏较为严重，生态问题日益受到社会各界的重视。在加快经济发展的同时，我们一定要高度重视环境保护和生态文明建设。牢牢守住发展和生态"两条底线"，成为指导黔南州各项工作的中心思想和基本准则。黔南州地处贵州省较为偏远的地区，少数民族人口多、经济长期欠发达是基本州情，同时，森林覆盖率较高、自然原始生态保存较好也是显著的特征。为此，我们在加快经济建设和社会发展的同时，一定要充分知晓和利用这些基本州情，牢固树立"绿水青山就是金山银山"的理念，辩证地看待生态与发展的关系，在做大做强招商引资工作、搞好经济建设发展的同时，时刻不忘对自然生态环境的严格保护。只有这样，黔南州才能获得可持续发展的空间和条件，才有可能充分利用这些得天独厚的自然优势，发展各项绿色产业，并且把这些产业转化为全州人民群众致富的基石，在加快经济建设中保护生态，在维护自然环境中促进发展。事实证明，黔南州各族人民群众在党委、政府的带领下，通过对"两条底线"和"两山论"的深入学习与深刻理解，理顺了发展思路，全州社会经济文化各项事业都得到长足的发展，取得了突出的成就。

（二）生态文明建设必须与法治紧密结合，依靠法治来保障

习近平总书记在全国生态环境保护大会上指出："用最严格制度最严密法治保护生态环境，加快制度创新，强化制度执行，让制度成为刚性的约束和不可触碰的高压线。"① 黔南州生态文明建设的一个突出表现，就是充分

---

① 《习近平：用最严格制度最严密法治保护生态环境》，中国新闻网，2018 年 5 月 23 日，http：//www. chinanews. com/gn/2018/05－23/8520663. shtml。

行使宪法和法律赋予的民族自治地方立法权，通过州人大进行生态文明方面的专项立法。如前所述，2016～2018年，黔南州人大及其常委会先后通过了《黔南布依族苗族自治州古树名木保护条例》《黔南布依族苗族自治州樟江河流域保护条例》《黔南布依族苗族自治州天然林保护条例》三部民族自治地方单行条例，并启动了《黔南布依族苗族自治州涟江河保护条例》的立法前期工作。法治建设是一个系统工程，立法、执法、司法、守法是环环相扣、紧密结合的重要环节，其中立法具有先导性意义和作用。黔南州针对自身特色，对于林木和水域尤为重视，专门立法进行生态保护。在生态文明司法保障方面，黔南州还建立了极具特色的"1+2"环境资源审判体系和"三三三"制生态环保检察运行体系，这样使生态文明法治建设更加专业化、集中化，更加有利于生态司法的有效运行。此外，在生态文明执法方面，注意严格执法，坚决打好污染防治攻坚战。通过黔南州各级各部门对生态文明立法、司法和执法的不断完善与建设，全民守法的意识进一步增强，全州生态文明法治建设迈上了一个新台阶。

（三）生态文明建设最终要与人民福祉紧密关联

习近平总书记指出："良好的生态环境是最公平的公共产品，是最普惠的民生福祉。"① 随着我国进入中国特色社会主义建设新时代，人民群众的生活水平显著提高，人民群众对美好生活的向往更加强烈。良好的自然环境、优质的空气水源，已经成为民生福祉必不可少的重要元素。近年来，黔南州通过推进大生态战略行动，不断加强生态文明建设，大力发展与生态环境密切相关的绿色农业、绿色工业、旅游产业等，使全州的经济社会发展水平不断提升，人民群众的经济收入日益增长，人民群众的获得感和满意度进一步增强。事实证明，只有大力加强生态文明建设，努力提升人民群众的民生福祉，才能真正实现共产党全心全意为人民服务的宗旨。"绿水青山就是

---

① 《学习习总书记重要论述：良好生态环境是最普惠的民生福祉》，人民网，2018年9月21日，http://politics.people.com.cn/n1/2018/0921/c1001-30307963.html。

金山银山"再一次被证明是实践中产生的真理，全州各族人民要牢牢秉持这一生态文明理念，把生态文明建设的最终红利落实到人民身上，分享给群众，最终达到黔南大地"百姓富，生态美"的宏伟蓝图和美好目标。

四 黔南州生态文明建设工作中存在的问题

（一）加快发展与生态环境保护的矛盾仍然存在

总体上看，全州各级干部群众对于生态文明的理念和观念正在逐步确立，生态环境保护意识也在增强。但是实践中还是面临种种困难与压力。部分县（市）能源消费总量增长过快，新增建设用地规模较大、土地利用效率较低的问题还较为突出；部分县（市）在处理发展与生态保护的关系时把握不够精准。此外黔南州还普遍存在城镇污水管网配套不完善，城乡污水集中处理率偏低；农村生活垃圾污染严重，城乡垃圾无害化处理率不高；农业面源污染严重，单位耕地面积农药化肥使用量较大；部分重点流域水环境治理难度大，地表水达到或优于Ⅲ类水体比例较低等问题。

（二）对生态文明建设重视程度不均衡的问题依然存在

部分县（市）还存在思想认识不到位现象，在履职上缺乏主动性。县（市）之间生态文明建设工作成效不平衡，有的县（市）生态文明建设工作较为扎实，各项工作能有序推进；有的地方仅完成基本任务，工作成效不明显。州直部门生态文明建设工作责任意识较高，基本都有专人负责工作落实；县（市）责任落实上还存在薄弱环节，涉及机构、人员和资金的改革创新举措还需加快推进。

（三）生态文明评价考核结果运用落实不到位的问题仍然存在

主要表现在生态文明建设目标评价考核刚性不够，考核结果运用得不好，以绿色发展为导向的"指挥棒"还没有完全建立起来，一些县（市）

抓生态文明建设和环境保护的意识不强、措施不够有力，"重发展轻生态"的政绩观仍不同程度存在。对此黔南州政协十二届四次会议第 255 号提案提出"将生态文明建设工作纳入党政实绩考核范围，生态文明建设工作占党政和主管部门实绩考核比例大于 20%"建议。对于上述问题，我们将采取有效措施，切实加以解决。

（四）部门之间配合协作的机制有待完善

尤其是绿色发展指数调度机制需要加快完善，由州直部门负责监测的绿色发展指标，数据监测效果不佳，存在监测数据反馈不及时，监测反馈数据与省反馈数据不一致，部分指标无监测结果等问题，严重影响了黔南州"绿色发展指数"真实情况。此外，由于生态文明建设工作涉及多个部门，目前多数县（市）尚未建立生态文明建设部门协作机制，解决某些具体问题时部门主动性不强，一些需要多个部门共同完成的任务推进困难，在统筹协调推进生态文明建设方面，还存在短板。

五 黔南州下一步推进大生态战略行动的对策和建议

2019 年是建设国家生态文明试验区的关键之年。按照全州生态文明试验区建设"一年打基础、两年有突破、三年见成效"的工作要求，2019 年全州生态文明建设的具体目标为：森林覆盖率提升至 65%，县级及以上城市环境空气质量优良天数比率高于 98%；集中式饮用水水源地水质达标率保持 100%，重要江河湖泊水功能区水质达标率 100%，持续巩固全面消除劣 V 类水体成果，化学需氧量、氨氮排放量降低率达到 10% 以上，农村卫生厕所普及率达到 78% 以上；在生态文明建设领域形成一批具有黔南特色和影响力的改革成果。

（一）持续深化生态文明体制机制改革

一是继续抓好生态文明体制机制改革任务的落实，抓好《中共黔南州委全面深化改革领导小组中共黔南州委全面依法治州工作领导小组 2019 年工作要点》确定的专项改革任务落实,完成《黔南州贯彻落实〈国家生态文明试验区(贵州)实施方案〉三年行动方案(2018～2020 年)》确定的 2019 年重点工作。二是不断完善生态文明建设推进工作机制,加快理顺州县生态文明建设调度机制,尤其是县级生态文明建设调度牵头部门责任需要进一步明确,强化绿色发展指标动态监测和定期调度,注重监测指标综合分析研判,实行"提醒单"工作制度,及时发现和解决生态文明建设推进中的困难和问题。进一步健全工作生态文明建设部门协作机制,积极与上级对口部门进行沟通联系,对标对表有效对接,努力争取上级的更多支持。三是积极开展生态文明建设经验总结,主动挖掘生态文明建设方面素材,主动发现生态文明建设典型,主动宣传报道生态文明建设工作,对于在推进生态文明建设进程中好做法、好探索,加大提炼总结力度,尽快形成可复制、可推广的示范经验和工作亮点。四是强化生态文明目标评价考核成果运用,坚持把考核结果与干部的评优、选拔任用以及物质奖励有机结合,将生态文明建设工作纳入县(市)党政年度目标考核,充分发挥考核的导向和激励作用,通过目标责任考核结果的充分运用,形成重工作、重实绩选拔干部的良好用人导向,使目标责任考核成为落实生态文明建设工作的强有力推手。

(二)持续抓好生态环境污染防治

一是实施好大气污染防治工程,持续开展城市扬尘污染专项整治行动,强化城市扬尘污染治理,深入开展工业大气污染专项整治行动,加大重点化工区域企业大气污染综合治理,大力开展机动车尾气污染治理行动,严厉打击超载超限和超标排放等违法行为,坚决打赢蓝天保卫战。二是实施好水污染防治工程,深入开展县级集中式饮用水源地突出问题整治专项行动,完成县级及以上集中式饮用水水源地规范化建设,全面推行"河长制",强化江河湖库管护,深入推进"一河两江"(瓮安河、重安江、都柳江)流域污染治理,持续改善流域水质,加快推进县级以上城市备用水源建设项目开工建设，保障群众用水安全。三是实施好土壤污染防治工程，深入开展土壤污染状况详查，稳步推进重金属污染治理及土壤修复项目实施，确保优良耕地得到有效保护。四是加强固体废弃物治理，强化危险废物和废弃危险化学品处置的监督管理，重点解决县（市）渣场渗漏问题，全面落实磷石膏"以用定产"，实现磷石膏产销平衡。五是实施好城乡环境综合治理工程，加快推进县级以上城市垃圾分类工作，深入开展农村环境综合整治提升专项行动，加快推进乡镇生活垃圾收运系统建设，全面推行农村垃圾第三方治理，加快推进垃圾焚烧发电项目建设。

（三）持续加大生态系统保护力度

一是全面落实"三线一单"管控，加大生态保护红线、永久基本农田、城市开发边界管控。国家重点生态功能县严格执行产业准入"负面清单"管理，所有县（市、区）严禁引入危险废弃物再生利用项目。二是加强重要生态功能区域保护，加大自然保护区、湿地公园、国家森林公园、国家风景名胜区等重要生态功能区域保护力度。三是加快推进水土流失、石漠化治理，完成水土流失治理220平方公里、石漠化治理148平方公里。四是加快推进"城市双修"试点工作，加快推进福泉市城市双修建设，重点对破坏的山体和污染的土壤及河流、水体进行生态修复。

（四）持续提升绿色发展水平

一是开展绿色制造体系建设工作，鼓励企业进行绿色系统集成建设，组织园区和企业积极申报国家和省级绿色园区和绿色工厂。二是大力发展特色富民产业，提升茶叶、刺梨、蔬菜、水果、食用菌、中药材六大特色富民产业规模化、生态化、标准化、品牌化水平。三是深入实施全域旅游战略，推动文化和旅游业融合发展，继续抓好重点景区、旅游区提质增效，加快推进都匀第四届中国绿化博览园项目建设。四是继续推动传统产业优化升级，加快淘汰高能耗、高污染的过剩产能，推进一批清洁化生产、循环化改造、资源化综合利用等重点项目建设。

（五）持续实施生态文化工程

一是加强绿色文化引导，大力开展"绿色学校""绿色机关""绿色企业""绿色社区"创建工作，探索推进有利于生态环保的管理制度。二是加强生态文明教育，积极开展保护生态、爱护环境、节约资源的知识普及活动，加快推进全州生态文明志愿者队伍建设，努力传播生态文明建设新理念。三是加强生态文明宣传，组织好全国节能宣传周、世界环境日、世界水日、贵州生态日等活动，强化与媒体合作，充分运用新媒体手段，广泛开展生态文明建设宣传，切实提升全民生态环保意识。

B.15
黔西南州大生态战略行动发展报告

邓小海 甘杰学 夏 雪*

摘 要： 作为贵州省第一个以市为单位的生态文明先行示范区，黔西南州以生态文明统领物质、精神、政治和社会文明，深入推进自然生态、产业生态、生活生态、文化生态、制度生态等方面建设，不断推动大生态战略行动。近年来，黔西南州生态环境不断改善，生态环境监管执法成绩突出，生态文明建设基础不断夯实。在大生态战略行动实施中，黔西南州秉持统筹协调、绿色发展和以人文本，坚持高位推动和体制机制创新，先行先试，积极探索，不断构建全民参与体系。当前，黔西南州大生态战略行动实施中依然存在生态保护"短板"突出、产业结构调整矛盾突出、跨区跨部门环境执法难度大、部分工作落实难等问题，应牢牢树立新时代生态文明发展理念，着力推进生态文明体制机制创新，坚定不移地走生态优先绿色发展之路，补短板、强弱项，打好污染防治攻坚战。

关键词： 黔西南州 大生态 生态文明

当前，加快推进生态文明建设已成为我国提高发展效益和质量、加快经济发展方式转变的内在要求，是促进社会和谐、坚持以人为本的必然选择，

---

* 邓小海，博士，贵州省社会科学院农村发展研究所副研究员，研究方向：旅游经济管理；甘杰学，中共黔西南州委政策研究室干部；夏雪，中共黔西南州委政策研究室干部。

是实现全面建成小康社会、中华民族伟大复兴的必然抉择和重要内容,是维护全球生态安全、积极应对气候变化的重大举措。黔西南州于 2014 年入选成为贵州省唯一以市州为单位的生态文明先行示范区,全州上下积极贯彻总书记关于"守住发展和生态两条底线"的要求,坚持发展是第一要务,生态保护是第一要求,以统筹推进生态文明先行示范区建设为抓手,在优化产业结构、推进经济转型和产业升级、推进生态环境保护,以及创新生态文明体制机制改革方面取得了显著的效果。

一　基本情况

(一)生态环境不断改善

2018 年,黔西南州森林覆盖率提高到 58%,生态建设"四大"工程(青山、碧水、蓝天、净土)加快推进,治理水土流失面积 322 平方公里,治理石漠化面积 206 平方公里,完成营造林 88 万亩,全面清查"两江一湖"网箱。[①] 2018 年,黔西南州空气质量持续向好,中心城市环境空气质量等级为二级,优良天数比例为 100%(优为 73.7%,良为 26.3%),8 个县(市)优良率平均为 99.3%。中心城市环境空气质量综合指数位列贵州省 9 个中心城市第一,为 2.48;8 个县(市)综合指数区间为 2.28~3.01,平均为 2.67。[②]

表1　2018 年 12 月黔西南州各县(市)环境空气质量监测情况

排名	城市	综合指数 (ISUM)	有效监测 天数(天)	AQI 优良 天数(天)	PM2.5 ug/m³	PM10 ug/m³	SO₂ ug/m³	NO₂ ug/m³	CO mg/m³	O₃ ug/m³	AQI 优良率
1	册亨县	2.00	31	31	16	29	4	10	1.2	81	100%
2	兴义市	2.16	31	31	13	30	7	20	1	79	100%
3	安龙县	2.19	31	31	22	35	4	10	0.7	89	100%

① 2019 年黔西南州人民政府工作报告。

② 州环保局:《2018 年度黔西南州环境空气质量通报》,2019 年 4 月 23 日,http://www.qxn.gov.cn/OrgArtView/QxnGov.HBJ/jdjc.1.2/240939.html。

排名	城市	综合指数（ISUM）	有效监测天数（天）	AQI优良天数（天）	PM2.5 ug/m³	PM10 ug/m³	SO₂ ug/m³	NO₂ ug/m³	CO mg/m³	O₃ ug/m³	AQI优良率
4	望谟县	2.26	30	30	16	43	9	16	0.9	67	100%
5	贞丰县	2.30	30	30	17	38	8	12	1.1	90	100%
6	普安县	2.36	31	31	12	28	14	17	1.4	100	100%
7	兴仁市	2.44	31	31	20	29	12	13	1.4	94	100%
8	晴隆县	2.77	31	31	13	25	30	22	2	79	100%
—	全州	2.31	—	—	16	32	11	15	1.2	85	100%
日均值二级标准限值		—	—	—	75	150	150	80	4	160	—
年均值二级标准限值		—	—	—	35	70	60	40	—	—	—

资料来源：州环保局《2018 年度黔西南州环境空气质量通报》，2019 年 4 月 23 日，http：// www. qxn. gov. cn/OrgArtView/QxnGov. HBJ/jdjc. 1. 2/240939. html。

2018 年底，黔西南州地表水环境质量 100% 达标。其中：5 条主要河流地表水环境质量为Ⅰ～Ⅱ类，全部达到国控级别Ⅲ类（见表 2）；湖库水质（万峰湖、国控监测）为Ⅱ类，达到国控水质类别（Ⅲ类）；集中饮用水源地水质达标率 100%，其中地级市水质为Ⅰ～Ⅱ类，县级城镇为Ⅱ～Ⅲ类）。

表 2　2018 年 12 月黔西南州地表水国控断面水质状况

河流	县（市）	断面	级别	实达类别	规定类别	河流类别
南盘江	兴义市	三江口	国控	Ⅱ	Ⅲ	入境河流
	册亨县	蔗香南	国控	Ⅱ	Ⅲ	—
	安龙县	坡脚	国控	Ⅱ	Ⅲ	—
马别河	兴义市	赵家渡	国控	Ⅱ	Ⅲ	—
黄泥河	兴义市	黄泥河	国控	Ⅱ	Ⅲ	入境河流
红水河	望谟县	蔗香红	省控（参照国控监测）	Ⅱ	Ⅲ	出境河流
北盘江	望谟县	蔗香北	国控	Ⅰ	Ⅲ	—
	普安县	岔河口	国控	Ⅰ	Ⅲ	入境河流

资料来源：州环保局《2018 年度黔西南州环境空气质量通报》，2019 年 4 月 23 日，http：// www. qxn. gov. cn/OrgArtView/QxnGov. HBJ/jdjc. 1. 2/240939. html。

2018 年，黔西南州 8 个县（市）以县为单位创建小康社会环保指标统计监测达标率 100%（见表 3）。

表3 2018 年黔西南州创建小康社会环保指标统计情况

序号	县域名称	环境空气质量达标率(AQI法)	环境空气监测点数	月取水量(万吨)	月达标水量(万吨)	水质达标率(水量法)	集中式饮用水源监测点数
1	兴义市	100%	4	722.28	722.28	100%	21
2	兴仁市	100%	1	117.42	117.42	100%	15
3	贞丰县	100%	1	32.18	32.18	100%	7
4	普安县	100%	1	27.31	27.31	100%	14
5	晴隆县	100%	1	44.84	44.84	100%	7
6	安龙县	100%	1	40.60	40.60	100%	4
7	册亨县	100%	1	14.55	14.55	100%	7
8	望谟县	100%	1	45.02	45.02	100%	10
地区汇总		100%	11	1044.20	1044.20	100%	85

资料来源：州环保局《2018 年度黔西南州环境空气质量通报》，2019 年 4 月 23 日，http://www.qxn.gov.cn/OrgArtView/QxnGov.HBJ/jdjc.1.2/240939.html。

（二）生态环境监管执法成绩突出

针对生态环境突出问题，黔西南州深入开展"守护多彩贵州 严打环境犯罪"、"绿盾2018"、长江经济带饮用水源环境保护等专项执法行动，重点打击干扰在线监控设施运行、监测数据作假、违法违规建设、涉危涉重领域污染、饮用水源保护区和自然保护区等环境违法犯罪行为，推动地方经济高质量发展。深入开展"六个一律"环保利剑执法行动，采取"三不放过""五个一批"等措施，2018 年共依法查处环境违法案件186 件，处罚金3896万元。[①] 一大批影响科学发展和损害群众健康的生态环境违法行为受到严厉打击，黔西南州发出了"铁腕治污，不欠新账"的最强音。特别是在2017年全国环境执法大练兵行动中，州环境监察局表现突出，获生态环境部通报表扬，也是贵州省唯一获得表扬的市县级先进集体。

（三）生态文明建设基础不断夯实

一是不断健全生态文明建设体制机制。在成立生态文明建设领导小组的

---

① 黔西南州生态环境局 2018 年工作报告。

基础上，制定了《生态文明体制机制改革实施方案》和《黔西南州生态环境监测网络与机制建设实施计划（2018～2020 年)》，并据此每年印发工作要点。同时，加强环境应急预案编制，完成各类环境应急预案 166 个（包括 49 个州县级专项预案和 117 个企事业单位预案)①，基本形成了政府和企事业单位全覆盖的环境应急预案体系。二是不断织牢生态安全底线。将 26.95% 的国土面积（4095.5 平方公里）划为生态保护红线,② "三线一单"（资源利用上线、环境质量底线、生态红线和环境准入负面清单）形成初步成果，并提出了生态环境战略性保护方案。同时，推动环境影响评价制度与排污许可相互衔接，实施生态环境损害赔偿制度。三是生态文明建设成绩突出。根据贵州省对黔西南州生态文明建设考评考核结果，黔西南州 2017 年度生态文明建设总体情况、国民经济和社会发展规划纲要中确定的资源环境约束性目标以及生态文明建设重大目标任务完成情况总体较好，为贵州省建设国家生态文明试验区起到积极示范作用。经综合评定，黔西南州为优秀等次（排名仅次于贵阳市)。

二 黔西南州大生态战略行动发展的做法

（一）高位推动

1. 成立生态文明建设领导小组

2015 年以来，为确保大生态战略行动的顺利推进，加快生态文明先行示范区建设和体制改革，黔西南州委、州政府多次召开生态文明建设会议，对生态文明建设重点工作进行专题研究，要求全州领导干部进一步增强紧迫感、责任感和自信心，确保完成各项目标任务，将生态文明建设工作纳入州政府绩效目标管理考核，并形成了较为完整的生态文明目标体系和目标责

---

① 黔西南州生态环境局 2018 年工作报告。
② 黔西南州生态环境局 2018 年工作报告。

任。各县（市）、义龙新区建立由党委、政府主要领导共同担任组长的生态文明建设领导小组，构建党委统一领导、政府组织实施、人大和政协监督、部门分工协作、全社会参与的生态文明建设工作格局，凝聚各部门力量，统筹推进各项目标任务，形成强大合力助推生态文明建设，积极保障各项任务圆满完成。

2. 多部门统筹推进

黔西南州制定了《生态文明体制机制改革实施方案》，明确了改革事项、牵头领导、责任主体。成立了以政府领导为组长的生态文明体制机制改革专项小组和专题小组，并分别明确了联络员，各牵头单位负责具体改革举措的落实和实施，第一牵头单位负主要责任，要主动推进、敢于担当、一抓到底，及时报告进展情况和存在问题。对推诿扯皮、贻误改革时机的部门，严格执行问责机制。印发了《中共黔西南州委全面深化改革领导小组中共黔西南州委依法治州工作领导小组 2016 年工作要点》、《中共黔西南州委全面深化改革领导小组中共黔西南州委依法治州工作领导小组 2017 年工作要点》，以及《中共黔西南州委全面深化改革领导小组中共黔西南州委依法治州工作领导小组 2018 年工作要点》，其中 2016 年明确了探索建立生态文明目标体系、推进主体功能区建设试点示范等 6 项改革工作要点，2017 年明确了深入推进水务一体化改革、积极推进生态补偿试点等 25 项改革工作要点。2018 年明确了全面开展生态文明建设目标评价考核、积极推行河长制，以及加快划定并严守生态保护红线等 24 项改革工作要点。各项改革任务明确了各项改革任务的牵头部门、责任单位和完成任务的时间表、路线图。

（二）创新体制机制

良好的体制机制是推进大生态战略行动的重要保障，是环境保护和质量提升、加快生态文明建设的必然选择。黔西南州不断探索实践，构建起了符合区域生态发展的有效体制机制。

1. 建立联席机制

生态文明建设要注重系统性和整体性。为贯彻落实好国家及省关于生态文明建设有关要求及部署，推进黔西南州生态文明建设取得新发展新突破，州委牵头召集生态文明建设相关责任单位建立联席机制，加强沟通协调，推动绿色发展，建设生态文明。根据实际要求多次召开联席会议，听取各责任单位推进生态文明建设工作报告，调度全州生态文明建设工作进展情况，研究解决生态文明建设工作中遇到的重点难点问题，形成推进黔西南州生态文明建设的工作合力。同时，建立了生态文明调度制度，每季度对涉及资源利用、环境治理、环境质量、生态保护、增长质量、绿色生活6个方面49项指标进行调度，并严格落实目标责任。对改革任务落实情况进行跟踪分析和督促检查，正确解读和及时协调解决实施中遇到的问题，重大问题及时向省委、省政府请示报告。

2. 完善考评机制

一是建立健全州内考评机制，严格实行问责制度，将生态文明先行示范区工作纳入县（市）、乡（镇）、园区、部门各级党委、政府及领导干部的政绩考核内容，科学精准评价各级各部门生态文明建设成果。实行党政一把手负总责，一级抓一级，层层抓落实。落实责任，严格奖惩，对生态文明建设做出突出贡献的单位和个人给予表彰奖励；对因行政不作为或作为不当，完不成生态文明建设任务的，严格问责；对决策失误造成重大生态环境事故的，按有关规定追究相关人员责任。二是建立省对州考核工作的联席联动机制和责任机制。一方面，对资源利用、环境治理、环境质量、生态保护、增长质量和绿色生活等6个方面49项绿色发展指数全部落实到部门，明确主要责任人，各有关部门积极向上向下对接黔西南州绿色发展指数测算及排位情况，抓住关键时间节点，密切跟踪落实。2017年度黔西南州绿色发展指数情况普遍较好，经综合测算在贵州省排名第二。另一方面，积极抓好体制机制创新和首创工作。2017年，黔西南州在生态文明建设体制改革中积极先行先试，因地制宜开展自主改革试验和体现地方首创精神的亮点工作。黔西南州各县（市）、义龙新区和州直有关部门积极抓好亮点工作，围绕生态文明建设和体制机制改革重点工作，着力挖掘、培育、提炼工作创新点，打造了一批获得省及国家认可的工作亮点。特别是在创新建立"河长云作战指挥平台"、黄泥河两省三市（州）联合保护机制、探索建立自然资源资产离任审计制度，以及万峰湖湖面养殖网箱清理等方面得到省高度认可。

（三）先行先试，积极探索

积极做好试点示范，推进生态文明建设先行先试，打造生态文明"黔西南模式"。积极抓好南、北盘江，马岭河流域环境保护"河长制"管理机制等试点示范，以生态文明体制改革和建设成果推动黔西南州增总量、调结构、转方式，促进绿色循环低碳发展，提高经济增长的质量和效益，使黔西南州经济社会发展建立在资源可支撑、环境能容纳、生态受保护的基础上，在加快经济社会发展的同时，守住良好的生态环境。

（四）构建全民参与体系

加强舆论引导，提高社会意识，积极构建生态文明全民参与体系。加大生态文明体制机制改革宣传力度，向民众发放环保宣传手册、《中华人民共和国节约能源法》、《贵州省节约能源条例》、《贵州省生态文明建设促进条例》等环保宣传资料，通过集中宣传，广泛传播和弘扬"尊重自然、自觉践行绿色生活"的理念。

三　黔西南州大生态战略行动发展的经验

（一）以统筹协调为手段

1. 形成联合保护机制

国家发布了《云南省曲靖市、贵州省六盘水市、黔西南州关于黄泥河环境保护协同监督工作机制》和《打击破坏黄泥河生态环境违法犯罪行为工作五项联动机制》，这是落实全面推行河长制、共同维护黄泥河流域水生态安全的跨区域协作迈出的第一步具体行动，对于解决黄泥河水环境问题、保障三州（市）水环境安全具有十分重要的意义。

2. 推行"多规合一"

按照省政府和省住建厅对"多规融合"改革试点专题组新的精神和要求，黔西南州进一步编制或修改完善"多规融合"专章规划，兴仁县"多规融合"专章规划，已于2017年2月获得省政府批准而启动实施工作。兴义市万峰林现代服务业集聚开发区"多规融合"专章规划，已完成规划编制成果，待兴义市总规批复后报批。普安县"多规融合"专章规划与其总体规划同步编制完成，已通过州、县城规委会议评审，文本修改完善后报州政府待批。安龙县"多规融合"专章规划已批准实施，册亨县"多规融合"专章规划与该县总体规划同步编制完成，州人民政府已批准实施。兴仁县巴铃镇、普安县江西坡镇"多规融合"专章规划已按县城规委会议评审意见修改完善待批，正在组织编制贞丰县、望谟县和义龙试验区"多规融合"专章规划。2018年，明确兴仁县为试点，完成土地利用规划和城市空间规划深度合一，实现"两规合一"。目前已编制完成《兴仁市中心城区控规"多规合一"研究》，已于2018年3月通过县城规委审查，已按县城规委意见修改完善，待报州城规委审查。

（二）以绿色发展为导向

1. 调整绿色产业结构

积极推动生产方式绿色化和产业结构优化升级，推进循环经济发展，资源综合利用得到提升。一是积极培育一批绿色产业项目。"十二五"以来，培育建成了黔西南州鸿大环保垃圾发电、黔西南州腾翼节能保温墙材等一批具有良好经济效益和社会生态效益的绿色产业企业53家，建成贵州宏源新型墙体材料有限公司年产20万立方加气混凝土砌块生产线项目、贞丰县恒山建材有限责任公司30万立方米石英尾渣加气混凝土砌块生产线项目、兴义市兴筑建材公司年产2亿块煤粉灰蒸压砖生产项目。二是积极打造绿色循环产业园区。以地方电网和优惠电价为支撑，打造以泰龙铁合金集团、博宇铁合金集团、阳光万峰铁合金集团为代表的"新型生态载能循环经济产业园"；将兴义电厂、清水河自备电厂产生的粉煤灰、脱硫石膏、弃渣等固体废物及农作物秸秆、煤矸石、建筑废料再生利用、循环利用、清洁利用、变废利用，打造"新型建材循环经济产业园"；大力推进兴义市清水河新型建材循环经济产业园区、册亨县工业园区、义龙新区红星医药产业园区、普安县工业园区、兴仁工业园区、贞丰县工业园区6个园区进行绿色化、循环化改造，积极申报省级循环化改造园区。三是进一步调整农业产业结构。全州粮经比从原来的7:3调整到目前的3:7，逐步形成以薏仁、茶叶、蔬菜、水果、食用菌、中药材、花卉、芭蕉芋等为主的特色优势产业，逐步具有一定特色和产业基础，同时初步形成集生产、加工、物流、市场、品牌、农旅等于一体的一二三产融合发展的产业链，为促进特色优势资源转变成特色经济资源产生了积极的示范效应。

2. 发展绿色低碳经济

一是积极抓好降碳工作。积极推动降碳重点工程实施，黔西南州在贵州省年度单位地区生产总值二氧化碳排放降低目标考核中获得"优秀"等级，并受到省政府通报表扬。二是积极推进工业领域节能。引导重点企业完成节能技术改造，创建绿色示范园区。共督促全州重点用能企业淘汰落后机电设备308台，淘汰电机功率5560千瓦。三是加快推进新能源开发利用。安龙大秦光伏二三期、总科，普安新店、青山、楼下、磨舍，兴义白碗窑，贞丰上水桥、册亨板万等一批光伏电站并网发电，兴义城市生活垃圾焚烧发电厂项目二期扩建工程完工投产，生活垃圾处理能力达到1200吨/天（装机1.2万千瓦/天），新增光伏发电装机30万千瓦。全州光伏发电装机达到96万千瓦（年发电量11亿度），风力发电装机8.2万千瓦。

3. 建设生态绿色屏障

一是全面推进水污染治理工程。建立水环境监测体系，黔西南州水环境质量持续稳定。全州规模以上入河排污口共有100个，监督性监测工作分枯水期和丰水期两期监测，入河排污口规范化建设已按照要求全部完成。水环境质量稳定保持100%达标，重点河流16个国控、省控地表水监测断面水质优良率达100%，16个县级以上集中式饮用水水源地水质达标率为100%，稳定保持贵州省第一。万峰湖湖面养殖网箱清理力度空前，一湖清水得到最大保护。大力开展清网、清源、清岸、清违"四清"行动，万峰湖、光照湖、平班库区、龙滩库区等水域水产养殖网箱全部拆除，共计拆除网箱837.5万平方米，占贵州省拆除面积2236.3万平方米的37.45%，同时加强后期执法监管，严防网箱养殖反弹，巩固网箱拆除成果。采取"十个结合"工作方针，万峰湖综合整治"清网行动"取得决定性胜利，获得省的表扬和肯定。二是稳步推进大气污染防治工作。十大行业治污减排、城市扬尘污染控制、黄标车老旧车淘汰等措施持续加码，第一阶段大气污染防治行动计划圆满收官。多次组织实施大气污染防治行动计划，推进划定县城禁燃区，启动城市建成区35蒸吨及以下燃煤锅炉淘汰工作。制定完善兴义市中心城市轻中度污染天气管控方案，落实环境空气质量预测预警，提升应对污染天气的能力。建成兴义白碗窑、普安青山等一批光伏新能源发电项目，支持清洁能源发展。关停取缔一批长期超标排放又治污无望企业，坚决守住黔西南州环境空气质量优势。三是积极开展土壤污染防治工作。制定《黔西南州土壤污染防治行动计划实施方案》，实施土地分类管理，落实土壤污染治理与修复项目申报和储备。选取典型区域进行布点监测，全州范围内布设土壤环境质量监测设施建设，建成黔西南州土壤环境质量监测网。开展土壤污染状况详查工作，完成230个重点行业企业遥感信息核查和全州519个单元3113个农用地土壤污染点位详查核定和采样监测。四是全力推进国土绿化工作。黔西南州始终把维持森林安全、构建绿色屏障作为林业建设的重中之重，大力开展绿化造林，注重生态建设，打造青山绿水。全面完成年度退耕还林工程及石漠化综合治理工程任务。全力推进造林绿化示范点建设，加大林业科技苗木的引进、繁育和推广工作，夯实种苗基础，确保造林绿化用苗需要，2017年全州共办造林绿化示范点644个，造林面积达26万亩，2018年完成营造林任务88万亩。

（三）以人的发展为根本

1. 聚焦民生关切

一是聚焦生态环境质量稳定改善。黔西南州环境空气质量连续5年持续改善，2016 年全州城市空气优良率达 99% 以上，综合指数为 2.84，在贵州省综合测评考核中排第 4 位；2017 年空气质量优良率达到 100%，环境空气质量综合指数为 2.51，从 2016 年的贵州省第四位上升到贵州省第一位，各县市城区 PM10、PM2.5 平均浓度达到空气质量改善目标要求，未出现雾霾等重污染天气；2018 年城市环境空气质量优良率继续保持 100%。水环境质量连续 7 年稳定保持 100% 达标。二是聚焦农村人居环境改善。启动农村人居环境"珍珠串链"计划，镇村联动措施有力，新打造一批美丽乡村。黔西南州兴仁县、安龙县、义龙新区共 12 个乡镇于 2016 年被列入贵州省第一批改善农村人居环境示范带试点村，主要开展了垃圾治理工程、污水处理工程、绿化提升工程、道路工程、供水工程、供电及光明工程、农房改造建筑风貌提升工程、传统村落保护工程、数据乡村计划等基础设施建设工作。积极开展兴义市巴结镇南龙村、泥凼镇堵德村、兴仁县巴铃镇百卡村卡噶寨、册亨县丫他镇板万村传统村落保护工作，实现民族文化与建筑特色相统一。

2. 提高全民生态环保意识

一是加强舆论引导和宣传，积极组织世界地球日、世界环境日、世界森林日、世界水日、中国水周、节水宣传周和全国节能宣传周等主题宣传活动，社会环保意识明显提高。二是加强法律服务，增强全社会生态环境保护意识和法治观念。组建了万峰湖环境整治法律服务室，积极为万峰湖库区生态环境治理和保护提供优质的法律服务和有力的法治保障。

四　黔西南州大生态战略行动存在的问题

（一）生态环境保护的短板仍较突出

当前，黔西南州环境质量总体保持优良，但是石漠化严重，生态环境敏感脆弱，一旦破坏将难以修复，生态环境保护的短板仍较突出。同时，黔西南州新型工业化、新型城镇化、农业现代化尚未完成，产业结构、能源结构短期内难以根本改变，加之一些地方存在绿色发展理念树立不够、环保责任不落实、执法监管不严、基层能力不足等问题，推进环境治理和质量改善的任务依然十分繁重，这些问题需要进一步强化措施加以解决。

（二）产业结构调整矛盾突出

黔西南州作为贵州省重要的能源原材料基地，受资源禀赋和发展阶段影响，资源能源消耗水平仍然较高，资源环境瓶颈尚未根本缓解，存在以煤为主的能源消费结构短期内难以改变、主要产品能耗下降空间收窄、工业污染源头治理难度加大、节能环保产业规模偏小创新能力偏弱、促进节能减排的市场化机制不够健全、绿色发展基础工作薄弱等问题与困难。

（三）跨区域跨部门环境执法联动难度较大

虽然黔西南州在组建机构、建章立制、创新模式、联合执法等方面进行了许多积极探索，如万峰湖环境综合整治开启跨区域联合联动执法工作先例等。但是，地区跨界环境污染问题依然存在，万峰湖地跨贵州省黔西南州、云南省曲靖市和广西壮族自治区百色市三市州、五县市，管理主体较多，利益诉求不同，管理的重点和目的差异性较大，导致万峰湖管理上有利互争、有事互推、多头管理、执法交叉现象突出，影响了万峰湖保护治理工作，也影响了环境安全。

（四）部分工作落实困难

一是，"十三五"期间能耗总量目标难以完成。2019～2020年，大唐兴仁电厂、安龙煤电冶一体化热电联产动力车间、贞丰煤电冶一体化热电联产动力车间等高能耗项目将建成投产，将新增用能量620万吨标准煤左右，到2020年，黔西南州能源消费总量将为1600万吨标准煤左右，将远远高于省下达的"十三五"期末883.28万吨标准煤的指标任务。二是，国家和省的一些生态文明建设改革政策措施尚未明确和细化，造成地方推进落实困难。如在健全生态保护补偿机制方面存在以下问题：①国家和省分别于2016年5月和2017年2月出台了健全生态保护补偿机制的意见，但省层面并未同时出台实施办法或实施方案，也没有进一步的工作安排，由于缺乏省级具体政策措施支撑和统筹安排，至今难以贯彻落实。②国家和省在健全生态保护补偿机制的意见中都明确了"推动建立以地方为主、中央财政给予支持的西江滇黔桂粤澳等跨省流域横向生态保护补偿机制，通过资金补偿、对口协作、产业转移、人才培训、共建园区等方式建立横向补偿机制"，财政部、环境保护部、发展改革委、水利部也于2016年12月联合印发了《关于加快建立流域上下游横向生态保护补偿机制的指导意见》，但至今黔西南州财政等相关部门均未收到省级关于建立横向生态保护补偿机制的进一步通知和工作安排，同样无法推进落实。③国家生态保护补偿法律法规尚不健全，《生态保护补偿条例》等政策法规文件仍在制定中，并未正式出台。

五 黔西南州大生态战略行动发展的对策

（一）牢固树立新时代生态文明发展理念

深入学习贯彻党的十九大精神和党中央关于生态环境保护的各项决策部署，全面落实全国生态环境保护大会，以及贵州省生态环境保护大会暨国家生态文明试验区（贵州）建设推进会精神。牢固强化"绿水青山就是金山银山"的意识，切实增强守住两条底线的自觉性和坚定性，筑牢各级党政机关和领导干部绿色政绩观。进一步坚持问题导向，多措并举，健全机制，做实生态环保工作保障，努力补齐生态环境短板，坚决打好、打赢污染防治攻坚战，全面提高黔西南州生态环境质量和绿色发展水平。积极推动习近平生态文明思想在黔西南州落地生根、开花结果。

（二）着力推进生态文明体制机制创新

积极贯彻落实《国家生态文明试验区（贵州）实施方案》，按照《黔西南州生态文明体制机制改革实施方案》《黔西南州贯彻落实〈国家生态文明试验区（贵州）实施方案〉任务分工方案》的要求，积极推进各项改革任务。努力在健全国土空间用途管制制度、完善促进绿色发展市场机制、建立生态环境损害赔偿制度、建立绿色评价考核制度、完善资源总量管理和全面节约制度，以及建立领导干部自然资源资产离任审计制度等方面先试先行，走出有"黔西南州"特色的改革新路子。

（三）坚定不移地走生态优先绿色发展之路

大力构建生态经济体系，坚持生态产业化、产业生态化，以"双千工程"和"万企融合"为主抓手，充分发挥龙头企业和高成长性企业的支撑和带动作用，积极实施 8 户"千企改造"州级龙头企业实施的 8 个项目和 12 户"千企改造"高成长性企业实施的 12 个项目，继续推进 100 个两化融合示范企业改造。深入实施绿色制造三年专项行动，扎实严控高能耗、高污染、高排放行业发展和低水平重复建设，严把项目准入关。加快淘汰落后产能，杜绝过剩产能、落后产能上马，积极发展风能、太阳能等新能源和低碳循环经济，大力推进环保产业发展。加快实施数字经济倍增计划、旅游经济倍增计划和绿色制造、绿色农产品"泉涌"工程、生态扶贫十大工程，启动建设乡村振兴示范工程，制定推动绿色发展价格政策，确保绿色经济占比达到40%。

（四）补短板，强弱项

严格按照中央和省的部署，将大生态建设作为"一把手"工程来抓，要认真总结，深入分析我们的优势、劣势和工作中的差距和不足，好的经验继续发扬，差距和不足要迎头赶上，真正让优势充分展现，让补短板、强弱项有实效。要以问题为导向，明确责任分工，细化目标任务，抓好督促检查，不留死角、对标对本，全面抓好落实。要尽快提升黔西南州环境污染治理能力、危险废物处置能力，以及生态保护管理水平，改变黔西南州生态环境脆弱、产业结构调整矛盾突出的现状，在优化产业结构、推进经济转型和产业升级、实施生态环境保护等方面迈上新的台阶。

继续实施《绿色贵州三年行动计划》和"以树为纲、绿色小康"行动计划，全面治理水土流失和遏制石漠化，增强生态系统防灾减灾能力，着力构筑珠江上游重要生态屏障。加大湿地生态系统的保护和修复力度，实施江河湖泊综合整治，积极开展生态清洁小流域建设，重点推进兴义万峰、安龙招堤、北盘江大峡谷、晴隆光照湖等喀斯特湖泊生态保护与综合治理。探索合理利用自然资源和自然环境的途径，坚决遏制资源破坏，最大限度地保护生物多样性、原生性和特有性，保护生态系统平衡与和谐，努力建设天蓝、地洁、山青、水净的美丽家园。

（五）坚决打好污染防治攻坚战

一是打好碧水保卫战役。加快工业园区、城镇污水处理设施及配套管网建设，加强南北盘江、红水河等重点流域污染防治，坚决取缔水源保护区内的排污口，实行最严格的饮用水源保护区管理制度，确保城乡居民饮水安全。二是打好蓝天保卫战役。实施新一轮大气污染防治计划，进一步加大对建筑工地的管控力度，抓好城市道路交通、矿山扬尘治理，同时，加强机动车、燃煤等污染源治理。深入开展工业企业大气污染综合治理，坚决关停难以通过改造达标的企业，限期治理可以改造达标的企业。确保环境空气质量优良率稳定保持100%，完成省下达的PM10年均浓度下降要求。三是打好净土保卫战役。推进土壤污染防治和生态修复工程，推进农用地土壤污染状况详查，加强农业面源污染防治，合理使用农药、化肥，防治农用薄膜对耕地的污染，加大种养业特别是规模化畜禽养殖污染治理力度，推动绿色化生产。加强绿地、森林、湿地保护，着力改善土壤环境质量。四是打好固废治理战役。强化重点行业原材料消耗管理和"三废"综合利用。提高冶金、电力、医药、化工、建材等重点行业的资源循环利用水平，推进粉煤灰、煤矸石、炉渣、冶炼废渣、建筑废弃物及有机废水综合利用。五是打好乡村环境整治战役。全面启动165个深度贫困村水、电、路、房、寨等"六个小康行动"，推进电网改造升级，实施通信覆盖，整治人居环境，治理生活垃圾，改造卫生厕所，治理生活污水等，全面夯实深度贫困地区基础设施，确保全面实现收入达标、吃穿不愁、饮水安全、教育医疗住房安全得到保障的脱贫目标。六是严格环境监管执法。进一步加大日常监管力度，采取日常巡查、突击检查、随机抽查、鼓励举报等措施，保持严管高压态势。加大惩处力度，综合运用按日计罚、限产限排、停产整治、停业关闭、查封扣押、行政拘留等措施，依法严厉惩处偷排偷放等恶意违法行为。

B.16
贵安新区大生态战略行动发展报告

才海峰　余强　郭杨团*

摘　要：　2014年1月6日，贵安新区被国务院批复设立为第八个国家级新区，承载着西部地区重要经济增长极、内陆开放型经济新高地、生态文明示范区三大战略定位。自贵安新区被赋予建设生态文明示范区的战略使命以来，坚持在以习近平同志为核心的党中央和省委省政府的坚强领导下，牢固树立和贯彻落实生态和发展两条底线，践行"绿水青山就是金山银山"理念，全力保障新区"高端化、绿色化、集约化"的发展道路。贵安新区坚持以打造生产空间集约高效、生活空间宜居适度、生态空间山清水秀的良好环境为发展目标，生态文明建设工作取得重大进展，生态环境质量保持优良。

关键词：　贵安新区　大生态　战略行动

一　基本情况

2014年1月6日，贵安新区被国务院批复设立为第八个国家级新区，承载着西部地区重要经济增长极、内陆开放型经济新高地、生态文明示范区

---

* 才海峰，硕士，贵州省社会科学院民族研究所助理研究员，研究方向：民族社会学；余强，贵安新区党工委管委会办公室秘书四科负责人；郭杨团，贵安新区党工委管委会办公室研究室副科长。

三大战略定位。贵安新区位于贵阳市和安顺市接合部，地处黔中经济区核心位置，规划面积 1795 平方公里（其中直管区 470 平方公里），涉及贵阳、安顺两市所辖 4 市（区）21 个乡镇，现有人口 100 万人，规划到 2030 年达到 260 万人。交通区位优越，生态环境良好，旅游资源丰富，拥有国家级风景名胜区（重点文物保护单位、历史文化名镇）22 处，自然资源丰富，拥有 2626 个山头、14 条河流、131 个湖泊、515 个水塘、219 个地下泉眼[1]。

2018 年新区直管区内环境空气质量指数优良天数比例达 96.7%；地表水环境质量稳定保持在 Ⅲ 类水质以上，集中式饮用水源达标率为 100%，全区森林覆盖率达到 33.09%，森林面积 24.2 万亩，森林蓄积 85.9 万立方米[2]。

二 取得的成效

（一）生态环境质量提升

1. 运用"数字化"手段实现生态环境保护管理

为落实执行"信息强环保"战略，加快推进信息化与环境保护业务工作相融合，将新一代信息技术应用到环保工作中，贵安新区搭建了"数字环保"系统，借助"互联网＋"等先进信息技术丰富管理手段，逐步实现数字化管理。首先，以污染源"一企一档"为数据中心，建立起用于监察执法、环评审批、信访处理、污染源防治设施启停运监管的环境管理平台，同时配套建设手机 App，支持移动端办公和资料流转。其次，根据新区各类规划图，利用 GIS 功能将污染源位置在地图上显示，大大提高了环境影响评价审批、环境监察执法、区域污染防治等工作的效率。再次，随着环境质量自动监测设施的建成，"数字环保"系统还集成了监测数据分析、告警功

---

① 梁盛平：《生态文明与低冲击开发》，社会科学文献出版社，2018，第5页。
② 《贵安新区森林覆盖率达到33.09%》，人民网贵州频道，http://gz.people.com.cn/n2/2018/0228/c371796-3195327.html。

能。最后，建立完整的文件流转 OA 系统，便于文件存档、查找。目前，新区通过负面清单制度否决项目 3 个，涉及总投资 1.8 亿元[①]。

2. 有序推进大气污染防治

首先，全面完成燃煤锅炉淘汰任务，共计淘汰锅炉 54 台 139.5 蒸吨[②]，直管区内现无燃煤锅炉。其次，逐步在新区直管区划定高污染燃料禁燃区，率先在新区综合保税区、高端装备制造产业园两大产业园区推行。再次，全面整治直管区内原有矿山扬尘。对原有 25 处沙石料场规范整治为 14 处，按照管理权限移交 1 处，关闭关停 10 处。最后，2018 年共开展建筑施工扬尘检查 414 次，限期整改 178 个（次）项目，停工整改 2 个（次）项目。

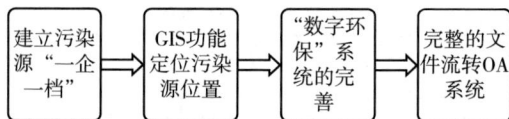

```
┌─────────┐    ┌─────────┐    ┌─────────┐    ┌─────────┐
│建立污染  │    │GIS功能  │    │"数字环   │    │完整的文  │
│源"一企   │ →  │定位污染  │ →  │保"系     │ →  │件流转OA │
│一档"     │    │源位置    │    │统的完    │    │系统      │
└─────────┘    └─────────┘    │善        │    └─────────┘
                               └─────────┘
```

图 1　贵安新区"数字化"生态环保管理示意

资料来源：《贵安新区 2019 年工作报告》。

表 1　贵安新区大气污染治理成效

治理项目	燃煤锅炉淘汰	禁燃区划定	整治矿山扬尘	整治建筑施工扬尘
成效	淘汰锅炉 54 台 139.5 蒸吨	包括新区综合保税区、高端装备制造产业园	规范整治为 14 处，关闭关停 10 处	整改 178 个（次）项目，停工整改 2 个（次）项目

资料来源：贵安新区 2019 年政府工作报告。

3. 深入推进水污染防治

首先，逐步完善基础设施建设。加强污水处理设施及配套管网建设，通过修建污水管网和一体化处理设施，推动部分企业长期超标排污影响

---

① 《十二届省委第三轮巡视整改摘要汇编》，《贵州日报》2019 年 4 月 13 日，http：//szb. gzrbs. com. cn/gzrb/gzrb/rb/20190413/Articel08002JQ. htm。

② 《贵安新区五项措施构建常态化高效化污染防治保障体系》，人民网贵州频道，http：//gz. people. com. cn/n2/2017/0811/c371796 – 30598758. html。

下游水质的问题得到有效解决。其次，河（湖）长制工作成效初显。制定《贵安新区全面推行河长制工作方案》，建立新区、乡（镇）、村三级河长制工作机制，对新区 29 条河流（干流和支流）及 26 座湖库纳入三级河（湖）长工作范围。同时，通过每季度开展水文、水质监测和及时管控，促进新区水环境总体保持良好并有改善。再次，畜禽水产养殖管理日趋规范。全面开展联合排查、整治工作，拆除马场镇七星湖水域 152 口网箱，指导养殖场（户）科学、合理实施粪污资源化利用。建设场区粪污暂存设施，完善场区雨污分流系统，有效纠正长期以来普遍存在的畜禽养殖违法排污行为。

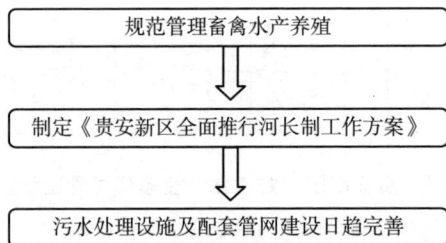

```
┌─────────────────────────────┐
│      规范管理畜禽水产养殖          │
└─────────────────────────────┘
            ↓
┌─────────────────────────────┐
│ 制定《贵安新区全面推行河长制工作方案》│
└─────────────────────────────┘
            ↓
┌─────────────────────────────┐
│   污水处理设施及配套管网建设日趋完善   │
└─────────────────────────────┘
```

图 2　贵安新区水污染防治情况

4. 加强土壤污染防治

首先，完成清理排查工作。出台《贵安新区土壤污染防治工作方案》，对新区重点企业开展实地核实，配合省土壤详查办完成 11 家重点行业企业用地情况调查工作及资料的收集整理提交。其次，耕地基本保护得到强化。完成了新区永久基本农田划定工作，划定永久基本农田 82.2608 万亩。同时，深入推动垃圾分类回收及非正规垃圾堆放处置工作，建成并投入使用 4 座垃圾转运站，完成 170 厂非正规垃圾堆放场 7 万吨存量垃圾清运处理工作，农村生活垃圾无害化处理率达 95%。深入开展"绿色贵安建设三年行动"，高标准集中连片种植大苗苹果，带动农民增收 200 余户，着力助推脱贫攻坚工作。

5. 对中央环境保护督察组反馈问题进行整改

首先，对中央环境保护督察组反馈贵州省意见中涉及新区的 25 个问题，已整改完成 22 个，剩余 3 个问题的整改工作正在扎实推进；其次，针对中央环境保护督察"回头看"转办的 10 件信访件已全部办结；再次，贵安新区针对松柏山水库一级饮用水源保护区房屋搬迁问题，共拆除松柏山水库一级饮用水源保护区房屋 111 栋 5.4 万平方米，彻底清除松柏山水库一级饮用水源保护区污染隐患；最后，贵安新区饮用水源二级保护区内工业企业搬迁关闭大部分企业已达到整改要求，长期存在的违法排污问题得到有效解决。

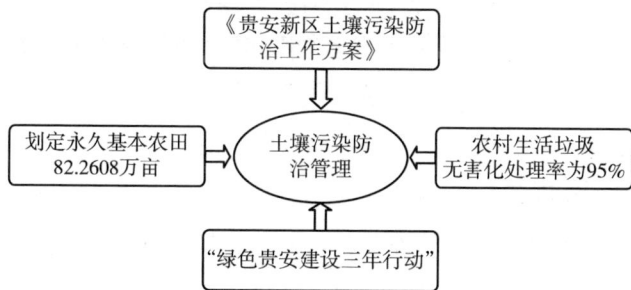

图 3　贵安新区土壤污染防治情况

资料来源：根据《贵安新区 2019 年工作报告》及《贵安新区土壤污染防治工作方案》整理。

（二）践行绿色理念

贵安新区在绿色金融发展路径等方面，已经做出了贵安特色，吸引了国内外绿色金融组织和机构前来调研并考察交流。环保部对外合作中心、农工民主党中央生态环保专委会、国际银行协会、安徽省金融办、山西大同市金融办、湖州银行等都组团来贵安新区调研并考察交流。贵安模式和经验还在中组部司局级领导培训班上成为推动生态文明建设的新型经验和特色做法。

1. 分布式能源项目已经被国务院和中财办确定为国家级绿色金融试点项目

贵安新区分布式能源绿色资产证券化项目成为央行绿色金融典型案例，在中国人民银行组织的绿色金融湖州会议上与建设银行签约 10 亿元绿色资金。随后，贵安新区绿色金融港技术团队继续对该项目进行设计包装申报，使其成为国务院和中财办批准的国家级绿色金融试点项目。人民银行研究局会同七部委于 2018 年 11 月 21 日在山西省长治市召开金融支持清洁供暖试点现场会上联合将贵安经验做推介。这是目前贵州申报成功的第一个国家级绿色金融试点项目。

2. 绿色金融项目设计从规划阶段就将绿色金融的标准和理念带入

目前已经指导设计出了 400 亿元的长江经济带水生态环境保护项目，包括茶马新道项目和贵州水生态保护林业项目。该项目将是全国第一个从项目的规划设计阶段就将绿色金融理念和标准带入并直接与生态文明建设目标挂钩的绿色金融项目设计，项目完成后，预计每年可以减少 1 万吨化肥和农药的入江量，提升长江水质，通过绿色黔货出山出海，完成 100 万以上贫困人口的绿色脱贫致富，并带动 2 万辆电动汽车的使用，以及 350 万亩新增林。

3. 启动贵安新区绿色金融港项目建设

第一期 8.4 万平方米建筑面积已经完成，第二期 84 万平方米建筑面积已经动工，预计 2019 年 10 月将完成绿色金融展览大厅及其他绿色金融建筑群的建设。已经有 22 家绿色金融事业部已经签署了入住合约，预计将会引进 150 家以上绿色金融机构汇聚绿色金融港，在物理载体上形成贵州绿色金融中心，聚合绿色金融机构。目前，正在引进国际国内绿色金融机构落户贵安。

4. 建立绿色金融服务体系

首先，创新绿色金融工具。创新绿色资产证券化贵安新区分布式能源中心绿色项目已被国务院和中财办确定为国家级绿色金融试点项目，这是目前贵州申报成功的第一个国家级绿色金融试点项目，这一项目直接将新区电子信息产业投资有限公司投资建设的两个分布式多能互补能源站未来 15 年的合同收入提前变现融资 10 亿元[①]；该项目包装了两个分布式能源中心进入资产池，每个能源中心的现金流通过精细测算后设计了"5 + 5 + 5"的融资期限，以"滚动融资、滚动开发"的模式，有效降低融资成本；该项目在国内率先采用"1 种清洁能源 + 3 种再生能源"，即天然气 + 水源热泵 + 太阳能

---

① http: //culture. gog. cn/system/2018/12/25/017012932. shtml.

光热＋空气动力储能4种能源的多能互补模式，在提升能源综合利用率的同时减少能源消耗以达到真正的节能减排。其次，创新绿色金融项目设计方法。学习和借鉴了世界银行等国际金融机构设计绿色金融项目的经验和做法，项目设计阶段即引入绿色金融标准和理念以提升绿色项目库质量和储备。最后，明确绿色金融改革创新目标。到2020年，贵安新区争取完成前期规划目标，即绿色融资余额达到1000亿元，全年实现绿色金融业增加值43.5亿元①。

5. 完善绿色金融产业发展支撑体系

首先，建立绿色金融风险管理数据库，设置绿色金融补偿基金，建立全国领先的绿色金融风控体系以加强金融安全建设。构建绿色金融"1＋5"产业发展体系，即绿色金融＋绿色制造、绿色金融＋绿色能源、绿色金融＋绿色建筑、绿色金融＋绿色交通、绿色金融＋绿色消费五大体系，建立绿色金融项目库，入库项目76个②。其次，加快绿色金融机构的聚合和落户，建设西南地区的绿色金融中心。积极推动金融机构在新区建立绿色金融专业机构，目前已有22家金融机构拟入驻新区，形成了省、区及在黔银行、保险、证券和全国性金融机构的多层次立体绿色金融机构体系。积极争取全国性金融机构在贵安设立数据中心，中信银行全国灾备中心、甜橙金融核心节点已落户贵安新区，民生银行灾备中心已签约落户贵安新区。

（三）发挥资源优势，建设生态低碳新区

贵安新区把生态文明建设作为发展的"金钥匙"，秉承"绿水青山就是金山银山"发展理念，高起点高标准谋划产业布局，推动新区低碳绿色发展，将资源优势变成产业优势、经济优势，把绿水青山转化为"金山银山"。

1. 土地资源节约集约利用有效

编制《贵安新区土地利用总体规划（2013～2020）调整完善方案》。完成新区直管区基本农田划定82.2608万亩，编制耕作层剥离利用方案85个，涉

---

① http://culture.gog.cn/system/2018/12/25/017012932.shtml.

② http://culture.gog.cn/system/2018/12/25/017012932.shtml.

及占用耕地 1422.515 公顷。编制"十三五"土地整治规划形成土地整治潜力图。2018 年，新区直管区实施土地整治项目 9 个，建设规模 21309.20 亩，预计建成高标准农田 14505.29 亩，总投资 3898.80 万元。制定《贵安新区绿色矿山规划建设工作方案》，编制矿产资源绿色开发利用方案，督促企业严格落实矿山开采、安全生产、地质环境保护、土地复垦等工作。

2. 海绵城市建设卓有成效

海绵城市试点建设与生态文明示范区建设有机结合，通过对城市雨水径流面源污染的有效控制，构建"源头减排、过程控制、系统治理"体系，试点区域内 9 大类 75 个试点项目，共开工 74 个，完工 23 个，区域面积 6.62 平方公里，累计完成海绵投资 41.33 亿元。新区生态岸线比例达 85% 以上，水面面积由 68 万平方米提高到 268 万平方米①，形成了良好城市蓝绿生态空间，构建了水量、水质三级控制屏障系统，有效防范城市内涝点出现。

3. 绿色发展理念运用覆盖新区建筑全领域

制定《贵安新区直管区绿色建筑管理办法（试行）》，支持建设单位申请绿色建筑设计评价标识。目前，新区已有 44 个项目 367.92 万平方米获得绿色建筑评价标识。着力推广应用绿色建材，要求在新建建筑中采用新型墙体材料，大力发展加气混凝土制品、低辐射镀膜玻璃、断桥隔热门窗等绿色建材。积极推动清洁能源全覆盖，目前已上牌公交车数量 103 辆，投入使用 63 辆，公交清洁能源投入比重 100%；投入使用 50 辆油电混合巡游出租车，投放比重 100%；燃气管网现已完成敷设共计 2392 公里燃气中压管网，覆盖贵安新区各骨干路网及各个产业园。

（四）创新体制机制建设

1. 打造"一论坛"发展平台

以生态文明贵阳国际论坛为依托，创办"国家级新区绿色发展论坛"，联系 19 个国家级新区以完成智库联盟论坛平台的构建。积极筹备国家级新

---

① 《贵安新区：打造生态文明时代新坐标》，http：//www. chinado. cn/? p =6863。

区绿色发展论坛和中国生态文明年会国家级新区绿色金融论坛，搭建国家级新区绿色发展联盟并定期发布国家级新区绿色发展指数报告等研究成果。

2. 实施"双线"集智模式

新时代创新集思广益模式，实施线上线下联动"双集智"。线上通过自媒体实时对国内外推送生态文明建设相关信息，线下编制《绿色贵安》并开展"博士微讲堂"等相关工作。完成《贵安新区发展报告》（蓝皮书）、《贵安新区绿色发展指数报告》（2016）、《绿色再发现》、《山水田园城市实践》（获得教育部人文社会科学研究基金）、《生态文明与低冲击开发》等研究成果。

3. 创新"三联"研究机制

为最广泛联系省内外专家、机构以及新区有关部门，创新提出"三联"研究合作机制（区内部门联席、区外机构联盟、专家学者联谊），探索构建"政产学研资媒用"研究应用创新体系以推进贵安新区生态文明建设。与英国建筑研究院、国务院发展研究中心国研经济研究院等多家机构开展相关合作。

三　主要做法

（一）强化政治责任，坚决履行生态文明示范区建设职责

1. 狠抓责任担当

贵安新区党工委管委会坚持把加强生态环境保护作为加快建成全省战略支撑和重要增长极的重要抓手，将其作为助推"一城一带"建设的重大举措始终摆在重要位置来抓，通过召开党工委会议、中心组学习会，举办"周末大讲堂"专题培训班、专题讲座等方式，及时传达学习中央、省委关于生态环境保护的重要会议、重要文件精神，及时安排部署新区生态环境保护工作，及时研究解决工作中存在的问题和困难。目前，新区共召开30余次会议研究部署、调度有关工作，主要负责同志先后20余次深入现场督查调研，培训党政领导干部120人次，共安排资金3.96亿元解决生态环境保护问题，不断增进人民群众的环保获得感。

2. 狠抓顶层设计

强化规划引领，制定了《贵安新区贯彻落实国家生态文明试验区（贵州）实施方案任务分解方案》，明确了短期发展目标、主要措施等，并及时督促推进各项工作。制定了《贵安新区各级党委、乡镇及相关职能部门生态环境保护责任划分规定（试行）》，细化分解环保责任，基本形成党委统领全局、部门各司其职、齐抓共管生态环境保护的工作格局。同时，采取与各责任单位签订生态环保目标责任书的方式，强化"一票否决"，督促认真履行生态环保责任。及时开展《生态保护红线划定方案》编制工作，统筹新区生态保护与规划建设共同推进，为深入实施"三线一单"管理奠定基础。

3. 狠抓规划引领

首先，编制高标准规划。《贵安新区生态文明建设规划》和《贵安新区环境保护规划》获省人民政府批复，为工作提供重要理论支撑。其次，与清华大学团队合作，建设生态文明数字模型实验室。以实验室办法评估模拟，提出贵安新区生态文明建设的发展建议。通过构建贵安新区生态全息模型、动态数字模型、健康生命模型三个模型进行试验，探索对未来新型生态城市构建。最后，制定《贵安新区生态文明建设三年攻坚行动方案（2018～2020)》，对短期发展目标、主要措施等进行明确规定，为生态文明工作指明方向。

4. 狠抓队伍建设

坚持把加强环保队伍建设摆在重要位置。目前，新区环保部门有 25 人专职负责环保工作，各有关部门、园区、国有企业及乡镇兼职环保工作人员30 名。制定下发了《关于加强贵安新区直管区乡镇环境保护工作力量的通知》，采取以招聘雇员方式充实直管区乡镇环保工作人员，共在直管区 4 个乡镇配备专职生态环保工作人员 6 名，切实保障乡镇生态环境保护工作有人抓、有人管。

（二）厘清目标定位，着力发展绿色经济产业

贵安新区于 2017 年 6 月获批开展绿色金融改革创新，成为全国首批、西南地区唯一获准的国家级试验区。

1. 着力践行绿色招商理念

严格贯彻《贵安新区生态环境负面清单》制度，强化开发建设、招商引资等活动必须符合产业空间布局约束、行业准入限制、环境容量管控、环境质量管控四方面的生态环境准入要求，不符合条件的项目一律不得准入。

2. 着力打造绿色产业园区

坚持低冲击开发模式，将绿色理念融入贵安综保区建设和运营的各个方面，采用建设分布式能源中心、中水回收、房顶绿化等措施，促使园区入驻企业变为以大数据为核心的电子信息绿色环保企业，确保项目投产后减少"三废"产生排放。

3. 着力构建绿色金融政策体系

首先，强化激励机制。制定《贵安新区关于支持绿色金融发展的政策措施》，每年安排 5 亿元绿色发展专项资金支持新区绿色金融发展与绿色产业聚集[①]；对落户贵安新区的机构、绿色金融高级管理人才以及绿色业务开展，根据级别、规模等给予不同的奖励。其次，突出人才引进。在人才引进机制方面，对落户新区的绿色金融理论专家型人才，给予一定数额奖励并在子女教育、医疗保障等方面给予支持。在人才培养培训机制方面，支持高校开展绿色金融相关学科建设。最后，构建绿色金融智库。依托中国人民大学和贵州财经大学在学科建设、人才培养、科学研究等领域的优势，满足贵州省尤其是贵安新区绿色金融迅速发展的需求。

（三）突出风险防控，奋力打好污染防治攻坚战

1. 深入推进大气污染防治

编制《贵安新区高污染燃料禁燃区划定方案》，禁燃区内禁止销售、使用原煤等高污染燃料。联合力量整顿工地施工乱象，严厉打击渣土车、沙石

---

① http：//culture.gog.cn/system/2018/12/25/017012932.shtml.

料车、水泥罐装车抛冒撒漏等行为；加强大气环境监测质量管理，每月在新区环保局官方网站上公开环境质量状况。

2. 深入推进水污染防治

推动新区污水处理设施及配套管网建设，目前污水处理截污工程一期已完工，新区临时行政中心生活污水已排入湖潮污水处理厂，龙山污水处理厂正常投入运行，彻底解决周边园区的污水治理问题，污水处理截污工程二期、核心区污水处理厂越域排放通道正在推进建设中；推动饮用水源保护整治工作，对已拆除松柏山水库饮用水源一级保护区违法建筑，制定《松柏山水库集中式饮用水源一级保护区综合整治项目后期建筑垃圾清运及生态修复方案》并着手实施。继续强化联合执法检查，巩固饮用水源二级保护区内 60 家污染源企业污染整治成果。

3. 深入推进土壤修复和固体废物管理

编制完成《贵安新区土壤污染治理与修复规划》，并按《贵安新区土壤污染防治工作方案》明确工作目标、重点任务，积极开展土壤污染状况详查及监测点位布设工作。

4. 全面推行河长制，完善水治理体系，保障新区水安全

新区全面推行河长制，建立区、乡（镇）、村三级河长体系，实现了辖区 29 条河流、26 座水库及沿岸线的统筹管理。结合贵安新区水智慧平台建设工作，开发贵安新区河长制工作管理平台及水环境保护监督、管理与预测为一体的水环境保护信息平台，在车田河、车田湖等 10 个水环境敏感点布设视频监控点位，实时监督水环境质量和河长制工作落实情况，掌握河湖水质现状及周边污染源分布情况。以 6·18 生态日活动为契机，开展了以巡河为主的"三巡"活动，积极组织各级河长、河湖保洁员、巡河员和民间义务监督员巡河 3900 余人次。

（四）坚持问题导向，扎实抓好中央环境保护督察反馈问题整改

1. 精心组织实施

新区党工委坚持把抓好中央环境保护督察反馈问题整改作为一项重大政

治任务来抓，制定了《贵安新区中央环境保护督察反馈问题整改措施清单》，成立了由新区党工委、管委会主要负责同志任组长的整改工作领导小组，对中央环境保护督察反馈的管网建设、生态修复、环保投入等共性问题进行分解，明确整改目标、责任领导、责任部门、具体责任人、整改时限，采取一个问题、一个专班、一个方案、现场调度、台账管理、信息报送等措施推进整改。目前，中央环境保护督察反馈贵州省意见中涉及新区的 25 个问题，已整改完成 22 个，剩余 3 个问题的整改工作正在扎实推进。中央环境保护督察"回头看"转办的 10 件信访件已全部办结。

2. 狠抓专项整治

根据中央环境保护督察反馈的问题和新区实际，扎实开展重点领域专项整治，一大批长期影响生态环境的历史遗留污染问题得到有效解决，促进整改工作向纵深推进。一是开展松柏山水库环境综合专项整治。制定《贵安新区环境保护百日攻坚行动方案》，先后组织开展了 10 余次多部门联合执法专项行动，安全拆除松柏山生态园等违章建筑。针对松柏山水库一级饮用水源保护区房屋搬迁问题，共拆除松柏山水库一级饮用水源保护区房屋 111 栋 5.4 万平方米，彻底清除松柏山水库一级饮用水源保护区污染隐患。二是开展饮用水源二级保护区内工业企业搬迁关闭专项整治。针对饮用水源二级保护区内排查出来的 60 家涉污企业工业，采取引导转产一批、引进园区一批、整改保留一批、淘汰产能一批、约谈关停一批的做法，"一企一策"制定整改措施，全部进行关闭整改。目前，大部分企业已达到整改要求，长期存在的违法排污问题得到有效解决。三是开展农村面源污染问题专项整治。深入推进新区农村生活污水处理系统建设，建成污水处理设施 31 套，正在推进 11 个行政村（23 个自然寨）农村生活污水收集处理系统建设。同时，根据全国集中式饮用水水源地环境保护专项行动安排，组织实施松柏山水库饮用水源二级保护区 7 个村寨生活垃圾收运及生活污水收集处理，着力彻底解决松柏山水库饮用水源二级保护区农村面源污染隐患。

3. 强化机制建设

一是组织召开贵安新区生态文明建设大会，组织制定涉及环保、生态资金、损害追责等多个领域"1＋N"制度，结合前期出台实施的"1＋9"制度，以及主体功能区划定、畜禽养殖禁限养区划定，新区逐步建立起高标准生态保护体系。二是制定《贵安新区水污染防治行动计划工作方案》《贵安新区土壤污染防治工作实施方案》《贵安新区生态环境保护负面清单制度》《贵安新区生态环境损害党政干部问责暂行办法》等系列制度规定，进一步建立健全生态建设和环境保护长效机制。

四 存在的问题

（一）生态办职能划分不清晰，工作人员落实不到位

贵州省生态文明建设领导小组办公室日常工作及各项工作任务由省发改委承担。贵安新区生态文明建设领导小组办公室设在环保局，由环保局统筹协调新区生态文明建设工作。新区对应省发改委部门为经发局，而环保局上级主管部门为生态环境厅，所以存在工作衔接不畅通的困难，不利于工作及时沟通与调度。目前环保局有 26 个工作人员，在编人员 3 人，其余均为雇员或临聘人员。因人少事多、人员流动性大的客观实际，新区生态办无专职工作人员，工作人员均为各业务部门抽调人员，导致生态文明建设工作推动困难。

（二）缺乏绿色金融专职机构和人员

金融改革创新国家级试验区的落地也给新区生态文明建设和城市现代服务体系建设带来了机遇。但目前新区绿色金融工作由非常设机构绿色金融港管委会工作人员负责，工作人员均为在黔金融机构借调人员，缺乏对绿色金融改革创新工作的组织保障，不利于推动贵安新区绿色金融工作持续健康有序开展。

（三）缺乏绿色项目支持政策

绿色金融项目库建设是整个绿色金融体系的核心。只有整合贵州省所有

绿色项目，才能做大做强贵安新区绿色项目库，才能使贵安新区绿色金融发展有基础。目前，新区缺乏相关政策引导全省绿色项目进入贵安新区绿色项目库，将减缓绿色金融资源进入贵安新区对接全省绿色项目的速度。

五　面临的形势分析与预测

（一）守好发展与生态两条底线面临严峻考验

贵安新区地处长江流域和珠江流域分水岭地带，近93%的面积位于贵阳市主要饮用水源上游，近72%的面积位于红枫湖汇水范围，生态环境十分敏感和脆弱，生态环境尤其是水环境保护任务十分艰巨①。贵安新区成为全省发展战略支撑和重要增长极的战略定位还远未达到，因此贵安新区经济发展尤其是招商引资工作显得尤为紧迫和重要。

（二）污染防治攻坚任务急迫与基础设施建设滞后存在矛盾

随着新区的发展，贵安新区逐步完善了红枫湖、松柏山水库水源保护区的管理，生态水源保护问题得到一定缓解。但农村面源污染等问题随着新区的发展逐步凸显，饮用水源保护工作压力大。贵安新区5座污水处理厂由于配套管网建设时序有个过程，加之一些已建成管网因管理、管道错接断接等问题，污水收集困难，湖潮、马场、龙山等污水处理厂普遍收集量不高，难以稳定运行。

六　下一步工作打算

下一步，新区将全面贯彻党的十九大精神，始终以习近平新时代中国特

---

① 《生态看贵安　贵安环保局鄢钢：加强环境保护　实现"山水田园"贵安》，当代先锋网，http：//www. ddcpc. cn/2017/jr_ 0617/103658. html。

色社会主义思想为指导，在省委、省政府的正确领导下，毫不动摇推进新区生态文明建设工作，始终坚守发展和生态两条底线，全力保障新区高端化、绿色化和集约化的发展道路。

（一）坚持绿色发展制度

首先，坚持绿色产业有序健康发展。持续建设绿色企业、绿色园区，继续推广绿色节能、环保技术，持续引进有代表性的绿色技术（产品），并在新区内进行推广运用。其次，严格招商引资项目把关。新区直管区所有开发建设、招商引资须符合产业空间布局约束、行业准入限制、环境容量管控、环境质量管控四方面生态环境准入要求。最后，积极引导符合条件的企业发行绿色债券。依托新区获批绿色金融改革创新试验区契机，加大政策引导宣传，针对满足债券发行条件的企业，积极引导并帮助发行债券。

（二）积极促进示范项目取得突破

首先，推进新区全域海绵城市建设。扩大海绵城市建设区域，主要道路人行便道、停车场、公园广场等实行透水铺装，建设下凹式绿地和雨水收集设施；建设雨污分流管网，加强雨水收集和资源化利用。其次，加大绿色建筑推广力度。三星级比例不低于10%，且绿色建筑取证率不低于70%，加强推进绿色建筑运营标识的申报工作。最后，提高清洁能源覆盖率。鼓励可再生能源建筑，积极推动住宅的产业化与建筑工业化。加大清洁能源公交、出租投放率，提倡电动私家车，合理配置充电桩及充气站。

（三）坚决打好污染防治五场战役

首先，打好"蓝天保卫战役"。制定实施《贵安新区打赢蓝天保卫战三年行动计划》。持续推进大气污染防治，根据《贵安新区高污染燃料禁燃区划定方案》，2020年前逐步将禁燃区范围扩大至新区直管区全境。其次，打好"碧水保卫战役"。完善水污染防治和河（湖）长制工作。夯实基础设施，推动新区污水处理设施及配套管网建设，加大农村生活污水处理设施覆盖面，提高农村环境污染第三方治理和运维率。完善"河长制"监管与考核机制，推动重点流域水污染综合整治取得成效。再次，打好"净土保卫战役"。持续推进土壤污染详查，在2020年前全面完成新区直管区内土壤污染详查，完成土壤污染治理与修复规划编制及项目库建设。又次，打好"固废治理战役"。推动垃圾分类回收，实施农村人居环境改善行动计划，到2020年实现90%以上行政村生活垃圾得到有效处理。最后，打好"乡村环境整治战役"。推进农村环境综合整治与美丽乡村建设，梯次推进农村生活污水处理，推动有条件的城镇污水管网向周边村庄延伸覆盖。

（四）推进绿色金融改革

首先，切实做好国务院对贵安新区建设绿色金融改革创新试验区考核验收工作。查缺补漏，狠抓落实，确保顺利通过绿色金融改革创新试验区验收。其次，以茶马新道项目为突破口，积极探索绿色金融改革创新工作的"贵安特色"。加快设计符合优势农业产业项目资金需求的综合性金融服务方案，努力探索绿色金融支持绿色农业发展、扶贫及生态环境保护的贵安模式。再次，推动绿色金融交易中心的迁址工作及农村资源产权交易中心的落户。推动设立贵安银行和贵安绿色发展银行。最后，加快推进绿色金融标准体系的出台和绿色金融综合服务平台的建设。加速绿色金融机构聚集，构建贵安绿色金融中心。力争在2019年在贵安国际绿色金融港聚集80家绿色金融机构，形成绿色金融产业的初步集聚。

专题报告

Special Reports

B.17
生态文明贵阳国际论坛十周年：
发展运行、成效经验及未来展望

潘国情 *

摘　要： 生态文明贵阳国际论坛（以下简称"生态论坛"）是经中央批准，中国唯一以生态文明为主题的国家级、国际性高端论坛。习近平总书记分别于 2013 年、2018 年致贺信，2015 年作出重要批示。生态论坛已走过十个年头，取得了举世瞩目的成就，始终贯穿生态文明主题，立足贵州、着眼中国、服务世界，紧扣生态文明建设新理念新论断新要求，积极回应国际社会对生态环保问题的共同关切，推动生态文明理念广泛传播和实践探索，促进生态文明深入交流与务实合作。生态论坛创办以来，多位外国政要、前政要出席论坛，数千名政府官员、诺贝尔奖

---

* 潘国情，贵州民族大学博士研究生，研究方向：民族地区社会治理法治建设研究。

获得者、著名学者、商业领军者、NGO 负责人等各界人士参与，共商应对人类面临挑战的解决方案，形成了一批务实有效的宣言倡议、行业标准、研究报告和箴言良策，促成了一批生态绿色产业项目落地达效。生态论坛已经成为弘扬生态文明理念、推动生态文明实践、传播习近平生态文明思想、引领全球生态文明建设与可持续发展的"知名品牌、著名平台"。

关键词： 生态文明贵阳国际论坛　生态优先　绿色发展

进入 21 世纪以来，随着经济社会快速发展，我国自然资源、生态环保等方面存在的问题日益突出，可持续发展面临严峻的挑战。面对资源约束趋紧、环境污染严重、生态系统退化的严峻形势，党的十七大首次提出建设生态文明，党的十八大把生态文明建设放在更加突出地位，融入经济建设、政治建设、文化建设、社会建设各方面和全过程①；党的十九大将建设生态文明作为中华民族永续发展的千年大计；习近平总书记在全国生态环境大会上强调，生态文明建设是关系中华民族永续发展的根本大计②。贵州抢抓机遇，先行先试，积极探索生态文明建设，着力打造以生态文明为主题的对外交流合作重要平台，于 2009 年 8 月 22 日在贵阳举办首届生态文明贵阳会议。2013 年 1 月，经党中央、国务院同意，外交部批准升格为我国唯一以生态文明为主题的国家级国际性论坛。截至 2018 年，生态论坛已经成功举办十届，升格为国家级国际性论坛五周年。自生态论坛创办以来，100 多个国家和地区、10000 多名中外重要嘉宾、6000 多家企业、200 多家高校（科研机构）、40 多家国际组织和 NGO 负责人参与生态论坛。

---

① 胡锦涛：《坚定不移沿着中国特色社会主义道路前进　为全面建成小康社会而奋斗》，《人民日报》2012 年 11 月 9 日。
② 顾仲阳：《习近平在全国生态环境保护大会上强调坚决打好污染防治攻坚战推动生态文明建设迈上新台阶》，《人民日报》2018 年 5 月 20 日。

"生态环境是人类生存和发展的根基，保护生态环境是全球面临的共同挑战和共同责任。我们要像保护自己的眼睛一样保护生态环境，像对待生命一样对待生态环境，同筑生态文明之基，同走绿色发展之路!"① 习近平总书记在2019年中国北京世界园艺博览会开幕式上再次强调生态文明建设的重要性。十年来，生态论坛始终贯穿生态文明主题，紧扣生态文明建设新理念新论断新部署，积极回应国际社会对生态环保问题的共同关切，推动生态文明与可持续发展理念传播和实践探索，促进国际、国内生态文明领域广泛交流和务实合作。② 如今，生态论坛不仅在国内生态文明建设领域取得了丰厚的成果，同时在国际上也产生了深远的影响，已经成为服务党和国家构建人类命运共同体战略目标的重要载体，引领全球生态文明建设与可持续发展领域的"知名品牌、著名平台"。

一 生态论坛发展运行及特点

（一）高度重视，运行高效

"生态文明建设关乎人类未来，建设绿色家园是各国人民的共同梦想。"③ 习近平总书记在致生态论坛2018年年会贺信中强调，并呼吁国际社会要加强合作、共同努力，推动全球生态文明建设。党中央、国务院高度重视和大力支持生态论坛的发展，特别是习近平总书记十分关心生态论坛的发展和成长，分别向2013年和2018年年会致贺信，2015年对生态论坛发展建设专门作出了重要批示。贵州省委、省政府高度重视生态论坛，成立了高规格的服务保障工作领导小组，实行双组长负责制，主要领导挂帅、谋划、

---

① 杜尚泽等：《习近平出席二○一九年中国北京世界园艺博览会开幕式并发表重要讲话》，《人民日报》2019年4月29日。

② 万秀斌等：《唱响生态文明的"中国声音"——生态文明贵阳国际论坛十年记》，《人民日报》2018年7月10日。

③ 《习近平总书记致生态文明贵阳国际论坛2018年年会贺信》，《人民日报》2018年7月8日。

推动。按照"一轴三轮"的组织架构运行，即在国际咨询委员会提供智力支持下，论坛秘书处主要负责论坛的整体策划及与国际组织加强沟通合作，省服务保障办主要负责综合协调和日常工作，贵阳指挥部提供后勤综合服务保障。国际咨询委员会，是生态论坛的最高级别顾问咨询机构，委员主要由关心和支持生态论坛发展、对生态文明建设有一定建树的国内外知名人士担任，主要包括国内外政要、前政要，知名企业负责人，重要国际组织负责人，著名高校院所负责人等，分别设有中方主席和外方主席。在北京成立生态论坛秘书处，聘请了世界自然保护联盟主席章新胜任生态论坛秘书长，由专业团队负责每年年会的总体策划、对外联络等工作。每届年会的筹备工作由论坛秘书处、省保障办及各工作组、贵阳指挥部、各论坛承办单位密切配合、通力合作，形成了运行高效、组织动员有力的工作保障机制。

表1 党和国家领导人致贺信批示和出席生态论坛活动情况

年度	党和国家领导人致贺信批示和出席生态论坛活动情况
2009	中共中央政治局常委、全国政协主席贾庆林致信祝贺,全国政协副主席郑万通出席会议并致辞
2010	中共中央政治局常委、全国政协主席贾庆林作重要批示,全国政协副主席郑万通出席会议并致辞
2011	中共中央政治局常委、全国政协主席贾庆林作重要批示,全国政协副主席郑万通出席会议并致辞
2012	中共中央政治局常委、全国政协主席贾庆林作重要批示,全国政协副主席李金华出席会议并致辞
2013	中共中央总书记、国家主席习近平向生态论坛致贺信,中共中央政治局常委、国务院副总理张高丽出席会议宣读贺信并发表主旨演讲
2014	国务院总理李克强向生态论坛致贺信,国家副主席李源潮出席会议并发表主旨演讲
2015	中共中央总书记、国家主席习近平对生态论坛年会作出重要批示,全国政协副主席杜青林出席会议传达习近平总书记的重要指示精神,发表主旨演讲
2016	中央政治局常委、全国政协主席俞正声出席会议并发表主旨演讲
2017	原国务委员戴秉国出席会议并发表主旨演讲
2018	中共中央总书记、国家主席习近平向生态论坛致贺信,中央政治局委员、国务院副总理孙春兰宣读贺信并发表主旨演讲

资料来源：根据生态文明贵阳国际论坛2009~2018年年会工作总结整理。

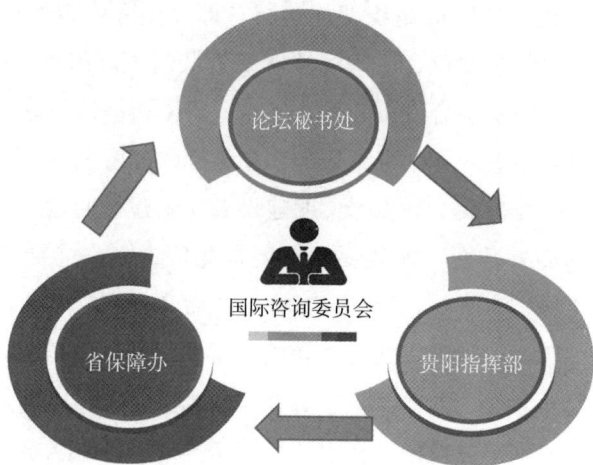

图1 "一轴三轮"高效运行示意

（二）定位高端，主题聚焦

生态文明贵阳国际论坛是经中央批准，我国唯一以生态文明为主题的国家级国际性高端论坛。论坛始终坚持"立足贵州、扎根中国、面向世界"的原则，秉承共商共建共享的开放方针，坚持"既要论起来，又要干起来"的要求，致力于汇聚政府、商界、学界、科技界、媒体、民间及其他各界领军人物广泛开展交流与合作，传播生态文明理念，分享知识经验，汇聚实践案例，抓住绿色发展和转型升级的战略机遇，积极应对生态安全的挑战，为跨领域、跨行业、跨部门合作创造平台，探讨各国关注生态焦点，寻找各方利益汇合点，推动形成国际、地区、产业的议程，共商解决方案。① 生态论坛主题全面聚焦习近平生态文明思想，全面及时收集世界、国家关于生态文明建设领域最新热点、难点问题以及讨论的焦点问题，结合国家生态文明和可持续发展重大方针政策进行充分讨论，最终形成论坛年会的主题和议题。生态论坛始终贯穿"走向生态文明新时代"主题，紧扣生态文明建设新理念新论断新部署，着

---

① https：//baike. baidu. com/item.

力推动生态文明与可持续发展理念传播和实践探索。10 年年会主题关键词变化显示，生态论坛主题紧紧围绕国家生态文明建设目标，扣住绿色发展这条主线，逐年细化深化。从 2009 年"责任"，2010 年"行动"，2011 年"变革"，2012 年"转型"，2013 年"可持续发展"，2014 年"携手"，2015 年"新常态"，2016 年"知行合一"，2017 年"共享"，再到 2018 年的"绿色发展"。[①] 论坛年会的主题和议题越来越聚焦习近平生态文明思想，越来越聚焦新时代生态文明建设，从注重理论探讨到强化推动生态文明实践。

图 2　2009~2018 年年会主题关键词变化

资料来源：根据生态文明贵阳国际论坛 2009~2018 年年会工作总结整理。

图 3　2009~2018 年年会主题

资料来源：根据生态文明贵阳国际论坛 2009~2018 年年会工作总结整理。

（三）中外结合，官民融合

生态论坛从创办之初就受到国际社会的广泛关注和大力支持。如英国、

---

① 北京师范大学：《生态文明贵阳国际论坛 2018 年年会评价报告》，2018 年 12 月，第 1 版，第 8 页。

法国、德国、瑞士、日本、澳大利亚、冰岛、比利时等国家积极参与，并保持长期合作；与联合国开发计划署（UNDP）、联合国教科文组织（UNESCO）、气候组织（TCG）、大自然保护协会（TNC）、国际竹藤组织（INBAR）、联合国工业发展组织（UNIDO）等 40 多个国际组织和非政府组织签订合作协议，几乎涵盖了全球生态自然环境和可持续发展领域顶级国际知名组织。[①] 特别是 2018 年年会，联合国机构、世界自然基金会等多家高端国际组织主动参与会议议题设计，主办或承办相关专题论坛，极大地拓展了生态论坛的国际视野和中外合作。国家相关部委积极支持和指导生态论坛建设，同时中外大学（研究机构）、中外媒体、世界 500 强企业等单位积极支持。如北京大学、清华大学、耶鲁大学、剑桥大学，人民日报社、新华社、中国广播电视总台、美国 CNN、英国 BBC，微软公司、英特尔公司，等等。参加会议嘉宾层次越来越高，会议规模越来越大，外宾人数越来越多。截至 2018 年，年会参加生态论坛嘉宾人数达 1.4 万人，外宾人数 4000

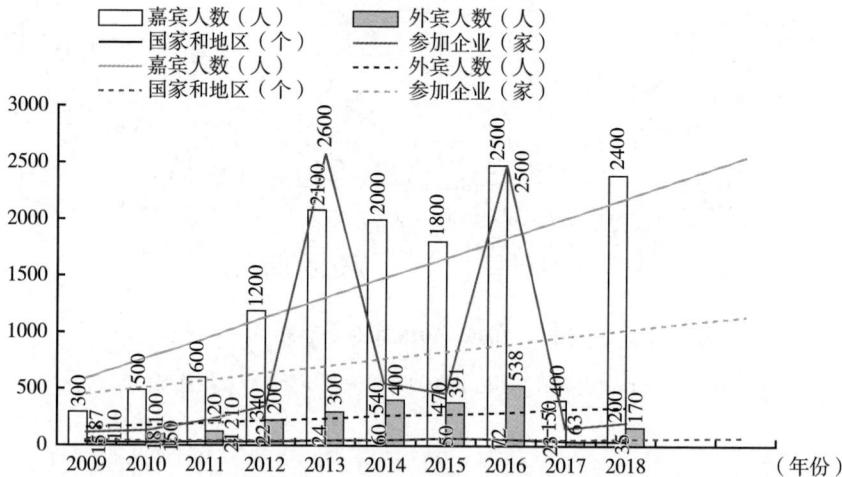

图 4　2009～2018 年年会参会嘉宾人数、外宾人数及国家和地区、企业情况

资料来源：根据生态文明贵阳国际论坛 2009～2018 年年会工作总结整理。

---

① 孙志刚：《让绿色成为新时代发展的厚重底色——在生态文明贵阳国际论坛 2018 年年会开幕式上的致辞》，《贵州日报》2018 年 7 月 8 日。

多人，党和国家领导人出席会议 25 人次，外国首脑（政要）32 人次，企业 6000 多家参加过生态论坛，建立了一种优势互补、协同共生的办会新模式，

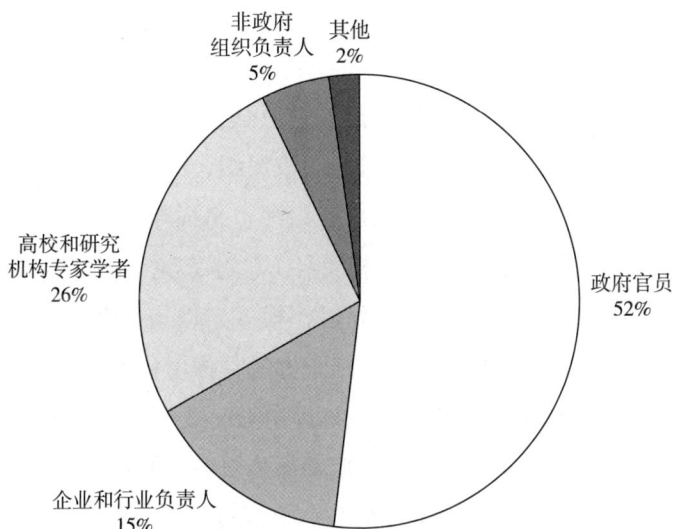

图 5　2009～2018 年年会嘉宾结构

资料来源：根据生态文明贵阳国际论坛 2009～2018 年年会工作总结整理。

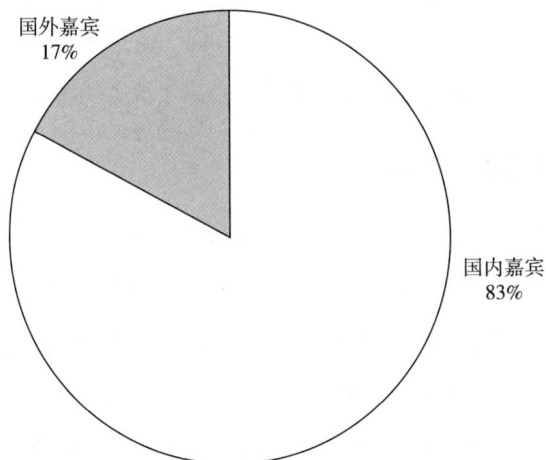

图 6　2009～2018 年年会中外嘉宾比例

资料来源：根据生态文明贵阳国际论坛 2009～2018 年年会工作总结整理。

为官、产、学、民、媒体等搭建了一个思想碰撞、理念互鉴、信息互通、成果共享的开放合作平台，有力推动了全球生态文明建设和绿色发展。

（四）政府主导，市场运作

生态论坛运行成功在于政府主导与市场化运作的高效结合。生态论坛是非官方、非营利性，定期、定址的国际会议组织，论坛年会一般在每年夏季6～7月举行。由于生态论坛还处在成长阶段，每届年会的筹备工作由政府发挥主导作用，组织协调生态论坛相关各方。生态论坛积极探索"政府主导、市场运作、专业办会"的市场化运作模式，以市场化、专业化、国际化、高端化为导向，在后勤保障、论坛承办等具体项目上开展市场运营，采取政府购买服务等方式，由省保障办统筹协调，委托具有办展经验、有实力、专业化的公司机构具体运作。对后勤保障服务能够外包的全部向市场购买服务，按照市场化原则，对会场服务、会展设计、会场布置、展板制作、同声翻译等工作全部面向市场公开招标。筹办会议资金也实行市场化集资，主要有企业出资、公益参与等资金筹集方式。会议通过为企业提供宣传推广服务、搭建合作平台等方式，吸引企业积极参与，主要费用由企业赞助。已经与20多家知名企业建立战略合作伙伴关系。通过市场化运作，生态论坛举办越来越专业化、越来越有国际水准，办出了亮点和特色。

（五）内容丰富，形式多样

生态论坛的内容十分丰富，主要涉及绿色金融、绿色经济、绿色共享、城市低碳转型、企业家战略、全球气候变化、森林碳汇、绿色文明与媒体传播、能源危机、低碳技术、环境权益、生态经济、生态城市规划、大数据及生态与健康、2030年可持续发展议程和《巴黎协定》等社会焦点、热点、难点议题。论坛年会的形式主要有开（闭）幕式、国际咨询委员会等，会议及论坛活动主要包括大讲堂、高峰会、主题论坛、研讨会、国际工作坊、电视峰会、市州分会、主宾省系列活动、国际组织合作签约、绿色博览会、绿色产业发展百人会、绿色产业项目合作签约、生态文明建设示范点观摩、培植生态林、生态文明建设成果展等。论坛年会每年发布《贵阳共识》、生态文明研究成果报告等。据统计，截至2018年，生态论坛共开展了300多场会议及论坛活动，讨论的议题有200多项，达成了一批合作协议，发布多项生态文明研究报告。

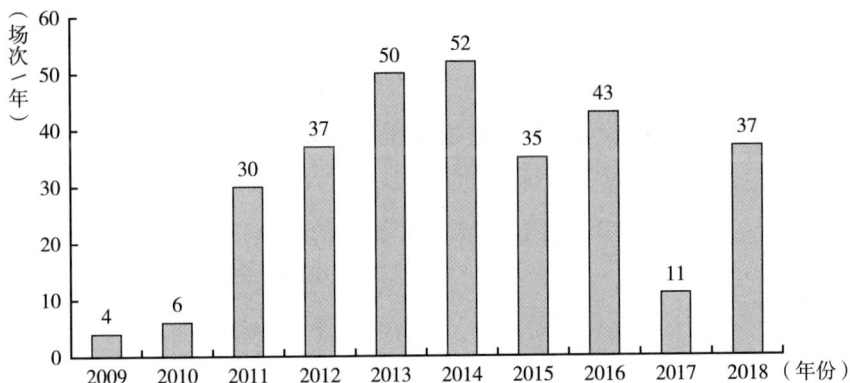

图7　2009~2018年年会开展会议及论坛活动场次情况

资料来源：根据生态文明贵阳国际论坛2009~2018年年会工作总结整理。

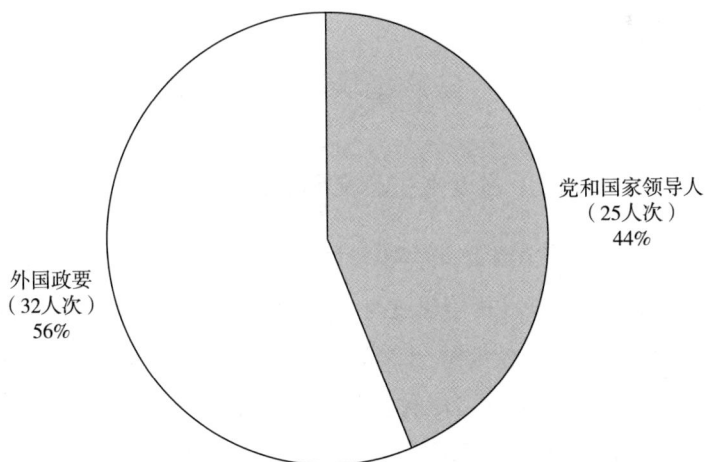

图8　2009~2018年年会中外国家领导人出席情况

资料来源：根据生态文明贵阳国际论坛2009~2018年年会工作总结整理。

（六）创新机制，高效办会

生态论坛始终坚持站位高、标准高、效率高的办会工作要求，在每届论坛年会的筹备工作中，逐步加强规范化、制度化、信息化建设。会前建立日调度制度，随时协调解决问题。会议期间设立现场指挥部，各工作组负责人坐镇指挥，实行强有力的指挥调度。将重点工作分解细化到各个子项，明确责任人、责任单位、完成时限，各项工作管理制度规范上墙。加大对工作推进督导力度，对工作落实不力、进度缓慢的单位和人员进行通报、督促整改。特别是进入会议筹备冲刺阶段，实行"一日一调度、一日一动态、一日一会商、一日一督查"工作机制，严格实行倒排工期、挂图作战、销号管理和红绿灯管理制度。每场活动都制定详尽执行方案，制定相关应急预案，做好应对突发情况的准备工作，确保各项工作有章可循、执行有序。同时充分运用大数据平台，实现对嘉宾信息、来宾注册、主题论坛、会议日程、会场分配、酒店住房调配等的信息化管理。创新运用 App 软件，提供新闻推送、会议日程和会场导视图查询等服务，极大地方便了参会嘉宾，有效提高了生态论坛办会水平和服务水平。

二 生态论坛的主要成效

（一）强劲传播了习近平生态文明思想

习近平总书记向 2013 年年会致贺信，强调"论坛凝聚了国际社会对生态文明建设的共同关注。相信通过与会嘉宾共同努力，会议的成果必将为保护全球生态环境作出积极贡献"[1]；2015 年，视察贵州时习近平总书记指示"要继续办好这个论坛，深化同国际社会在生态环境保护、应对气候变化等领域的交流合作"；2018 年年会习近平总书记再次发来贺信，呼吁

---

[1] 《习近平致生态文明贵阳国际论坛 2013 年年会的贺信》，《人民日报》2013 年 7 月 21 日。

国际社会要加强合作、共同努力，推进全球生态文明建设。① 论坛年会期间，中外嘉宾围绕习近平生态文明思想和生态文明建设前瞻性、引领性、战略性问题开展了深入研讨。"坚持人与自然和谐共生，绿水青山就是金山银山，尊重自然、顺应自然、保护自然，共同建设清洁美丽世界"等生态文明理念已经成为广泛共识。绿色金融是以环境责任为基础、市场为导向、共治为特点的金融，得到金融业界的一致认可。尊崇自然、天人合一，计算碳足迹、建立低碳体系、减少碳排放、实现碳中和等新思想、新观点引发社会各界热议。生态论坛向世界广泛传播了习近平生态文明思想的新理念新观点。

（二）响亮发出了生态文明建设"中国声音"

习近平总书记的两次贺信站在构建人类命运共同体的高度，深刻把握新时代生态文明的深刻内涵和时代规律，精辟阐述了我国推动生态文明建设的重要主张。生态论坛创办以来，俞正声、张高丽、李源潮、孙春兰、杜青林、郑万通等党和国家领导人出席论坛年会并发表主旨演讲，深刻指出中华民族向来尊崇自然、热爱自然，倡导天人合一、厚德载物，强烈呼吁保护生态环境是全球面临的共同挑战和共同责任，各国要共同推动建立公平合理、合作共赢的全球气候治理体系。英国前首相托尼·布莱尔、德国前总理格哈德·施罗德、意大利前总理普罗迪、澳大利亚前总理陆克文等多位外国政要（前政要）出席论坛并发表精彩演讲；联合国原秘书长潘基文连续三年向生态论坛年会发来贺信。现任联合国秘书长安东尼奥·古特雷斯向 2018 年年会发来视频贺词，高度赞扬了我国在建设生态文明、应对气候变化方面展示的坚定态度、采取的务实行动和取得的显著成效，表达了加强国际生态环境保护、绿色发展等领域交流合作的强烈意愿。生态论坛持续向世界发出了生态文明建设的"中国声音"，全面阐明了生态文明建设的"中国理念""中国倡议""中国行动"。

---

① 《习近平向生态文明贵阳国际论坛 2018 年年会致贺信》，《人民日报》2018 年 7 月 8 日。

（三）充分展示了生态文明靓丽"中国名片"

生态论坛不论从嘉宾层次、参会组织数量、办会质量方面，还是在国际国内影响力方面，一届比一届高，一届比一届好，生态论坛"立足贵州、着眼全国、面向国际"的特色更加彰显，论坛的开放性和包容性、吸引力和影响力都显著增强，品牌效应进一步显现。数千名政府官员、商业精英、诺贝尔奖获得者、著名专家学者、民间组织负责人等各界人士参与论坛，共商应对人类面临挑战的解决方案，提出了务实有效的对策措施和建议，达成了生态文明建设重要共识，为建成美丽中国提供了行动指南，为构建人类命运共同体贡献了思想和实践的"中国智慧"。每届生态论坛均发布高质量的《贵阳共识》，倡导生态文明新理念、提出新任务、发出新呼吁，成为引领生态文明新时代潮流。生态论坛日益成为国际社会共同应对全球环境问题的重要平台，贵阳日益成为全球生态文明交流的重要地标，生态论坛将绿色发展这张中国"名片"从贵阳传向世界，不仅为中国走向生态文明新时代指引了方向，也为化解世界环境危机提供了创新性示范，进一步树立了中国在加强生态环保和应对全球气候变化方面负责任的大国形象。

（四）全面提升了"知名品牌、著名平台"影响力

生态论坛紧紧围绕中央关于生态文明建设的新理念新论断新部署，积极回应国际社会对生态环保和可持续发展问题的共同关切，不断丰富完善生态文明建设的"中国表达"，向世界深刻阐述了生态文明建设的"中国智慧"和"中国方案"，打造了一批精品论坛，向社会公众发出"保护生态环境共建美好家园"呼声，如连续举办 5 年的"中瑞对话"论坛已成为中瑞开放合作的重要窗口；"绿色金融""生态文明与反贫困""落实 2030 年可持续发展议程""绿色'一带一路'"等备受世界瞩目。100 多个国家和地区、40 多个国际组织、200 个政府部门及机构、200 多所国内外大学（科研机构）、6000 多家企业参与，10000 多名重要嘉宾参会，围绕 200 多项焦点议题，举办了 300 多场会议及论坛活动，2000 余家国内外媒体深度参与论坛

宣传报道。生态论坛作为交流生态文明建设理念、展示生态文明建设成果的一个长期性、制度性的平台，逐渐成为中国对外开放合作的重要平台，成为分享知识经验、汇集最佳案例、共商解决方案的重要载体，引领全球生态文明建设与可持续发展的"知名品牌、著名平台"品牌形象不断提升。

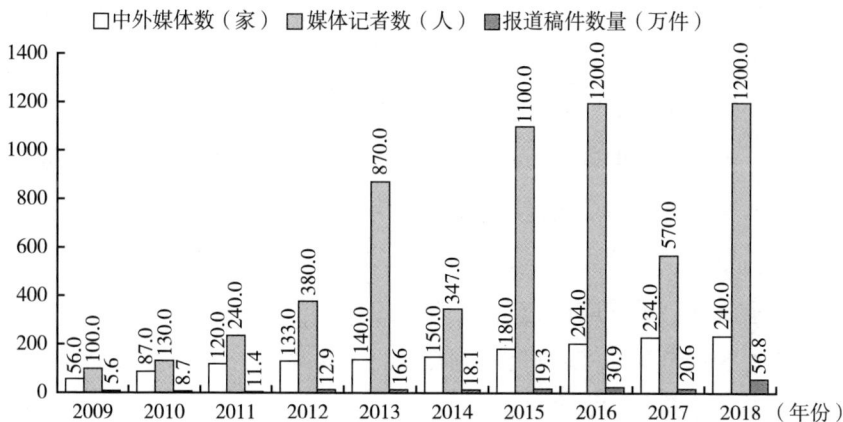

图9　2009~2018年年会媒体参与报道统计

资料来源：根据生态文明贵阳国际论坛2009~2018年年会工作总结整理。

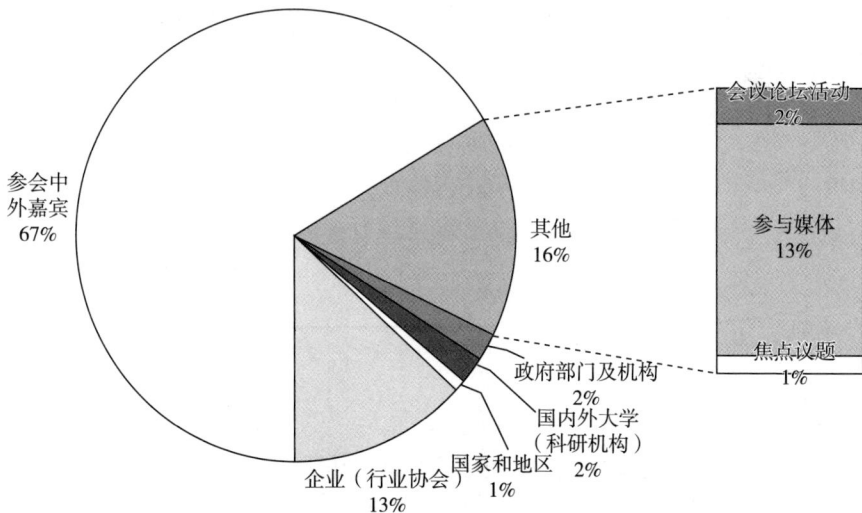

图10　生态论坛品牌影响力分析

资料来源：根据生态文明贵阳国际论坛2009~2018年年会工作总结整理。

（五）有力促进了贵州"国家生态文明试验区"建设

生态论坛作为全面推进国家生态文明试验区建设的重要抓手和深化与国际生态文明交流合作的重要载体，始终坚持"论""干"结合、务实合作，全面深入贯彻落实习近平生态文明思想，统筹"五个结合"（即大生态与大扶贫、大数据、大旅游、大健康、大开放相结合）。通过举办一系列的高峰论坛、主题论坛等活动，充分吸收中外嘉宾对生态文明建设提出的新理念和务实举措，不断创新推进贵州生态文明实践。通过举办生态文明成果展、邀请国内外嘉宾参观生态文明建设示范点、培植生态林、举办绿博会等一系列特色活动，全方位宣传贵州守好发展和生态"两条底线"，展示贵州生态文明建设和经济社会发展取得的成就，有力地提升了贵州的对外形象，促成贵州与多个地区和组织、多家知名企业签订了一系列战略合作协议和生态产业项目，发布了如《全国森林城市发展规划》《一带一路生态文明评级报告》等一批具有权威性、科学性、标志性的成果和研究报告，为全国生态文明建设创造了一批可复制、可推广的贵州方案、贵州经验。据统计，2009～2018年年会期间全省共签约生态合作项目近 400 个，签约项目资金达 4000 多亿

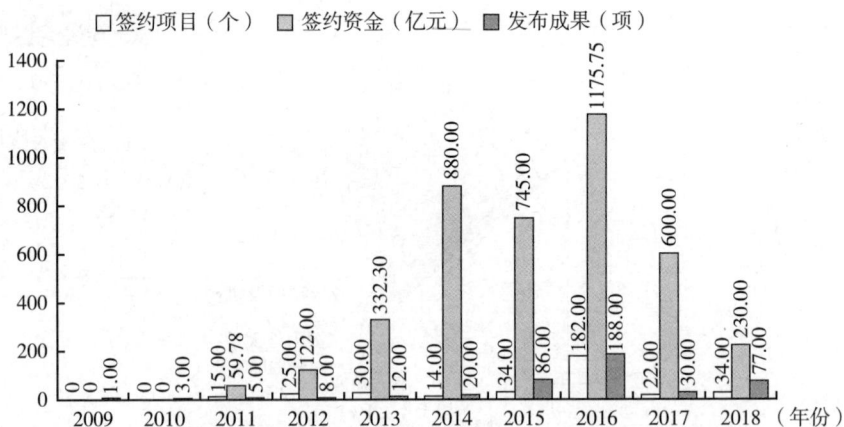

图 11　2009～2018 年生态论坛签约项目、资金及发布成果情况

资料来源：根据生态文明贵阳国际论坛 2009～2018 年年会工作总结整理。

元，发布400多项生态文明研究成果，为贵州经济社会后发赶超、高质量发展注入强大动力。

三　生态论坛的经验启示

（一）强有力的组织领导是关键

生态论坛的快速发展和茁壮成长，得益于党中央、国务院的高度重视，归功于国家相关部委和上级部门的全力支持和指导。每届生态论坛的成功精彩举办，归功于省委、省政府的坚强领导、统筹指挥。论坛的精心筹备，离不开省保障办及各工作组、论坛秘书处、贵阳指挥部、省有关单位和相关市州的通力协作和青年志愿者的热心服务，离不开安全保障部门的全力维护秩序。有序有力的组织领导和运行高效的办会机制是生态论坛成功举办的关键。

（二）议题设计和嘉宾邀请是核心

生态论坛年会主题议题的选择和优化十分重要，关系到嘉宾邀请和论坛成功精彩的举办。主题和议题要围绕习近平生态文明思想，以议题引导论坛的方向，紧扣全球生态文明建设关注的热点焦点问题，探索有效解决途径和方案。要特别注重邀请在生态文明领域有较高权威、享有较高声誉和社会影响力的国内外知名领军人物，创新论坛研讨形式，增加台上台下互动环节，让重要嘉宾参与主持主题论坛的各项活动，通过他们的发言、演讲和讨论，吸引大众关注，引领舆论导向，形成新闻报道热点和社会关注焦点，不断提升论坛层次和国际影响力。

（三）"论""干"结合和务实合作是目标

坚持"论"要高得上去，即论的层次要高、质量要高、效率要高，

"干"要实得下来，将理论和实践的有机结合，把思想力量转化成推动发展的现实力量，促进生态文明和经济社会发展。要围绕"一带一路"倡议、"长江经济带"建设等国家生态文明重大战略部署，紧扣党的十九大对生态文明建设的重要论述和目标要求，邀请国内外知名专家学者深度讲解，才能形成话题热点亮点，引领国际生态文明建设话语权。要更加注重企业与地方合作，特别注重邀请国家部委领导、知名企业主要负责人等，深入贵州各地开展实地调研，让他们更深入贵州、了解贵州、支持贵州。论坛年会期间可精心设计举办系列特色活动，如举办绿色博览会、绿色产业发展百人会、企业家座谈会等活动，促成签订一系列生态产业合作项目和重要投资合作协议。

（四）注重宣传和品牌培育是重点

论坛举办能否精彩，能否提升论坛品牌国际影响力，与宣传工作密不可分。要强化宣传意识，把宣传报道工作纳入整个论坛活动的策划、方案制定以及具体实施全过程。要突出宣传工作的政治性、系统性、专业性和国际性，要注重梳理生态文明建设的贵州路径、贵州经验，充分展示贵州全面深化改革、加快国家生态文明试验区建设，促进大生态与大扶贫、大数据、大旅游、大开放融合发展的思路举措和成果。要善于运用微视频、H5 等新媒体，提高新闻灵活性。要注重与中央和国外主流媒体加强沟通、保持合作，加强立体式、多渠道的新闻宣传，以平凡的生态故事向世界讲述好生态治理的中国智慧、中国方案与中国样本，营造良好的社会氛围。

（五）运行高效的协调机制是保障

要着力推进会议筹备工作规范化、制度化、信息化，建立完善倒排工期、挂图作战、销号管理、红黄绿灯管理、会议调度、应急管理等筹办工作制度。注重压力层层传导，对每一项工作任务要细化分解，对每一个论坛都要制定详尽执行方案，使每个环节、每项工作责任到人。要善于运用大数据智能平台，对嘉宾、会议日程、会场分配等信息实行信息化管理，及时为参会嘉宾提供方便快捷的信息服务。创新第三方现场评估制度，聘请大学或科研机构专家学者成立专门评估小组，对每一场主题论坛从议题价值、组织管理、嘉宾层次、研讨方式、观众满意度、产出效果等多维度、全方位进行评估考核，对分数高的主题论坛建议组委会继续举办，对分数比较低的主题论坛建议组委会加强指导和改进。

四 生态论坛的未来展望

展望未来，生态论坛必将在促进生态文明交流与合作上扮演更加重要的角色，发挥更大的作用。不断深化生态文明贵阳国际论坛机制，编制论坛发展规划，提升论坛的国际化、专业化水平；构建生态文明领域项目建设、技术引进、人才培养等长效合作机制；依托生态论坛建立生态文明建设高端智库；充分发挥其引领生态文明建设和应对气候变化、服务国家外交大局、助推地方绿色发展、普及生态文明理念的重要作用，全力打造生态文明国际交流合作示范区。[①]

（一）做实一项中长期发展规划

加快构建以生态文明为主题的国际交流合作长效机制，全面推进贵州国家生态文明试验区建设，加强论坛长远发展的顶层设计。引进具有国际视角和策划经验的第三方智力，加快生态论坛中长期发展规划，为生态论坛可持续发展提供重要支撑。中长期规划要在总结论坛取得的好经验好做法及分析存在问题的基础上，围绕论坛的目标定位和价值追求，加强主题策划和议题设计，强化论坛的平台和引领作用，以全新的国际视野研究提出生态论坛当前面临的时代挑战和战略机遇，分阶段提出今后十年、二十年生态论坛发展的指导思想、重要意义、基本原则和发展目标、发展重点任务和保障措施。

① 《中共中央办公厅 国务院办公厅印发〈国家生态文明试验区（江西）实施方案〉和〈国家生态文明试验区（贵州）实施方案〉》，新华社，2017年10月2日。

谋划好如何发挥生态论坛平台重要作用，深化与国际国内交流合作，助推全省经济社会高质量发展，重点推进绿色治理、发展绿色经济、建设绿色生态、深化绿色改革、厚植绿色文化、推动绿色贵州建设。

（二）创建一家生态文明高端智库

有效整合现有的民间智库和官方智库资源，组建一家高端化、专业化、国际化的非政府、非营利性的智库机构，致力于汇聚在生态文明领域具有政策创新能力、能推动政府决策、拥有国际一流研究成果的专家、学者、政要、企业家，吸引中国一流的专家、学者、企业家等高端人才。智库的主要职能职责是研究制定生态论坛的发展规划、发展目标，加强论坛策划，设计论坛主题议题，研究总结国家生态文明试验区实践经验，提出发展建议；研究和分析国内国际生态文明发展最前沿的理论、策略、方法、思想等，每年形成和发布客观、科学、权威的生态文明发展研究报告。闭会期间，组织专人研究落实论坛年会重要嘉宾发表的新观点新理念和提出的重要务实的意见建议，通过创建维护微信、APP 等新媒体平台，加大生态论坛宣传，确保闭会期间生态论坛持续发出声音。智库机构可以发挥自身优势，面向政府、企业、社会等提供生态文明建设策划、咨询等业务。通过出版书刊、举办各类交流论坛活动，加强宣传引导，提升全民生态文明建设的责任意识和参与意识，推动建立与生态文明相适应的生活、生产和消费模式。深化智库机构同有关国际组织在生态环境保护、应对气候变化、维护全球生态安全等领域合作，在国际舞台上积极发声、善于发声，不断增强生态文明建设的国际话语权。

（三）建设一个生态文明主题永久性会址

生态论坛每年都在贵阳国际生态会议中心举办，面临场馆会议室较少、嘉宾行走路线无法形成闭环、周边住房密集、道路交通拥挤、流动人员大、安全保卫的管控压力大等难题，不利于开展大型会议活动，对生态论坛举办形成较大的局限性。可充分借鉴博鳌亚洲论坛会址、场馆、酒店住宿、餐厅等硬件设施相对固定、齐全集中的好经验好做法，建议在贵阳市周边选择一块生态环境良好、经济发展相对缓慢的区域或地段，以会展经济带动当地发展的思路，规划建设生态论坛的永久性会址，在会址周边建设高中档的配套酒店，引入高端医疗机构入驻，建设兼具生态、休闲、养生功能的会展、康养国际化的生态文明建设示范区，为论坛举办提供更好的服务和后勤保障。以市场化方式，由专门机构负责生态文明贵阳国际论坛会址的日常运转和周边区域整体规划开发，成立生态文明国际培训中心，承接国内国外的相关培训，在会址附近打造"生态文明度假村""生态文明体验区"等，不断增强盈利能力和造血功能，着力打造一张具有国际影响力的生态文明实体体验"贵州名片"。

（四）成立一家生态文明发展基金会

建议从省级层面成立一家生态文明基金会，可以独立自主、自负盈亏。基金会可以接收来自企业的赞助、社会的捐助和政府的补助以及举办论坛的营利收入。基金主要用于生态论坛运转、开展国内外交流培训活动、资助生态文明建设等。基金董事会负责统筹生态论坛资金筹措和管理，制定论坛的发展目标和方向，以及论坛的整体策划；执行董事会主要负责论坛的筹备具体工作，负责论坛日常运转、会议承办、服务外包、商业开发等工作。注重生态论坛的文化建设和论坛品牌的培育，不断强化和提升基金会的赢利能力、管理能力、服务能力。

（五）健全一套运行高效的工作机制

进一步健全完善论坛市场化办会机制，逐渐弱化政府办会色彩，推进生态论坛举办的市场化、专业化。探索实行会员制，建立论坛战略合作伙伴和议题合作伙伴体系，确保每届论坛都有一定比例的会员嘉宾、"常客"到会。借助生态论坛影响，不断加大社会化筹资力度。进一步优化省统筹协调、秘书处总体策划、贵阳市综合保障的职责和工作机制，发挥好论坛国际咨询会、部省联席会议智囊作用，完善联络员网络，共享信息数据库，明晰生态论坛参与单位工作任务，各相关部门和单位每年按照统一的时间表、工作流程有序推进，确保生态文明贵阳国际论坛规范高效运行。

（六）打造一个国际高端论坛品牌

按照习近平总书记"要继续办好这个论坛，深化同国际社会在生态环境保护、应对气候变化等领域的交流合作"的重要指示[①]，着力打造一个世界级高端生态论坛品牌。生态论坛经过多年耕耘，逐渐得到国际认可，已经成为服务中央总体外交大局、发出生态文明"中国声音"的平台；成为国家生态文明建设的对外窗口。以生态论坛建设为契机，将生态论坛打造成我国对外交流、合作、展示平台，让国内外关注生态文明、研究生态文明的各界人士更多参与，形成中国国际生态论坛建设标准。加快研究落实生态论坛每年年会国际咨询委员会提出的努力目标和工作建议，力争到 2023 年（或更早）生态论坛创办 15 周年、升格为国家级国际性论坛 10 年之际，在贵阳举办一届全球生态文明建设首脑峰会。

（七）夯实一项成果转化制度

探索建立生态论坛成果转化的追踪、督导、考核机制，对生态论坛每年年会发布的《贵阳共识》进行深入研究，并逐一分解细化，把责任落实到相关职能部门，促进全省上下深入学习贯彻生态论坛的理论成果和实践成果，特别是围绕建设国家生态文明试验区，着力借鉴生态论坛成果，大力推进生态产业化、产业生态化。认真梳理汇总各论坛演讲嘉宾重要观点、发布的各项科研成果等，形成成果清单，实行台账管理，加快生态论坛成果转化，同时加大对生态论坛经验总结和宣传力度，力争在更高层次、更广范围持续发出生态论坛的国际声音。

---

① 赵国梁等：《生态文明贵阳国际论坛 2015 年年会在贵阳隆重开幕》，《贵州日报》2015 年 6
月 28 日。

B.18
贵州推进"河长制"研究

周坤鹏 李代峰*

摘　要： 2017 年 3 月 30 日，贵州省印发《贵州省全面推行河长制总体
工作方案》，明确了全面推行河长制总体要求、基本原则、工
作目标、工作组织、工作任务及保障措施六个方面的重要工
作内容，标志着贵州省在全面构建五级河长制、推进水生态
建设上迈出了重要步伐，为全省全面推进河湖管理保护奠定
了重要的体制机制保障。本文重点阐述了贵州实施河长制的
必然选择，强调了全面推行河长制，是贵州做好"水文章"、
治好水环境、守好水生态底线、满足人民群众生态需求的长
效之举；认真总结回顾了贵州实施河长制以来的成效，着力
从扛起政治责任、聚焦重点任务、积极探索实践三个层次总
结提炼了贵州推进河长制的主要做法以及"六个新"的主要
成效；在此基础上分析了贵州河长制建设存在的不足并提出
了建议。

关键词： 河长制　水环境　水生态　贵州

全面推行河长制，是党中央做出的一项重大改革举措。2016 年 10 月 11
日，习近平总书记主持召开中央全面深化改革领导小组第 28 次会议，审议

---

*　周坤鹏，中共贵州省委政策研究室干部；李代峰，硕士，贵州省社会科学院民族研究所副研
究员，研究方向：旅游管理，生态经济。

通过《关于全面推行河长制的意见》（以下简称《意见》），要求在全国江河湖泊全面推行河长制，为维护河湖健康生命、实现河湖功能永续利用提供制度保障。

2016年9月，贵州省十二次党代会也明确指出，未来五年要深入践行"绿水青山就是金山银山"的理念，做好"水文章"。党的十八大以来，贵州始终高度重视治水，将其作为推进大生态战略的重要一环，有效地保护了区域内水环境、水生态。2017年3月30日，贵州省印发《贵州省全面推行河长制总体工作方案》，明确了总体要求、基本原则、工作目标、工作组织、工作任务及保障措施六个方面的重要工作内容，标志着贵州省在全面构建五级河长制、推进水生态建设上迈出了重要步伐，为全省全面推进河湖管理保护奠定了重要的体制机制保障。

一 贵州推进河长制的必然选择

保护母亲河，让贵州区域内每一条河流、每一个湖泊、每一个水库、每一块湿地都受到应有的保护，这是走向新时代生态文明最基本的要义。全面推行河长制，是贵州做好"水文章"、治好水环境、守好水生态底线的长效之举，意义重大，影响深远。

（一）推进河长制，是践行绿色理念推进生态文明建设的内在要求

党的十八大以来，党和国家高度重视生态文明建设。在"五位一体"总体布局中生态文明建设是其中"一位"，在新时代坚持和发展中国特色社会主义基本方略中坚持人与自然和谐共生是其中一条基本方略，在新发展理念中绿色是其中一大理念，在三大攻坚战中污染防治是其中一大攻坚战。[1]

---

[1] 《习近平：保持加强生态文明建设的战略定力　守护好祖国北疆这道亮丽风景线》，《人民日报》2019年3月6日。

全面推行河长制，是进一步完善贵州水治理体系、保障水安全的内在要求，是以严格的制度体系和责任要求推进生态文明建设的内在要求，是建设国家生态文明试验区的内在要求。

（二）推进河长制，是守好"两江"上游绿色安全屏障的内在要求

贵州省位于长江流域、珠江流域两江上游，在流域分布上，长江流域、珠江流域贵州境内红线面积分别占全省国土总面积的 21.39% 和 10.53%。[①]国家生态文明试验区赋予贵州建设长江珠江上游绿色屏障示范区的重大使命。全面推行河长制，守好"两江"上游绿色屏障，在国家生态环境安全战略格局中发挥着重要作用。

（三）推进河长制，是保护好人民群众"大水缸"的内在要求

水是生命之源，水资源是重要战略资源。保护江河湖泊，让人民群众喝上干净的水，生产用上充足的水源，事关人民群众福祉，事关贵州长远发展。推进河长制，就是要保护好人民群众的生命之源、生活之便、生产之利，为维系贵州各族人民永续生存、子孙后代永续发展留下一口"大水缸"。

（四）推进河长制，是满足人民群众绿色生态美好需求的内在要求

江河湿地是大自然赐予人类的绿色财富。随着新时代我国社会主要矛盾的变化，人民群众日益追求绿色生活。贵州省流域面积 300 平方公里以上的河道共 167 条，省内河道总长 15676 公里，保护和管理难度很大，涉河违法案件时有发生。全面推行河长制，是解决复杂水问题、维护河湖健康生命的

[①] 《贵州划生态保护红线守长江珠江"两江"上游屏障》，新华网，http://www.xinhuanet.com//politics/2017-03/16/c_1120637513.htm

有效举措，有利于构建水清、岸绿、河畅、景美的江河湖库体系，对满足人民群众绿色追求具有特殊而又极其重要的意义。

二 贵州推进河长制的主要做法

党中央做出在全国推进河长制决策部署以来，贵州省全面落实党中央、国务院关于全面推进河长制系列决策部署，始终坚守发展和生态两条底线，深入践行"绿水青山就是金山银山"的理念，完善顶层设计，动员各方力量，集聚各种资源，狠抓责任落实、政策落实、工作落实，全面推行河长制工作取得显著成效。

（一）高度重视，坚决扛起全面推行河长制重大政治责任

贵州省委、省政府历来重视河湖监管保护，早在 2009 年就开始在三岔河流域实施环境保护河长制，到 2012 年在全省八大水系推广实施。2016年，贵州省进一步深化了河长制工作，在全省八大水系及一、二级支流和县城以上集中式饮用水水源地全面实施河长（湖长、库长）制。中央出台《意见》后，立即组织传达学习，迅速启动相关工作。时任省委书记陈敏尔、省长孙志刚多次主持召开会议，对贯彻落实中央精神、全面推行河长制工作进行研究部署，要求把全面推行河长制作为贵州守住发展和生态两条底线的重要抓手，全面落实新发展理念，坚持生态优先、绿色发展，像保护眼睛一样保护生态环境，像对待生命一样对待生态环境。时任省委副书记、省委政法委书记、省生态文明建设领导小组常务副组长谌贻琴多次主持召开省生态文明建设领导小组会议，听取全面推行河长制工作情况汇报。全省各级党委、政府把河长制作为推进生态文明建设的重大举措，将河长制作为一把手工程，主要负责同志负责协调部署，全力推进河长制工作。

1. 制定出台河长制总体方案

对照中央要求，贵州省结合实际制定出台了《贵州省全面推行河长制总体工作方案》，并将《意见》明确的六项任务分解，细化成统筹河湖管理

保护规划，落实最严格水资源管理制度，加强江河、水源涵养区和饮用水源地保护，加强水体污染综合防治，强化水环境综合治理，推进河湖生态保护与修复，加强水域岸线及挖沙采石管理，完善河湖管理保护法规及制度，加强行政监管与执法，加强河湖日常巡查和保洁，加强信息平台建设等 11 项具体任务。全省各市（州）、县（市、区）以及需要推行河长制的 1437 个乡（镇、社区）均制定出台了本级河长制工作方案。

2. 构建高规格、全覆盖的河长体系

省、市、县、乡四级设立"双总河长"，明确由省委书记和省长领衔担任省级总河长，担任省内最大河流——乌江干流的省级河长；分管水利和环保工作的副省长共同担任省级副总河长，分别兼任一条重要河流的省级河长，省级四大班子其他成员都担任一条重要河流的省级河长。省管河流流经市（州）、县（市、区）的党委政府主要负责同志担任辖区内省管河流河段的市（州）河长和县（市、区）河长。结合贵州省属内陆山区省份、小河流居多的实际，流域面积 50 平方公里以上的河流设河长，老百姓叫得出名字、有长流水的小河流，都有河长负责，全省 3337 条河流共设五级河长 24450 名，实现省、市、县、乡、村五级河长对全省所有河流、湖泊、水库的全覆盖。在乌江、赤水河等八大水系干流及主要一、二级支流，县级以上 168 个集中式饮用水水源地以及重点湖库聘请水利专家、环保专家、环保组织负责人、志愿者等共 11220 人义务担任民间河湖监督员，实名注册志愿者达到 81994 人，对河湖保护管理工作进行监督。贵州省河湖民间义务监督员王吉勇、护河志愿者雷月琴、河道环卫保洁员芦忠华三人获评长江经济带最美护河（湖）员。[①]

3. 设立河长制工作办公室

省、市、县三级设立河长制办公室，抽调专人具体办公，工作经费纳入财政预算。省河长制办公室设在省水利厅，主任由省水利厅厅长兼任，省水

---

① 《点赞！贵州 3 人获评长江经济带最美护河（湖）员》，多彩贵州网，http：//www.gog.cn/zonghe/system/2019/04/04/017188523.shtml。

利厅、省环境保护厅各明确一名副厅长担任副主任，所需经费全额纳入省级财政预算管理，具体承担河长制日常事务工作，组织推进河长制各项工作任务落实。市县参照省级设立河长制办公室，配强力量，专门承担本行政区域的河长制日常事务。

4.强化督促检查

把督促检查作为全面推行河长制工作的制度"利器"，以督查之严确保工作之实。积极配合水利部、珠江委开展5次督查。省级组织32家责任单位组成10个督导组，先后开展2次督查。省水利厅将河长制工作纳入全年开展的水利集中检查工作的重要内容。市、县、乡多次组织对辖区内县、乡、村河长制工作开展情况进行督导检查。针对存在的问题，实行"对标""对账""对人"，全面细致抓好整改，确保发现问题能及时有效解决。

（二）聚焦目标任务，全面推行河长制各项工作

贵州省紧紧围绕《意见》要求和《贵州省全面推行河长制总体工作方案》明确的工作目标任务，不断加大投入，集中资源，集中力量，着力抓好以下六个方面的工作。

1.着力抓好河湖名录编制等基础性工作

一是编制河湖名录。组织各地对辖区内河湖及河长进行梳理，逐级汇总，确保河湖及河长信息上下无缝对接、真实准确，已于2017年底编制完成了全省河湖名录。二是编制一河（湖）一策方案。制定了《贵州省水资源用途管制工作方案》《贵州省"十三五"水资源消耗总量和强度双控行动计划落实方案》，到2020年的用水总量、用水效率、水功能区限制纳污控制指标已逐级分解到市、县，按照水利部《一河一策编制指南》要求，省、市两级河长办组织编制完成了省、市两级领导担任河长的重要河湖的一河一策方案，启动了县级以下一河一策方案编制工作，并于2018年3月底前全部编制完成。三是开展全省河湖大数据管理信息系统建设。对重点河湖、水域岸线、区域水土流失等情况进行动态监测，推动基础数据、涉河工程、水域岸线管理、水质监测等信息化、系统化，逐步实现信息上传、任务派遣、

督办考核数字化管理。四是划定管理范围。开展了赤水河划界工作，启动了清水江、芙蓉江、三岔河、乌江、清水河、潕阳河等6条河流的划界工作和三岔河、六冲河、芙蓉江、赤水河、黄泥河、北盘江、蒙江、都柳江、南盘江、红水河等10条河流的岸线利用规划编制工作。五是加强制度建设。省级制定了《贵州省全面推行河长制2017年度细化方案》《贵州省河长制责任及联席会议成员单位职责》《贵州省"百千万"清河行动方案》《贵州省省级河湖志愿者监督员管理办法》《贵州省全面推行河长制2017年度考核方案》等系列文件。各市（州）县（市、区、特区）和有关乡（镇、社区）也配套出台了相关制度。

2. 着力抓好入河排污口全面调查

省水利厅与省环保厅、省住建厅联合下发了《关于开展全省入河排污口清理整顿工作的通知》，成立40个工作组，对全省范围内所有排污口进行拉网式排查，采集入河排污口信息，为"一河一策"编制和河流治理保护提供基础支撑。根据调查情况，贵阳市制定南明河治臭变清行动方案，全面加强污水处理设施建设，采取PPP模式，加快推进沿河污水处理厂项目建设工作，开展19条排水大沟治理，并开展河岸景观建设和生态修复，取得明显成效。启动了57个跨市州河流断面水质水量监测站点建设；基本完成了全省371个省级以上水功能区的纳污能力核定、14条省管河流水量分配方案以及乌江、沅江等八大水系基于生态流量保障的水量调度方案的编制。同时，针对中央环保督察组反馈的意见，及时建台账，有针对性地开展治理等工作。

3. 着力抓好河道垃圾清理及保洁

在全省组织开展"百千万"清河行动，对全省120条重点河流开展联合执法检查和清畅整治行动，对流域面积50平方公里以上的1000余条河流开展清河活动、聘请万名保洁员负责河湖日常巡查和保洁工作，取得显著成效。

4. 着力抓好河湖管理保护综合执法

2017年，全省共开展日常巡查2000余次，发现并成功制止各类涉河

315

（湖）违法行为 550 余起，下达责令停止违法通知书 524 份，立案查处各类水事违法案件 70 件。其中，贵阳市开展"黑废水"专项执法行动，加大南明河沿线污染源执法，开展饮用水违章建筑物联合清理行动，修复生态河道 10 万余平方米。遵义市湄潭县将 132 个责任单位纳入护河工作，成立了一支由公安、环保、水务、渔政、林业、农牧、海事等部门组成的综合执法队，并招聘了公安辅警人员与生态护河员合署办公，依法打击砍伐护岸竹木、开挖损伤河堤、偷排污染河流、炸鱼、电鱼、毒鱼等非法行为，取得明显成效。

5. 着力抓好河湖综合治理与生态修复

大力开展乌江流域非法网箱养殖整治工作，按照千分之二的流域面积标准严格控制网箱规模，拆除超出标准的无证网箱。截至 2018 年底，实现乌江全域（贵州段）"零网箱"养鱼。各地因地制宜出台补偿政策，引导渔民发展新产业，推动网箱拆除工作有序进行。

6. 着力抓好河湖立法规范化建设

目前，贵州已出台涉水地方性法规 7 部、政府规章 6 部，规范性文件 33 件，内容涵盖了水土保持、工程管理、水资源保护、防洪、河道管理及大型水利工程管护等各个领域，初步构建起省级水利法规制度体系。[1] 一些有立法权的市、自治州、自治县等也陆续出台了一系列涉水法规规章，基本保障了全省依法治水和管水需要。[2] 2018 年 11 月，《贵州省河道管理条例》（修订稿）列入省十三届人大常委会审议。贵州省 4697 条天然和人工江河、2634 座湖库很快就会有管理保护、开发利用的法规保护。

（三）积极探索实践，全面推行河长制工作

在全面推行河长制实践中，贵州省坚持改革创新，着力解决突出问题，不断提高工作实效。

---

① 《贵州：筑牢法治屏障　写好护水"文章"》，中新网贵州，http：//www.gz.chinanews.com/content/2018/12 - 05/87297.shtml。

② 《贵州：筑牢法治屏障　写好护水"文章"》，中新网贵州，http：//www.gz.chinanews.com/content/2018/12 - 05/87297.shtml。

1. 以地方法规规范河长制

在地方法规中明确推行河长制，将全面推行河长制写入《贵州省水资源保护条例》，是全国首创。2018 年 2 月 1 日起施行的《贵州省水污染防治条例》也对河长制做了相关规定。《贵州省河湖管理条例》增加了河长制相关内容。2018 年 11 月 28 日，省十三届人大常委会第七次会议审议了《贵州省河道管理条例（草案）》（以下简称《条例（草案）》）。重新起草的《条例（草案）》对河（湖）长制工作予以法制化，规定各级河（湖）长是落实河（湖）长制的第一责任人，县级以上人民政府应当建立河（湖）长制工作机制，确定工作部门承担河（湖）长制日常事务工作。河道应当按照行政区域分级分段设立河（湖）长，名单应当向社会公布。同时明确，各级河（湖）长是落实河（湖）长制的第一责任人，负责组织实施"一河（湖）一策"方案，协调解决河湖管理保护工作中的重大问题，推动建立区域间、部门间协调机制，组织对下级河长、湖长和有关责任部门进行督促检查、绩效考核。这些工作，从法制层面为贵州全面推行河长制提供有力支撑和保障。

2. 实行四级"双总河长"和"五级河长"

贵州实施省、市、县、乡四级设立"双总河长"，建立党政同责。与国家河长制要求不同的是，在国家要求的四级河长制基础上，增设村级河长，实行省、市、县、乡、村五级河长制。创新实行"四大班子人人当河长"制度，明确所有省级领导同志各担任一条重要河流的省级河长机制。参照省级做法，全省各级明确四大班子负责同志担任河长。同时将湖泊、河段、水库全部纳入全面推行河长制范围，并明确相应级别的负责同志担任河长。

3. 开展河长大巡河活动

贵州人大常委会以立法的方式确立每年 6 月 18 日为"贵州生态日"。2017 年首个"贵州生态日"开展了"保护母亲河　河长大巡河"主题活动，动员全社会关心关注河长制工作。一是开展省主要领导带头大巡河。6 月 18 日，时任省委书记陈敏尔带头深入都柳江巡河，时任省长孙志刚带头深入乌江巡河，时任省委副书记、省委政法委书记谌贻琴带头深入马别河巡河。同时，担任省重点河流河长的其他在职副省级以上领导分别带领市、县、乡、村近 5000 名河长集中于生态日前到各自担任河长的河流、湖泊、水库巡河，树立河长公示牌，向社会亮明河长身份，许下河长履职诺言，公开接受社会监督，现场办公解决水生态环境管理保护存在的突出问题。二是动员社会各界参与巡河护河。动员了省、市、县三级职能部门的涉水责任人员近 1 万名、民间义务监督员 340 名、河湖巡查保洁员 1.2 万名参与，直接或间接地影响带动了广大社会群众关注水生态、共治水环境。三是大力开展大巡河活动。巡河活动分级巡查了全省所有流域面积 50 平方公里以上的河流，找出突出问题 100 余个，采取现场解决、制定方案等方式解决水的问题。

4. 鼓励创新，落实全面推行河长制工作

积极鼓励各地在做好"规定动作"的基础上，结合工作实际，创新"自选动作"。比如，贵阳市全面推行河道警长、湖警长制；铜仁市把河长制工作与农村基层党组织建设相结合，全面推进"民心党建+河库管护村规民约"模式；黔南州平塘县采取"河长公示牌、监督提示牌、赶集专项宣传、固定短信发布平台、固定网络平台"组合宣传方式，推动群众参与河长制日常监督。

5. 强化科技支撑

加强污染防治新技术在水运领域的转化应用，针对乌江干流、清水江支流等重点流域的航运码头，积极争取国家重点专项对船舶与港口污染防治的支持，开展船舶与港口污染物监测与治理等方面的技术和装备研究。

6. 提升污染事故应急处置能力

建立健全应急预案体系，统筹水上污染事故应急能力建设，完善应急资源储备和运行维护制度，强化应急救援队伍建设，改善应急装备，提高人员素质，加强应急演练，提升油品、危险化学品泄漏事故应急能力。

7. 加强考核问责

建立江河湖库管理保护河长制绩效考核评价体系，将全面推行河长制工作纳入省对各市（自治州）和县域经济综合测评考核，考核结果作为地方党政领导干部综合考核评价的重要依据，真正让河流有人管、管得好。

三 贵州推进河长制的主要成效

贵州推进河长制以来，取得的成效主要有以下六个方面。

（一）全面推行河长制，河长制全流域、全方位覆盖实现了新突破

1. 实现水域河长制全覆盖

全面推行河长制结合贵州属内陆山区省份、小河流居多的实际，不仅流域面积 50 平方公里以上的河流设河长，只要老百姓叫得出名字、有长流水的小河流，都有河长负责，水库、湖泊也一并纳入河长制管理，达到各类水域全覆盖。

2. 河长体系更加完善

环境保护河长制主要设省、市、县三级河长，而全面推行河长制后，在全省范围内推行省、市、县、乡、村五级河长制，河长设置延伸到乡、村级。

3. 充分体现党政同责

由分管环保工作的副省长担任全省环境保护总河长，各市级人民政府主要负责人担任辖区内主要河流河长；全面推行河长制在省、市、县、乡四级设"双总河长"①，由各级党委和政府主要领导担任，构建了高规格、全覆盖的河长体系。

（二）进一步明确了河长制工作任务，河长制工作内容实现了新拓展

1. 任务分解方面

贵州在认真贯彻中央提出的 6 大任务基础上，细化分解了 11 项河长制工作任务。

---

① 《〈贵州省全面推行河长制总体工作方案〉政策解读》，贵州省水利厅网站，2018 年 8 月 14 日，http://www.gzmwr.gov.cn/ztzl/zldstzlqmtxhzz/zcwj_ 77985/201808/t20180816_ 3240876.html。

2. 落实最严格水资源管理制度方面

贵州编制印发《贵州省水利循环发展工作方案（2017～2020年)》。全省各级建成节水型企业86家、节水型学校61家、节水型公共机构82家，遵义市、安顺市、凯里市建成省级节水型城市。2017年全省用水总量103.5亿立方米，比年度用水总量控制目标124.17亿立方米少20.67亿立方米。2017年省万元国内生产总值用水量按2015年可比价折算为80.9立方米/万元，比2015年下降12.8%。2018年比2017年目标（11.6%）多下降10.3%。

3. 加强水污染综合防治方面

对全省磷化工（含磷矿开采）、火电、煤矿、水泥等十大行业实施污染源超标排放治理，在国际上率先实施磷化工"以渣定产"模式。开展全域网箱养殖整治，实现了全域零网箱养鱼，乌江流域（贵州段）水质将得到极大改善。为落实"共抓大保护，不搞大开发"的重要指示精神，出台了《贵州省船舶与港口水污染防治方案（2017～2020年)》，着力打造绿色水运奠定了重要的制度基础。

4. 强化水环境综合治理方面

2017年对全省小城镇污水垃圾处理设施建设情况进行了摸底排查，将建设情况作为县域经济发展综合测评中小城镇发展指数的主要考核内容，为乡村整治、建设美丽乡村提供了重要的风向标。

5. 加强信息平台建设方面

积极推动全省河湖大数据管理信息系统建设。省国土厅研发了重安江流域河长制管理系统和手机巡河APP。黔西南州积极建设河长云平台，实现部门19类数据实时共享。下一步将扩展到更多区域。

（三）初步形成协调联动、齐抓共管的工作格局，河长制工作机制迈上新台阶

2017年起，省级对33位省级河长均各明确一家责任单位协助工作，并出台《贵州省河长职责及联席会议成员单位职责》，明确各级河长和责任单

位职责，初步形成了协调联动、齐抓共管的工作格局。省级各单位认真服务对应省级河长开展巡河，积极参加省河长办组织的督导检查和考核验收。此外，省国土厅积极保障河湖治理项目用地需求，全省共保障河湖治理项目用地 1.55 万亩，同比提高 70.55%；省发改委、财政厅、大数据管理局积极推动河湖管理信息系统建设，省编办大力支持河长办机构设置，团省委、文明办等单位积极配合开展义务监督员招募等。各地党政领导高度重视，实现责任层层传导，已初步形成"总河长总体抓，河长办统筹抓，河流责任单位具体抓，相关业务职能部门配合抓"的工作格局。

（四）全省河湖水质稳中向好，河湖治理保护取得新进展

实施河长制以来，最新监测数据显示，全省江河湖库水质进一步改善。2017 年，全省主要河流 55 个国家考核监测断面优良率（Ⅰ～Ⅲ类）为 87.3%，劣Ⅴ类水质比重为 1.8%。相比 2016 年，水质优良率提高 1.8 个百分点，劣Ⅴ类水质比重下降 1.8 个百分点。长江流域河流干流水质持续改善，珠江流域河流干流水质优良率保持在 100%。9 个中心城市集中式饮用水源地水质达标率持续保持 100%；县城集中式饮用水源地水质达标率为 98.4%。[1] 2018 年，主要河流出境断面水质优良率保持 100%。[2]

（五）调动了社会力量的参与积极性，河长制工作公众参与度获得新提升

全面推行河长制以来，贵州省充分调动社会各方面力量参与治理保护。一是全省开展河湖民间义务监督员招募工作，同时通过树立公示牌、公布举报电话等方式，畅通民间组织和环保人士参与渠道。全省已安装 14468 块河长公示牌，并结合河长调整及时更新。贵阳市观山湖区推行第三方参与生态文明建设的"双河长"机制，提高参与积极性，央视《新闻联播》《朝闻天

---

[1] 参见 2018 年省政府工作报告，《贵州日报》2018 年 2 月 5 日。
[2] 参见 2019 年省政府工作报告，《贵州日报》2019 年 2 月 11 日。

下》对此进行了报道。二是在信息公开方面，通过召开新闻发布会、建立微信公众号、在水利厅网站设立专栏、接受媒体采访、参与节目录制、开展培训、参加在线访谈等方式，不断加大信息公开力度，使媒体和公众及时了解河长制工作进展。三是各级加大宣传力度，引导广大群众主动参与河长制工作，使群众成为治理保护的生力军。成功举办 6·18 生态日主题活动，在全社会迅速营造良好氛围，开展"保护母亲河·河长大巡河"主题活动，被媒体赞为"贵州全面推行河长制的一个标志性事件"；同步开展了"百千万"清河行动，引起了中央电视台、《人民日报》、《经济日报》、《中国水利报》、《人民长江报》以及人民网、新华网、中国新闻网等主流媒体的深度关注、深度报道，在社会上产生了强烈反响。

（六）河湖监管执法实现了从"松、散、软"到"紧、实、硬"的转变，河湖监管执法得到新加强

1. 制定出台了一批河湖管理保护法规和制度，切实做到有法可依、有章可循

贵州将全面推行河长制写入《贵州省水资源保护条例》（2017 年 1 月 1 日起施行），为全国首家在地方法规中明确推行河长制的省份；于 2018 年 2 月 1 日起施行的《贵州省水污染防治条例》也做了相关规定；正在起草的《贵州省河湖管理条例》中写入河长制相关内容。遵义市制定《湘江河流域保护条例（草案）》。六盘水市出台《六盘水市水城河保护条例》，为建市以来首部地方法规。黔东南州制定《黔东南州河湖管理保护联合执法机制》等。

2. 加大联合执法力度，坚决遏制河湖水事违法案件频发势头

省级组织开展"百千万"清河行动。2017 年，省委书记在贵州"6.18 生态日"主题活动上宣布启动，利用近半年时间对全省重点河流开展联合执法检查和清畅整治行动，对全省流域面积 50 平方公里以上的河流开展清岸清水活动。聘请了 13000 余名保洁员对河湖提供保洁，各地积极行动，采取有力措施打击涉河湖违法犯罪行为。如黔南州 2017 年涉水环境行政处罚案件数与罚款金额与 2016 年同期相比增长 79% 和 70%，处理水事违法案件

比 2016 年同期增长 74%。遵义市湄潭县成立了一支由公安、环保、水务、渔政、农牧、海事等部门组成的综合执法队，全脱产抽调骨干人员 13 人，全县电鱼、毒鱼等涉河违法行为发生率大幅下降，没有因此引发一起行政诉讼案件和群众上访事件，且已成功将甲氰菊酯、氰戊菊酯等高毒类农药退出市场。

四 贵州推进河长制存在的问题及对策建议

（一）一些工作统筹不够，需要进一步健全协作机制

目前，省级由水利部门负责人担任省河长办主任，市（州）、县两级大部分参照由水务部门负责人担任河长办主任。由于河长制需要协调大量工作，仅由水利部门牵头，推动难度较大。建议：参照有关省由分管副省长或省政府分管副秘书长担任省河长办主任，市、县级也相应调整，加大统筹推进力度，确保真正取得实效。

（二）一些工作跟进被动，需要进一步强化主动意识

河长制方案应该进一步修改完善，增加领导职务变换、领导空缺、机构变化后等相关替补规定，以确保河长制在特殊情况下可以持续地开展工作，特别是换届后各级河长发生较大变化，导致一些工作可能出现暂缓的现象，在一定程度上影响该项工作的持续推进。建议：省委、省政府继续予以重视，督促和带动各级进一步加大工作力度，持续深入推进河长制工作。

（三）一些工作投入不足，需要进一步强化必要保障

河长制工作需要人、财、物、技等要素保障。目前，贵州省河长组织体系虽已建立，但是相关的保障体系不健全，特别是缺乏专项经费支撑。建议：在预算中追加解决河湖大数据管理信息系统建设、"一河（湖）一策"方案编制两项重要基础性工作经费。同时，督促各级财政加大河湖划界、岸线利用规划编制、水质监测设施建设等资金投入。

（四）一些设施建设滞后，需要进一步加强环保设施建设

随着贵州省城镇化的快速推进，一些地方的污水管网、污水处理能力跟不上建设进度，导致部分生活污水得不到及时治理。一些重要河流污水治理效果还不明显，一些边远地区污水发现、处置相对滞后，直排现象时有发生，建议：健全城镇规划建设验收机制，确保建成一个点、验收合格一个；加大对边远地区污水监管监测力度。

（五）一些工作效果不均，需要进一步强化党政同责力度

部分市、县级河长和责任单位对河长制工作思路不明晰，"共责、共治、共享"意识尚未全面形成。县（区）、乡（镇、街道）级河长办力量较薄弱，基层河长办工作人员不足现象仍然存在。建议：强化考评结果的运用，实行奖优罚劣。

（六）一些工作创新不多，需要进一步调动各方创造性

贵州河长制推进创新的力度不够，主要表现在：河湖管理信息化手段不多，与周边省市联防联控联治机制不健全，创新的制度总结提炼不够。建议：多外出考察交流，学习借鉴有关省市的做法；善于总结，加大调研力度，从基层好的做法中汲取智慧；及时推广全国各地的好经验。

B.19

贵州磷化工企业"以渣定产"研究

李 照 周之翔*

摘 要： 作为磷化工大省，由来已久的磷石膏处理难题成为一个难点痛点。针对此，置身于全国产业生态化的大背景下，2018年贵州在全国率先启动磷化工企业"以渣定产"制度，规定"谁排渣谁治理，谁利用谁受益"，将企业年生产的磷酸等产品产量与进行消纳的磷石膏量挂钩，生产多少磷酸产品必须对应地消纳多少磷石膏，以此倒逼企业提高综合利用效率、加快改造升级步伐。本文对贵州磷化工企业磷石膏情况、"以渣定产"做法、存在的问题进行了分析，提出了对策建议。

关键词： 以渣定产 磷化工 磷石膏

一 贵州磷石膏以渣定产政策出台的现实背景

（一）磷石膏定义

磷石膏主要成分为硫酸钙，含有多种其他杂质，是磷酸生产中用硫酸处理磷矿时产生的固体废渣。磷石膏外观呈粉末状，颜色为灰白、灰黄或浅绿，容重 $0.733 \sim 0.88 \mathrm{g/cm^3}$，颗粒直径一般为 $5 \sim 15\mathrm{um}$，其主要的组成成

---

* 李照，中共贵州省委政策研究室社会处处长；周之翔，博士，贵州省社会科学院历史研究所副研究员，研究方向：中国思想史、生态文明建设。

分为二水硫酸钙，同时其还含有机磷、硫氟类化合物等物质，其中二水硫酸钙占到70%～90%。磷石膏是石膏废渣中排量最大的一种，全国每年排放磷石膏约2000万吨，累计排量近亿吨，排出的磷石膏渣占用大量土地，形成严重污染环境的渣山。[①]

（二）贵州磷化工已有较大规模和利用历史

贵州磷矿资源丰富，是全国富矿最多的省份，经多年开采后仍有储量25.61亿吨，这为磷化工发展提供了先决条件。贵州磷化工作为全国最早的三大磷化工基地（开阳、襄阳、昆阳）之一，于1958年起步，经过几十年的发展，整个磷化工产业体系较为完备，对内是重要支柱产业，对外已经成为国内重要的磷及磷化工生产基地。其中，瓮福集团、开磷集团研发能力、资源利用水平和技术装备都在全国领先，是有竞争力、影响力和引领力的大型龙头企业。

（三）磷石膏资源化、价值化利用情况

磷化工的发展，不可避免地带来废渣。贵州省磷化工主要采用工艺成熟、操作稳定、生产成本低、适用性广，在处理中低品位磷矿石具有一定的优势的硫酸法湿法磷酸工艺生产高浓度复合肥。但硫酸法湿法磷酸工艺副产品磷石膏，综合利用一直是一个全球范围内的难题，而我国对其的利用率还是在全球排名靠前的位置（全球的磷石膏综合利用率平均为5%左右，而我国的利用率在30%左右），主要以堆存为主。据不完全统计，2017年，贵州全省产生磷石膏1376万吨，实际利用量738.4万吨（含井下填充），利用率为53.6%。尽管高于全国平均水平，但是，磷石膏堆存所带来的环境风险和安全风险，特别是直接威胁乌江、清水江流域的生态环境安全，产生了与建设生态文明的要求背道相驰的状况。

案例一：由于磷石膏的特性，其极易发生安全环保隐患。2005年，瓮福大力发展磷石膏堆存技术。通过引进美国安德曼公司防渗膜技术，与贵州地

---

① 《贵州磷石膏将执行"以用定产"、"消大于产"的政策》，《硫酸工业》2018年第6期。

区喀斯特地貌治理融合创新，瓮福形成了独有的双堤胶结法筑坝技术，既增加渣场库容，又延长服务年限，有效解决磷石膏堆场酸性水渗漏污染的问题，实现了磷石膏库近二十年的安全稳定运行。依托该项技术，瓮福参与起草编制的国家行业标准《磷石膏库安全技术规程》（AQ2059－2016），于 2017 年 3 月 1 日正式颁布施行，为行业内磷石膏堆存的规范化管理提供了示范。

案例二：瓮福集团在福泉市境内设置了贵州摆纪磷石膏堆渣场。规模较大，面积达 120 万平方米，存量达 3000 多万吨。连续数年的堆砌，渣场高达近百米，山谷都被填满了。①

贵州磷石膏的堆存量已经达到 1.1 亿吨。但仅仅是堆存，并没有实现对磷石膏的资源化、生态化、市场化利用，虽然渣堆环保防护技术相对领先，但风险仍然较大。针对贵州基于磷化工产业的可持续发展，各级政府、部门和企业对磷石膏的资源综合利用投入了大量人力和物力，帮助企业绿色转型，不断改进湿法磷酸工艺，积极推动磷石膏在建材产业、清洁环保材料等行业应用，在解决生态环保问题的同时创造经济效益。

省内最大的磷化工企业瓮福集团，"十二五"以来，按照国家对开展资源综合利用的总要求，累计投入 8 亿元，通过引进、合资、自建等多种方式建成磷石膏利用企业 7 家，涵盖磷石膏制建材、制水泥缓凝剂、制硫铵等项

表 1　2019 年瓮福集团利用磷石膏规划和消耗情况

产品类别		规划产能	石膏渣消耗能力
β 建筑石膏粉	条板	900 万平方米	90 万吨
	砂浆	85 万吨	76.5 万吨
	自流平	25 万吨	22.5 万吨
	砌块、砂浆	20 万吨	28 万吨
	纸面石膏板	3450 万平方米	35 万吨
α 高强石膏		20 万吨	28 万吨
合计			280 万吨

资料来源：由瓮福集团提供。

---

① 《政策法规》，《磷肥与复肥》2018 年第 1 期。

目，开发了磷石膏制土壤改良剂、磷石膏制公路填充料等多项技术。到2019年，瓮福贵州基地的磷石膏综合利用能力将达280万吨/年，较"十二五"初期上升近18倍，达到国内领先水平。

（四）磷石膏利用的前景

磷石膏利用前景广阔。一是政策鼓励和生态环境需求。二是企业减负并产生新的增长点。贵州上和筑新材料科技有限公司负责人提出，用磷石膏做原料生产出来的墙板100%地消纳磷石膏，没有任何排放，通过改性之后完全把它价值化再利用了。单这一个厂，一年就能够消纳磷石膏48万吨，[①]磷化工企业从中找到新的市场增长点。相关资料显示，之前，一些企业在磷石膏的堆存上，每吨支付成本约30元，现在通过综合利用每吨能创造100元以上的收益，相当于从经济上提升了竞争力，从生态环保上又更好了，一举多得。

二　当前磷石膏利用中存在的问题

由于对磷石膏的特性未完全掌握，在技术应用上还存在瓶颈，目前磷石膏规模化应用还存在一些问题。

（一）井下大规模充填成本高

当前，受制于充填1吨磷石膏综合成本100元的高成本，以及容积性影响，开采3吨磷矿石空间才能充填消纳1吨磷石膏，井下大规模充填还有一定局限。

（二）应用领域狭窄

当前消纳磷石膏的企业主要是建材企业，并且绝大多数为低端产品，地

---

① 王太师：《蝶变之路——从生态文明贵阳会议到生态文明贵阳国际论坛》，《贵州日报》2013年7月20日。

域性很强，如同水泥等建筑材料一样具有运输半径，长距离运输没有市场竞争能力，普遍磷石膏产品运输半径不足 200 公里，磷石膏砖、磷石膏砌块不足 50 公里。

（三）市场存在偏见

市场对磷石膏建材产品认知程度不高，多数人认为工业废渣生产的建筑材料具有毒性，安全性、硬度、耐久性、环保性不够，在较短时间内大规模推广应用有一定难度。

（四）利用技术有待升级

磷石膏特性不稳定，拥有大量特性，在综合利用中一些关键共性技术还需要突破，影响了磷石膏资源化利用。同时，磷石膏建材新产品多，一些传统的、原有的施工规范、图集不能满足磷石膏新型建材产品的应用需要。比如，磷石膏作为路基材料的技术还需要进一步论证，特别是路面鼓包膨胀问题没有得到有效解决。

（五）产品具有替代性

贵州省火电厂副产脱硫石膏与磷石膏形成竞争关系，贵州全省脱硫石膏产生量约 1000 万吨，对磷石膏综合利用产生一定影响。

三 贵州磷石膏以渣定产实施情况

针对磷石膏问题的痛点，贵州省委、省政府从建设国家生态文明试验区，保护乌江、清水江生态环境安全的大局出发，出台了加快综合利用磷石膏资源的意见，在全国率先提出"以渣定产"，此次对磷石膏资源综合利用的重视程度之强、领导队伍之大、覆盖范围之广，都做到史无前例。"以渣定产"，这在全中国乃至全世界都是首创，最大亮点就是在全国率先提出磷石膏"以渣定产"。即根据"谁排渣谁治理，谁利用谁受益"，将磷酸等产品的生产产量与进行消纳磷石膏的量挂钩，以助推各企业提升对磷石膏的综合利用率，以达到对企业进行绿色化生产的改造及升级，保证全省范围内不再出现有新的磷石膏堆存，同时逐步对往年的磷石膏进行消纳。主要采取以坚持政府进行侧面引导，企业为主体开展实施，通过政策激励以及机制的反向倒逼的方式，加速全省磷化工生产企业对技术的改造及升级的步伐，从根源上去降低磷石膏的产生量，同时加大对磷石膏综合利用的力度，最终让磷化工产业实现绿色发展、转型发展的目标。[①] 就实施一年的实践来看，磷石膏"以渣定产"成为推进磷石膏资源综合利用的关键。

（一）明确利用的主要目标

《关于加快磷石膏资源综合利用的意见》，按照三年的时间制定了磷石膏资源综合利用的主要目标。

表2　贵州省磷石膏资源综合利用三年目标

年份	目标
2018	"以渣定产"全面施行,磷石膏的产生量与消纳量实现平衡,堆存量不再增加
2019	实现磷石膏的消纳量大于产生量,同时消纳量以不低于10%的速率递增
2020	加大对不产生磷石膏工艺技术的研发力度,并加速研发成果投入实际生产,兴建一批大规模、高附加值的磷石膏资源综合利用示范项目,初步建立磷石膏资源综合利用产业链,最终实现磷石膏综合利用水平及规模的大幅提升

资料来源：《关于加快磷石膏资源综合利用的意见》（黔府发〔2018〕10号），2018年4月4日。

同时，2019年贵州省政府工作报告提出，2019年持续推进磷化工企业"以渣定产"，力争磷石膏堆存量实现零增长。省委、省政府多次强调，要坚决落实"以渣定产"要求，大力推进磷石膏综合利用，积极探索科学合理、切实可行的磷石膏弃渣处理办法，努力破解磷石膏无害化处理难题。

[①]　王太师：《蝶变之路——从生态文明贵阳会议到生态文明贵阳国际论坛》，《贵州日报》2013年7月20日。

（二）明确利用的主要路径

一般来说，磷石膏应用主要分为三个方面。一是建材应用。积极推广磷石膏在装配式混凝土空间网格盒式结构建筑领域综合应用的科研成果，大力培育磷石膏煅烧等工艺环节配套产业链，扩大磷石膏在全省建筑建材领域的应用。二是井下填充。在符合生态环境保护要求的前提下，加大磷石膏胶凝材料在磷矿井下充填量。三是工业原料。加快发展磷石膏制酸工艺，把磷石膏制硫酸联产水泥作为重点利用方向。而贵州省人民政府2018年出台的《关于加快磷石膏资源综合利用的意见》则围绕磷石膏产生、利用、推广等环节，明确了八个方面的主要任务和路径。一是全面实施"以用定产"。强化磷化工企业的主体责任和社会责任，倒逼企业加快磷石膏资源综合利用和绿色化升级改造步伐，减排与利用并举。二是严控传统磷肥产能规模。加强行业监管，严格落实国家产业政策，依法依规淘汰落后磷肥产能。三是转型升级磷化工各产业。支持、鼓励企业通过千企改造，对传统工艺、老旧设备进行绿色化改造和升级。四是对一些关键和共性技术进行攻关，生产高附加值产品和设备。五是加大对规模化及产业化的建设力度，确立重点鼓励项目的建设方向，持续推进对磷石膏的综合利用。六是对磷石膏建材产品及应用标准体系的初步建立及完善，标准体系需要覆盖设计、施工、验收和使用维护全过程。七是持续加大对磷石膏资源综合利用产品的应用及推广力度，着重以易地扶贫搬迁等政府类工程为突破口。八是强化磷石膏库按国家标准进行规范化管理。

我们以省内最大的磷化工企业瓮福集团为例，瓮福集团在综合利用磷石膏上做了大量工作，特别是2018年贵州《关于加快磷石膏资源综合利用的意见》提出以后，瓮福集团在磷石膏综合利用的产业化思路上更加明确，并将磷石膏综合利用列入2018年需要全力攻克的"三大战役"之一，加快推进磷石膏资源化、价值化利用。瓮福集团提出走好三大利用路径。即第一大路径是替代传统建材应用于房地产领域和建筑市场，抓住国家大力培育装配式建筑重大机遇；第二大路径是用于大规模生产化工品，主要是磷石膏制硫铵、磷石膏制硫酸联产石灰或水泥等；第三大路径是借贵州省出台的《加快磷石膏资源综合利用的实施意见》的东风，用于地下充填及采坑区充填、土壤改良改性以及石漠化治理等。同时，坚持"三端发力"。一是源端调结构。实施磷精矿供给"精料策略"。一方面加大34%以上品位的磷精矿供应力度，降低磷石膏渣产生比例，提高白度，降低硅含量。同步提升制酸环节磷收率，将磷酸与磷石膏的产生比例控制在1:4以内，综合减少20%磷石膏产出量。另一方面重新审视、优化产业布局，压减传统产能，加大产品调整步伐，将一些在贵州没有优势的传统产能向瓮福省外有相对优势的基地转移，加快布局二期5万吨节能环保黄磷、精细磷酸盐、电池材料等精细化工产业，在发展中调结构。二是中端提品质。强化磷酸生产环节管理，把磷石膏当作重要的产品进行精益管理，通过优化升级磷酸工艺技术，如二水－半水、半水－二水等先进技术，在不断降低原料能源消耗的同时，提高磷石膏品质，为综合利用创造好条件。三是末端强利用。一方面研究论证磷石膏制硫铵、磷石膏制超级磷酸盐、磷石膏制 α 高强石膏副产磷酸等项目，对符合条件的项目尽快启动。同时开展矿井矿坑充填实验，探索露天采坑充填生态修复。另一方面以磷石膏制新型建材为重点，总投资将超过3亿元，加快推进实施20万吨/年 α 高强度石膏粉项目、3×35万吨/年 β 型石膏粉项目、贵州上和筑2000万平方米/年石膏条板项目、贵州蓝图公司 PGPC 装配式建筑构件应用示范项目、贵州正霸磷石膏二期项目等新项目，开发自流平石膏、石膏泥子、石膏黏结剂、抹灰砂浆等下游产品，并持续开展招商引资工作。

（三）明确的政策措施

《关于加快磷石膏资源综合利用的意见》，对磷石膏资源综合利用的政策措施配套进行了明确，并对有磷石膏的地方政府和省直相关部门提出了要求：从文件下发之年起，贵阳在连续三年时间内，每年匹配不低于1.5亿元的专项资金，黔南州每年匹配不低于0.8亿元的专项资金，省住房城乡建设厅、省环境保护厅等部门及其他各市州也需要安排一定经费用于磷化工产业绿色发展及磷石膏资源综合利用。同时，引导各磷化工企业灵活运用"贵工贷""贵园信贷通"等金融产品，将进行磷石膏资源综合利用的企业列为绿色企业，给予各项政策支持。

比如，在税收上给予支持。在争取国家支持的前提下，财政部、国家税务总局发布的《资源综合利用产品和劳务增值税优惠目录》将磷石膏资源综合利用新产品纳入。如果可行，则对目录中关于磷石膏资源综合利用的增值税的所得税优惠政策进行严格落实。

比如，在技术创新上给予支持，对企业综合利用磷石膏的创新给予鼓励，同时对创新的渠道进行了明确：凡是符合《国家企业技术中心认定管理办法》《贵州省企业技术中心认定管理办法》有关规定的磷石膏综合利用企业，均可按规定积极向省发展改革委、省经济和信息化委分别申报。[①]

比如，在综合领域给予支持，如表3所示。[②]

表3　综合领域的政策支持

单位	支持内容
省住房城乡建设厅	全面调研全省的磷石膏建材产品市场状况，以制定及实施关于磷石膏建材制品的推广应用方案
省投资促进局会同省经济和信息化委、省住房城乡建设厅	加大对磷石膏综合利用产业的招商引资力度，在如土地、税收等方面予以政策支持
各级发展改革、国土资源、环境保护等部门	在项目备案、土地、环评、生产许可等行政审批、许可上给予支持
人事劳动部门	加强人才引进和专业技术人员培训
行业协会、学会和中介组织	为企业提供产业发展的新政策、新技术、新产品和市场动态等信息与技术服务，积极搭建磷石膏产用企业联合发展平台

由此，磷化工企业将迎来资金、税收、创新和综合领域的政策红利。特别可用好用足政府帮助培育下游市场、解决体系标准缺失问题、实施财政补贴及

---

① 《关于加快磷石膏资源综合利用的意见》（黔府发〔2018〕10号），贵州省人民政府，2018年4月4日。

② 《关于加快磷石膏资源综合利用的意见》（黔府发〔2018〕10号），贵州省人民政府，2018年4月4日。

税收优惠等三大扶持政策，下大力气推动磷石膏综合利用产业发展。比如，瓮福集团和开磷集团已分别开工建设了磷石膏建筑石膏粉项目，为发展系列砂浆、轻质墙板等建筑材料提供优质原料；同时开工建设福泉磷石膏新型建材产业园，建设砂浆、轻质墙板等下游产品项目，推动磷化工企业向新型建材产业拓展。

（四）明确利用的合作方向

明确的政策措施，促进企业延长产业链，寻求上下游企业和创新要素并进行合作。加强对外交流和招商引资，瓮福集团已与上和筑公司、蓝图公司、可耐科技等企业合作，生产的磷石膏墙板、喷筑墙体等已用于移民搬迁和房地产建设项目中。开磷集团与中科院过程所合作的磷石膏硫酸钙资源循环利用产业化项目可研已完成，与中科院宁波材料所合作的高纯硫酸钙、纳米硫酸钙生产项目可研已完成。川恒化工公司与北京科技大学合作的 CH 半水磷石膏膏体充填技术已完成中试试验并启动工业试验项目。

（五）明确利用的组织实施

《省人民政府关于加快磷石膏资源综合利用的意见》对强化组织领导、落实推进责任、强化考核督导和强化宣传引导进行明确。该意见出台后，还陆续制定了《贵州省磷石膏"以渣定产"工作方案》《贵州省磷石膏资源综合利用工作考核方案（试行）》《贵州省磷石膏建材推广应用工作方案》，下达了 2018 年磷石膏消纳和推广应用年度目标任务。从地方上来看，贵阳市和黔南州也出台了磷石膏资源综合利用的措施和补贴方案。从企业来看，开磷集团、瓮福集团等磷石膏产生企业分别制定磷石膏"以渣定产"工作计划，层层压实责任，层层传导压力。各市（州）政府和省工信厅、省住建厅等部门经常深入企业协调帮扶，积极为企业排忧解难，基本建立起磷石膏"以渣定产"工作机制。

四　成绩和存在的问题

通过努力，目前贵州省磷化工行业"以渣定产"工作初见成效，基本形成建材、井下充填采矿和磷石膏制酸三大利用途径。2018 年，全省磷石膏资源综合利用率达67%，比2017 年提升24 个百分点，位居全国前列。各相关龙头企业也取得了显著成效。如通过一年来的努力，瓮福对磷石膏的综合利用确定了方向路径，锁定了高端技术，摸清了市场情况，争取了优惠政策，规划了建材园区，甄选了国内外优质合作伙伴，现已初步形成具有规模体量、品类齐全、价值层次分明的磷石膏建材产品产业体系，磷石膏利用率大幅提升，以前危害环境的废物，变成创造市场价值的财富，一年消耗200 多万吨磷石膏。但是，受历史原因和生产水平制约影响，磷石膏大规模综合利用还存在一些亟待解决的问题。比如磷石膏大规模综合利用技术还有待进一步突破；磷石膏建材产品成本仍然偏大，推广应用以及市场接受程度还需进一步提高；磷石膏资源综合利用项目的建设资金筹措还存在一定困难。

五　推进磷石膏以渣定产对策建议

（一）强化行业规范管理

强化法律法规和产业政策执行，构建综合标准体系，推动一批不符合能耗、环保、质量、安全生产等法律法规和产业政策的落后产能退出，逐步引导部分生产经营困难、装置工艺陈旧落后、产能利用效率低下、资源综合利用能力不足的产能主动退出。按照减量化、再利用、资源化的原则，积极筹备由生产企业、科研院校、工程建设公司等单位组建的磷石膏综合利用产业联盟，强化行业规范管理。

（二）积极开发高新技术

鼓励大规模利用砌块、砖及干混砂浆等磷石膏利用技术产业化，积极推广与湿法磷酸生产工艺耦合的磷石膏资源化技术，加快建设磷石膏制硫酸循环利用示范工程、磷石膏胶凝材料及其应用示范工程等，从工艺源头提高磷石膏应用性能及品质。积极创新综合利用技术，推动磷石膏与水泥、建筑、农业、新材料等产业耦合，使利用向多途径、大规模、高附加值的产业化发展。如瓮福集团、川恒公司、金正大公司积极改进生产工艺，提高磷石膏品质。其中，川恒公司和金正大公司采用半水法磷酸工艺，提高磷石膏品质；瓮福集团改进选矿工艺，将磷精矿品位由32%提高到35%。

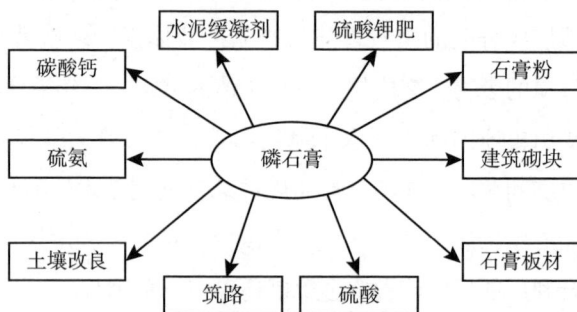

图1　磷石膏利用技术创新方向

（三）依托企业推进磷石膏利用规模化集约化产业化

针对贵州磷化工产业现状和未来发展方向，加快推进磷石膏资源综合利用规模化和产业化，谋划一批磷石膏消纳能力大、技术水平高的磷石膏资源综合利用项目，推动磷化工产业实现绿色、可持续发展，进而实现精细化、专用化、高端化和绿色化。加快推进集约经营模式，根据堆存分布情况，通过打造示范企业、骨干企业和基地建设试点，用有利的政策引导它们兼并重组等方式推进集约化生产。大力推进先进产能建设，加快建设瓮福化工科技有限公司磷石膏生产2×35万吨/年建筑石膏粉项目、磷石膏生产20万吨/年α高强石膏粉项目，金正大诺泰尔化学有限公司80万吨/年磷石膏双向高效利用项目，贵州开迪绿色建筑材料有限公司3×20万吨/年高温石膏及配套石膏系列建材项目，贵州开莱绿色建筑材料有限公司2×20万吨/年建筑石膏及配套石膏砂浆项目，贵州西洋宏达科技有限公司年产20万吨磷石膏粉项目等，努力提高磷石膏利用能力。

（四）强化市场宣传开拓

要有针对性地解决市场认可度不高的问题，充分利用传统和新兴媒体资源，在全社会普及磷石膏产品无害化的知识。采取以替代促进推广应用的方式，加快实现建筑抹灰石膏普及应用，全省逐步实施磷石膏建材等工业副产石膏建材替代天然石膏建材。以实施磷石膏建材推广示范引领。按照政府带头、企业自主原则，逐步提高磷石膏建材应用比重。政府投资公共建筑的内隔墙、内墙抹灰、屋面抹灰及石膏吊顶采用以磷石膏建筑石膏粉为主要原料的磷石膏建材，鼓励政府保障性住房、移民搬迁和村寨改造住房以及社会投资建设项目开展磷石膏建材推广应用示范工程建设。

（五）增强要素保障

鼓励企业开展清洁生产，对于在实施"以渣定产"中主动作为的企业，给予补助。对磷石膏综合利用企业优先安排应急转贷资金，优先享受生产要素保障。鼓励优势互补的企业抱团发展，帮助引进金融、会展、研究以及上下游企业，提升磷石膏综合利用产品市场竞争力。

B.20
贵州省"零网箱·生态鱼"
渔业发展研究

徐自龙 刘杜若*

摘 要： 贵州省委省政府把整治网箱养鱼作为深入抓好环保督察和巡视反馈意见整改、推进水产养殖业绿色发展、促进产业转型升级、加强生态环境保护的重要内容，全面取缔乌江流域网箱养鱼，实现全域"零网箱"，并在全省推进"零网箱·生态鱼"渔业发展。本文总结归纳了贵州省提出该项政策的背景、必要性和紧迫性、采取的措施和取得的成效，分析了存在的问题，并在此基础上提出了对策建议。

关键词： 零网箱 生态鱼 水环境保护

2015年2月，中央政治局常务委员会会议审议通过《水污染防治行动计划》（简称"水十条"），为推进依法治水提供了具体方略，发出了党的十八大后切实加大水污染防治力度、向水污染宣战的号角。2016年12月，中共中央办公厅、国务院办公厅印发了《关于全面推行河长制的意见》，要求以保护水资源、防治水污染、改善水环境、修复水生态为主要任务，全面建立省、市、县、乡四级河长体系，构建责任明确、协调有序、监管严格、保护有力的河湖管理保护机制，进一步在维护河湖健康生命、实现河湖功能永

---

* 徐自龙，中共贵州省委政策研究室干部；刘杜若，经济学博士，贵州省社会科学院对外经济研究所副研究员，研究方向：比较经济学、绿色经济。

续利用上进行了制度探索，不断在水污染防治上发力，水污染防治成为党的十八大以来加强生态文明建设的重要内容。

网箱养鱼是贵州省水产主要的养殖方式之一，近年来网箱养殖无序发展问题突出，对水环境造成污染。2017年，中央第七环境保护督察组向贵州省反馈督察情况时指出，贵州省农委对水产养殖工作监管不力，导致全省网箱养鱼无序发展，对水环境造成污染。其中，乌江、珠江、清水江等重点流域库区网箱养鱼规划面积为6718亩，而实际养殖面积达到22181亩。① 2018年，中央第四巡视组巡视贵州发现，贵州省还存在网箱养鱼导致水生态破坏的问题，要求限期整改。贵州省委省政府把抓好网箱养鱼问题整改作为守好发展和生态两条底线，深入抓好环保督察和巡视反馈意见整改的重要内容，从战略的角度全面取缔乌江流域网箱养鱼，实现全域"零网箱"，并在全省推进"零网箱·生态鱼"渔业发展。2018年6月，贵州省召开深入推进河长制工作电视电话会议，正式宣布从2018年起全面推进"零网箱·生态鱼"渔业发展。2018年9月，贵州省农委印发《贵州省生态渔业发展实施方案》，要求充分利用江河湖库水面、池塘、山塘、稻田等资源发展生态渔业，打造生态鱼产业和品牌，走新时代渔业高质量发展之路，把生态渔业打造成为绿色生态产业、特色优势产业、脱贫主导产业、乡村振兴产业。2019年贵州省政府出台《关于加快推进生态渔业发展的指导意见》，明确要求以"零网箱·生态鱼"为目标，将绿色发展理念贯穿于渔业生产全过程，推动渔业高效益、高品质与高产量均衡发展。目前来看，贵州省推动"零网箱·生态鱼"渔业发展主要分为两个阶段，第一个阶段在全省层面拆除网箱，第二个阶段在拆除网箱基础上发展生态渔业，推动转型发展。当前，贵州推动"零网箱·生态鱼"渔业发展的思路更加明确、目标更加清晰，开局良好、起步稳健，为推进生态渔业发展奠定了良好的基础，但也还存在一些问题亟须破解，实现发展目标任重而道远。有鉴于此，本文希望通过分析贵州

---

① 《中央第七环境保护督察组向贵州省反馈督察情况 孙志刚作表态发言》，多彩贵州网，2017，http://news.gog.cn/system/2017/08/01/015951079.shtml。

省推动"零网箱·生态鱼"渔业发展的原因、采取的措施和取得的成效、存在的问题，为下一步发展提供借鉴。

一 必要性和紧迫性分析

（一）贯彻落实国家生态文明政策的必然选择

生态是统一的自然系统，相互依存、紧密联系，其中水又居于核心地位，是良好生态环境的决定性因素。建设生态文明，加强生态环境保护，必须把治水摆在突出位置。党中央、国务院高度重视水生态保护，持续对重点流域进行综合整治，大力推进水污染防治和水环境保护，水污染防治取得阶段性成果，水环境质量不断改善，水生态保护取得积极成效。但是，总体来看，我国水环境质量不容乐观，水污染形势依然严峻，水生态保护任务艰巨，污水直排、城市黑臭水体等问题十分突出，水生态破坏、水资源缺乏、水环境恶化还不同程度存在，水生态破坏导致的环保投诉和群体性事件不断增加，严重影响了人民群众生产生活，不利于经济社会持续发展，保护水安全，加强水污染防治形势严峻。党的十八大以来，国家将水环境保护作为生态文明建设的重要内容。在中央的高度重视下，水污染治理力度不断加大，要求不断提高。党中央、国务院实施水污染防治行动计划，坚定不移推动水污染防治，紧盯水污染治理目标，加大政策执行力度，要求各省市与国务院签订水污染防治的目标责任书，就加强江河湖海水污染、农业面源水污染和水污染源治理等方面做出明确承诺，加强水污染治理、保护水生态成为加强生态文明建设和生态环境保护必须完成、必不可少的内容。推动实施"零网箱·生态鱼"渔业发展，是当前我国推动经济社会高质量发展、生态环境保护力度逐步加大背景下的战略选择，是贯彻落实党中央、国务院水污染防治决策部署的必然举措，也是推动贵州省渔业发展进一步应对资源和生态环境的严峻形势，适应我国经济转变发展方式、优化经济结构、转换增长动力的迫切需要。大力推进"零网箱·生态鱼"渔业发展，有利于贵州省在探索自然环境与经济社会发展协同共进的高质量发展路子上迈出新的步伐。

（二）推动贵州水环境改善的必然选择

近年来，贵州省认真贯彻落实习近平生态文明思想，始终坚持生态优先、绿色发展，全力实施大生态战略行动，推动生态文明建设和生态环境保护取得明显成效。《2017 年贵州省环境状况公报》显示，全省地表水水质总体良好，主要河流监测断面中 94.7% 达到Ⅲ类及以上水质类别，14 个出境断面全部达到Ⅲ类及以上水质类别，9 个中心城市集中式饮用水水源地水质达标率保持在 100%，137 个县级城镇集中式饮用水水源地全年个数达标率为 98.4%。[①] 但水污染问题在部分地区、部分水域依旧比较突出。2017 年，中央第七环境保护督察组向贵州省反馈督察情况时明确指出，贵州水环境问题比较突出。其中，与 2014 年相比，2016 年乌江水库偏岩河口和乌江大坝断面化学需氧量浓度分别上升 50.4% 和 26.2%，万峰湖天生桥断面化学需氧量浓度上升 96.7%，清水江白市、兴仁桥、清水江旁海、营盘断面化学需氧量浓度分别上升 75.2%、28.7%、28.2% 和 27.1%。[②] 乌江、万峰湖等水域正是贵州渔业发展的主要地区，网箱养鱼的无序发展是造成这些水域水污染问题严重的重要原因，中央第七环境保护督察组对贵州省网箱养鱼无序发展问题提出明确整改要求，推动贵州水环境改善、推动网箱养鱼绿色化改造成为必然选择。

（三）推动水产养殖绿色高质量发展的必然选择

从渔业发展趋势来看。网箱养鱼有效地帮助人民群众特别是贵州这样的山区的人民群众解决"吃鱼难"问题。但是，随着我国经济发展由高速增

---

① 《2017 年贵州省环境状况公报》，贵州省环境保护厅网站，2018，http：//www. gzhjbh. gov. cn/hjgl/hjjc1/hjzlsjcx/hjzkgb/828693. shtml。

② 《中央第七环境保护督察组向贵州省反馈督察情况　孙志刚作表态发言》，多彩贵州网，2017，http：//news. gog. cn/system/2017/08/01/015951079. shtml。

长转向高质量发展阶段，经济社会各个领域都面临着转变发展方式、优化经济结构、转换增长动力的要求。与新时代的发展要求相比，网箱养鱼存在导致养殖水域污染，严重破坏养殖水域生态环境；部分地区养殖网箱网围过多过密，水产养殖布局不尽合理；产业的规模化、组织化、品牌化程度较低等问题，不利于水产养殖的发展。要在新时代推动水产养殖绿色高质量发展，必须深入贯彻五大发展理念，尤其要注重推进水产养殖的绿色发展。2019年2月，农业农村部、生态环境部、自然资源部、国家发展和改革委员会等十部委联合印发了《关于加快推进水产养殖业绿色发展的若干意见》（以下简称《意见》）。该《意见》在我国水产养殖领域具有极其重要的地位，它是新中国成立以来第一个由国务院颁发的关于水产养殖业的指导性文件，在我国水产养殖业领域具有纲领性意义，也是深入贯彻落实五大发展理念、推动我国水产养殖业高质量发展的具有里程碑意义的文件，为推进我国水产养殖业高质量发展提供了基本遵循。《意见》出台之前，贵州全面禁止网箱养鱼，推动实施"零网箱·生态鱼"渔业发展，无疑具有政策的前瞻性，为推动贵州水产养殖绿色高质量发展打下了坚实基础。

从渔业发展前景看。进入新时代，我国居民的消费水平逐步提高，对于生活质量、饮食健康问题越来越重视，希望吃得健康、吃得安全、吃得放心。水产品作为主要的高蛋白、低脂肪的肉类产品，越来越得到人们的青睐，成为人们心中理想的健康食品，在我国居民膳食中将占据越来越重要的位置。对贵州省而言，人均渔产品占有量仅7公斤，为全国平均水平的15.2%，每年需要从周边省份调入8万多吨，市场缺口大，市场前景广。同时，贵州省这样的山区省份，水产养殖面积少，不具备大面积养殖条件，只有走水产养殖的高端化、集约化、绿色化发展才能发挥自然生态良好的优势，进行错位竞争，实现高质量发展。根据统计，贵州省有适宜发展湖库生态渔业面积134万亩、稻田养殖面积320万亩，资源丰富，潜力较大。当前，随着网箱养鱼的清除，全省水产品供应总量将有较大减少，更需要发展生态渔业予以替代，以保障人民群众吃鱼的需求，贵州省推动生态渔业发展具有较大的市场空间，更具有明显优势。

二 措施和成效

（一）全面清理网箱养鱼

贵州省农委先后多次召开全省网箱拆除工作专题会议，对网箱拆除工作进行全面安排部署，严格制定乌江干（支）流、清水江干流、珠江干流网箱拆除工作方案，明确时间表、路线图、责任主体、资金保障等，全面推动工作落实。强化工作保障和资金支持，成立省农委网箱拆除工作领导小组，统筹解决工作中遇到的重大问题，调整中央渔船柴油价格补贴资金1664万元和省渔业发展资金500万元，共计2164万元支持保障网箱拆除工作。强化督查检查，建立网箱拆除工作"一日一调度"制度对标对表开展督查，及时掌握网箱拆除工作进展情况，开展督促检查20余次，对有网箱拆除任务的25个县（市、区）实现督促检查全覆盖。各地采取党委领导、政府组织、分步推进、全部取缔的方式，按照合理补偿、依法行政、公平公正的原则，统筹人力物力，对养殖网箱进行全面清理整治。2016年12月至2018年5月，贵州省全面开展网箱养殖清理整治，共取缔网箱养殖3.37万亩，涉及25个县（市、区），在全国率先实现全域"零网箱"。在网箱拆除中，各地政府还注重破解网箱存鱼处理的难题，积极稳妥处置存鱼问题。比如，安龙县通过政府搭建平台，帮助养殖户卖鱼；发动国有公司和社会企业，清理万峰湖山塘水库购鱼；加快推进陆基项目建设养鱼；按旅游规划，启动库湾建设，采取公司＋合作社＋后靠移民转鱼等方式，从"卖鱼、购鱼、养鱼、转鱼"四个方面着手推动存鱼处置。

（二）加强水域长效管护

在乌江干（支）流、清水江干流、珠江干流等网箱养殖重点区域，通过张贴通告、发放宣传资料等方式，引导群众关心、支持、参与清理网箱养殖和库区管理，同时组织人员深入渔民户家中讲政策、摆道理、量面积、算经费、出思路、消顾虑，通过做渔民的思想工作消除渔民心中症结，得到渔民的支持和理解，营造全民参与的良好氛围。各地还成立了防止网箱养殖反弹和库区长效管护工作领导小组，按照"一河一策""一库一策"的方式，明确责任单位、责任人，并建立相应的考核和责任追究机制，确保对库区的监管落地落细落实，使防止网箱养殖反弹成为长期工作，有效防止网箱养殖反弹。还组织环保、公安、水务、交通等部门和涉水乡镇，不定期开展库区联合执法巡查，尤其是对跨省（区）交界水域和一些易发水域，加大执法巡查力度，确保网箱养殖不反弹。

（三）推动渔民转产转业

贵州省农委印发了《关于做好网箱拆除后渔民转产渔业转型有关工作的通知》，指导各地全面开展网箱养殖渔民摸底调查，建立一户一档，通过产业扶持、贷款贴息、资金补助等措施，帮助渔民发展生态渔业、蔬菜、水果、中药材、畜禽养殖等产业，扎实做好上岸渔民转产工作。比如，开阳县通过大力发展红色旅游、发展经果林种植等方式，有力推动渔民转产上岸。据统计，仅开阳县龙水乡、花梨镇通过组织开展果树、蔬菜等技术培训，就发展蜂糖李、枇杷、甜柿、大红桃等水果2.37万亩，涉及种植户478户。①又比如，兴义市着力发展生态养殖、特色胡峰、精品水果、早熟蔬菜、全域旅游等五大产业，在建成的16个生态养殖库湾项目中，采取"公司＋合作社＋渔民（贫困户）"的模式，鼓励渔民参与其中并让利70%股份给渔民，惠及1万多户渔民，转移就业150人；151户692人转产养殖户自发参与到精品水果、早熟蔬菜的种植中。据不完全统计，各地共举办各类培训班713期，培训渔民2.95万人次，转产转业渔民2.73万人，初步实现了渔民能上岸、能发展，从根本上防止了网箱养殖反弹。

---

① 《开阳县四举措巩固网箱整治成果》，人民网，2018，http：//gz.people.com.cn/n2/2018/0718/c384377－31830088.html。

（四）推进生态渔业发展

为推动"零网箱·生态鱼"渔业健康快速发展，弥补全面取缔网箱养殖之后的渔业市场空缺，贵州省结合自身水资源较好、冷水资源丰富等优势，大力发展湖库生态养殖、稻田养鱼、冷水鱼养殖等生态渔业，并将其作为12项重点发展产业之一纳入农村产业革命内容，由省领导牵头成立了省生态渔业发展领导小组和生态渔业专班，推动各市（州）和重点县（市、区）相应成立，为生态渔业发展提供组织保障。出台《关于加快推进生态渔业发展的指导意见》《贵州省生态渔业发展工作方案》等文件，提出包括发展目标、产业布局、品牌战略、配套政策、科技支持等在内的15项指导意见，全力推进渔业转型升级、水产提质增效、水质持续改善。由省水投集团组建省生态渔业发展有限责任公司，构建了"公司+合作社（集体经济组织）+渔民（贫困群众）"的利益联结机制，全力打造"贵水黔鱼"生态鱼品牌，做实、做强、做优生态渔业产业。2019年，贵州的生态水产养殖产量预计达到18.02万吨，生态水产养殖产值38.3亿元。

三 存在的困难和问题

贵州省委省政府大力推动"零网箱·生态鱼"生态渔业发展，既是深入贯彻习近平生态文明思想的具体举措，也是守好发展和生态两条底线、实施大生态战略行动的内在要求。在顶层设计上符合贵州资源要素禀赋、要素投入和分配机制，是在充分考虑当前渔业发展大趋势和贵州实际的基础上做出的战略决策，对于满足人民群众对高品质农产品的需求、丰富城乡群众粮食结构、深化农业供给侧结构性改革、完善农业养殖结构和带动贫困群众增收致富都有重大的现实意义。但推动"零网箱·生态鱼"生态渔业发展才刚刚起步，有许多困难和问题亟待破解。

（一）生态渔业发展理念落地还有差距

生态渔业发展相对于传统渔业发展是一条更加健康的路径，为渔业发提供了更高层面、更高要求的发展思路和理念。长期以来，贵州水产养殖的主要方式为以家庭为单元的传统养殖，其理念和意识在一段时间内难以改变。从养殖户的自身诉求看，传统养殖技术要求低，对其整套流程十分熟悉，虽然单价便宜，但大规模的养殖给其带来了实实在在的利益。新的生产方式导致养殖户丢掉了原来的谋生方式，养殖户从自身利益保障进行理性选择，难免存在抵触。执法巡查的结果显示，依然存在网箱重建的情况。同时，渔业在贵州省农业中所占比重较低，各级地方政府仍然存在对渔业产业发展的重大意义认识不足、重视力度不够的问题，要推动"零网箱·生态鱼"渔业发展必须对此加以重视并妥善解决。

（二）生态渔业发展服务体系还不健全

产业转型升级需要一整套政策推动、市场导向、多种专业化组织协调的运作体系，培育农民、孵化经济组织，形成良性的产业生态的重要支撑。从生态渔业发展来看，需要构建苗种生产、养殖服务、病害监控防治、水产品质量检测、市场对接等体系，但目前贵州省生态渔业发展才起步，原有体系难以适应新的需要，而新的体系还未完全建立。比如，生态渔业的发展对于科技的要求更高，但在养殖尾水处理、水域生态环境修复等方面都还需要进行技术探索，符合贵州实际的湖库、稻田、山塘、流水池、池塘工程化循环水等生态鱼养殖的技术规范仍然不够完善。贵州省从事生态渔业技术服务的专业队伍薄弱，各级生态渔业技术推广部门专业技术人员严重不足。需要在地方政府的主导和监管下，进一步探索建立符合贵州实际的生态渔业发展服务体系才能有效保障转型发展的顺利进行。

（三）规模化、组织化和产业化经营水平不高

贵州省并非水产主产区，长期以来水产养殖多以家庭经营为主，渔业生产的专业化、规模化、组织化程度还较低，水产品产业化水平低，极大地限制了贵州省生态渔业的发展进程。渔业企业普遍规模小、实力弱，贵州缺少产供销一条龙、加工贸一体化的龙头企业，水产品精深加工型企业和规模化

的中介流通组织、专业化合作组织还比较欠缺。同时，名特优产品缺乏规模，没有叫得响的品牌，区域经济特色不强，产品安全意识不够，产品品质不优，经济效益不高。用于生态渔业发展的财政投入资金不足，生态渔业发展后劲还有待观察。

四　对策建议

（一）加快构建生态渔业产业体系

认真贯彻落实省农委《贵州省生态渔业发展实施方案》，坚持走经济效益与生态效益相适宜的路子，充分利用全省水域资源，合理开发江河湖库发展生态渔业，加快形成符合贵州实际的生态渔业产业体系。在江河湖库发展大水面生态渔业，重点发展鲢鱼、鳙鱼等滤食性鱼类大水面生态养殖和围湾放养。以黔东南、遵义、铜仁等地为重点，大力发展稻田养鱼，养殖鲤鱼、草鱼、虾、泥鳅、螃蟹、鳖、蛙等品种，实行深沟精养与"人放天养"相结合。推广工程化循环水养殖和集装箱陆基循环水养殖。

（二）促进三产融合发展

大力推进产业化经营，推动产业融合，延伸产业链、提高价值链，构建养殖、加工、运输、市场销售的完整产业链，实现从农业到工业再到服务业的有机衔接、互动共生。贵州发展渔业养殖多在青山秀水间，要充分发挥贵州省良好的生态环境优势，以养殖基地为主要平台，全面发挥渔业资源和水资源的旅游价值、休闲体验价值，将渔业发展与餐饮美食、旅游度假、康体养生、文化传承、科学普及等有机结合起来，使渔业产业资源转化为观光产品、旅游产品，做好水文章，打好生态牌，唱好旅游戏，丰富渔业业态，提高渔业价值，拓宽增收渠道。

（三）强化品牌和地理标识创建

实施品牌带动战略，打造贵州生态鱼品牌，通过强化管理、制定标准、提升品质，以打造"贵水黔鱼"公共品牌为重点，采取线上线下结合、批发零售兼营模式，加快淘宝、京东等线上布局，强化品牌旗舰店、形象店、社区店线下建设。同时，通过自媒体、贵州电子商务云、贵农网、农经网、官方微博、微信公众号、农博会、展销会等平台，加大"贵水黔鱼"品牌宣传推介力度，不断提升品牌知名度、影响力和市场竞争力，使"贵水黔鱼"品牌唱响贵州、走向全国。做好"三品一标"认证工作，夯实品牌创建基础，鼓励渔业企业积极申报创建知名、著名、驰名商标和名牌产品。

（四）强化要素保障

强化渔业执法，严格执行禁渔区、禁渔期制度，切实保护原生渔业资源，坚决打击非法捕捞行为。根据水环境容量开展渔业增殖放流，不断加大水域生态环境修复，推动水域环境持续改善，为水域生态环境保护和生态渔业发展营造良好的发展氛围。加强政策扶持，加大财政投入，强化金融服务，以市场为主导，以企业为主体，政府整合各类资源，联动推进全省生态渔业快速发展。强化科技支撑，围绕养殖尾水处理、水域生态环境修复、土著经济鱼类繁殖育苗、设施渔业苗种培育、江河湖库鱼类捕捞、水产品精深加工等关键技术开展深入研究，加快推动符合贵州实际的生态养殖模式和标准化养殖技术的集成创新，通过教育培训、送科技下乡等形式，扩大科技成果运用，全面提升全省渔业生产的技术水平。

（五）营造发展的良好氛围

要充分利用报刊、广播电视、互联网、新媒体等渠道，运用好新时代农民讲习所等平台加大对"零网箱·生态鱼"渔业发展的宣传力度。在宜渔地区、乡镇、村点持续宣传"零网箱·生态鱼"渔业发展的重大决策部署，宣传各地推进生态渔业发展的成功经验，推动养殖户切实转变观点，改变过去不顾生态环境盲目发展的做法，以新的眼光和思路，来思考和谋划渔业发展，在推动"零网箱·生态鱼"渔业发展中抢占渔业发展的先机和优势，进一步营造凝聚共识、协力推挤的浓厚氛围。

附　录

Appendices

B.21
贵州大生态法规文件汇编

国家生态文明试验区（贵州）实施方案*

为贯彻落实党中央、国务院关于生态文明建设和生态文明体制改革的总体部署，推动贵州省开展生态文明体制改革综合试验，建设国家生态文明试验区，根据中共中央办公厅、国务院办公厅印发的《关于设立统一规范的国家生态文明试验区的意见》，制定本实施方案。

一　重大意义

习近平总书记强调，贵州要守住发展和生态两条底线，正确处理发展和生态环境保护的关系，在生态文明建设体制机制改革方面先行先试，把提出

---

* 2017 年 10 月 2 号，由中共中央办公厅、国务院办公厅印发。

的行动计划扎扎实实落实到行动上，实现发展和生态环境保护协同推进。李克强总理指出，从贵州实际出发，走出一条新型工业化、山区新型城镇化和农业现代化的路子，在发展中升级，在升级中发展，实现产业崛起和生态环境改善的共赢。贵州省是长江、珠江上游重要生态屏障，既面临全国普遍存在的结构性生态环境问题，又面临水土流失和石漠化仍较突出、生态环保基础设施严重滞后等特殊问题；既面临加快发展、决战决胜脱贫攻坚的紧迫任务，又面临资源环境约束趋紧、城镇发展和农业生态空间布局亟待优化的严峻挑战，现有生态文明制度体系还不能适应转方式调结构优供给、推动绿色发展的需要。深入贯彻落实习近平总书记和李克强总理的重要指示批示精神，在贵州建设国家生态文明试验区，有利于发挥贵州的生态环境优势和生态文明体制机制创新成果优势，探索一批可复制可推广的生态文明重大制度成果；有利于推进供给侧结构性改革，培育发展绿色经济，形成体现生态环境价值、增加生态产品绿色产品供给的制度体系；有利于解决关系人民群众切身利益的突出资源环境问题，让人民群众共建绿色家园、共享绿色福祉，对于守住发展和生态两条底线，走生态优先、绿色发展之路，实现绿水青山和金山银山有机统一具有重大意义。

二 总体要求

（一）指导思想

全面贯彻党的十八大和十八届三中、四中、五中、六中全会精神，深入贯彻习近平总书记系列重要讲话精神和治国理政新理念新思想新战略，紧紧围绕统筹推进"五位一体"总体布局和协调推进"四个全面"战略布局，牢固树立和贯彻落实新发展理念，认真落实党中央、国务院决策部署，以建设"多彩贵州公园省"为总体目标，以完善绿色制度、筑牢绿色屏障、发展绿色经济、建造绿色家园、培育绿色文化为基本路径，以促进大生态与大扶贫、大数据、大旅游、大开放融合发展为重要支撑，大力构建产权清晰、多元参与、激励约束并重、系统完整的生态文明制度体系，加快形成绿色生态廊道和绿色产业体系，实现百姓富与生态美有机统一，为其他地区生态文明建设提供可借鉴可推广的经验，为建设美丽中国、迈向生态文明新时代做出应有贡献。

（二）战略定位

1. 长江珠江上游绿色屏障建设示范区

完善空间规划体系和自然生态空间用途管制制度，建立健全自然资源资产产权制度，全面推行河长制，划定并严守生态保护红线、水资源开发利用控制红线、用水效率控制红线和水功能区限制纳污红线，完善流域生态保护补偿机制，创新跨区域生态保护与环境治理联动机制，加快构建有利于守住生态底线的制度体系。

2. 西部地区绿色发展示范区

建立矿产资源绿色化开发机制，健全绿色发展市场机制和绿色金融制度，开展生态文明大数据共享和应用，完善生态旅游融合发展机制，加快构建培育激发绿色发展新动能的制度体系。

3. 生态脱贫攻坚示范区

完善生态保护区域财力支持机制、森林生态保护补偿机制和面向建档立卡贫困人口购买护林服务机制，深化资源变资产、资金变股金、农民变股东"三变"改革，推进生态产业化、产业生态化发展，加快构建大生态与大扶贫深度融合、百姓富与生态美有机统一的制度体系。

4. 生态文明法治建设示范区

加强涉及生态环境的地方性法规和政府规章的立改废释，推动省域环境资源保护司法机构全覆盖，完善行政执法与刑事司法协调联动机制，加快构建与生态文明建设相适应的地方生态环境法规体系和环境资源司法保护体系。

5. 生态文明国际交流合作示范区

深化生态文明贵阳国际论坛机制，充分发挥其引领生态文明建设和应对气候变化、服务国家外交大局、助推地方绿色发展、普及生态文明理念的重要作用，加快构建以生态文明为主题的国际交流合作机制。

（三）主要目标

到 2018 年，贵州省生态文明体制改革取得重要进展，在部分重点领域形成一批可复制可推广的生态文明制度成果。到 2020 年，全面建立产权清晰、多元参与、激励约束并重、系统完整的生态文明制度体系，建成以绿色为底色、生产生活生态空间和谐为基本内涵、全域为覆盖范围、以人为本为根本目的的"多彩贵州公园省"。通过试验区建设，在国土空间开发保护、自然资源资产产权体系、自然资源资产管理体制、生态环境治理和监督、生态文明法治建设、生态文明绩效评价考核和责任追究等领域形成一批可在全国复制推广的重大制度成果，在生态脱贫攻坚、生态文明大数据、生态旅游、生态文明国际交流合作等领域创造出一批典型经验，在推进生态文明领域治理体系和治理能力现代化方面走在全国前列，为全国生态文明建设提供有效制度供给。

到 2020 年，实现以下目标：

——生产空间集约高效。推动生产空间开发从外延扩张转向优化结构，从严控制新增建设用地总量，提高国土单位面积投资强度和产出效率。国土空间开发强度控制在 4.2% 以内，建设用地总规模控制在 74.4 万公顷以内。推动产业全面向园区聚集。

——生活空间宜居适度。引导人口向城镇集中，优化城镇布局，划定城市开发边界。城市空间面积占全省国土总面积控制在 1.2% 以内，城镇绿色建筑占新建建筑的比例达 50%，县城以上城镇污水处理率、生活垃圾无害化处理率分别达 93% 以上和 90% 以上。推动农村居民点适度集中、集约布局，农村居民点面积占全省国土总面积控制在 1.9% 以内，70% 以上行政村达到绿色村庄标准，90% 以上行政村的生活垃圾得到有效治理。

——生态空间山清水秀。逐步扩大绿色自然生态空间，增强生态产品供给能力。全省森林覆盖率达 60%，森林面积扩大到 10.56 万平方公里，草原综合植被盖度达到88%，水土流失治理率达23%以上，河流、湖泊、湿地面积逐步增加，八大水系（乌江、沅水、都柳江、牛栏江—横江、南盘江、北盘江、红水河、赤水河）水质优良率保持在92%以上，出境断面水质优良比例保持在90%以上，重要江河湖泊水功能区水质达标率达86%，地级市全部达到环境空气质量二级标准，县级以上城市空气质量优良天数比例保持在95%以上，生物多样性保护工程取得重要进展。

三 重点任务

（一）开展绿色屏障建设制度创新试验

1. 健全空间规划体系和用途管制制度

以主体功能区规划为基础统筹各类空间性规划，推进省级空间性规划多规合一。在六盘水市、三都县、雷山县等地开展市县多规合一试点，深入推进荔波、册亨国家主体功能区建设试点示范，加快构建以市县级行政区为单元，由空间规划、用途管制、差异化绩效考核等构成的空间治理体系，2017年出台省级空间规划编制办法。研究建立自然生态空间用途管制制度、资源环境承载能力监测预警制度，推动建立覆盖全省国土空间的监测系统，动态监测国土空间变化，2018年制定贵州省自然生态空间用途管制实施办法。开展生态保护红线勘界定标和环境功能区划工作，在生态保护红线内严禁不符合主体功能定位、土地利用总体规划、城乡规划的各类开发活动，严禁任意改变用途，确保生态保护红线功能不降低、面积不减少、性质不改变，建立健全严守生态保护红线的执法监督、考核评价、监测监管和责任追究等制度。坚持最严格耕地保护制度，全面划定永久基本农田并实行特殊保护，任何单位和个人不得擅自占用或改变用途，2017年完成永久基本农田落地块、明责任、设标志、建表册、入图库等工作，实行动态监测。划定城镇开发边界，开展城市设计、生态修复和城市修补工作。出台全省"十三五"土地整治规划，统筹安排土地整治和高标准农田建设。强化节约集约用地激励约束机制，落实单位地区生产总值建设用地使用面积下降目标，健全城镇建设用地总量控制管理机制，2017 年研究出台具体实施方案。

2. 开展自然资源统一确权登记

2017 年在赤水市、绥阳县、六盘水市钟山区、普定县、思南县开展自然资源统一确权登记试点，制定贵州省自然资源统一确权登记试点实施方案，在不动产登记的基础上，建立统一的自然资源登记体系。初步摸清试点地区水流、森林、山岭、草原、荒地和探明储量的矿产资源等自然资源权属、位置、面积等信息，2020 年全面建立全省自然资源统一确权登记制度。

3. 建立健全自然资源资产管理体制

2017 年制定贵州省自然资源资产管理体制改革实施方案，开展国家自然资源资产管理体制改革试点，除中央直接行使所有权的外，将分散在国土资源、水利、农业、林业等部门的全民所有自然资源资产所有者职责剥离，整合组建贵州省国有自然资源资产管理机构，经贵州省政府授权，承担全民所有自然资源资产所有者职责。探索不同层级政府行使全民所有自然资源资产所有权的实现形式，贵州省政府代理行使所有权的全民所有自然资源资产，由贵州省国有自然资源资产管理机构设置派出机构直接管理。选择遵义市、黔东南州作为试点，受贵州省政府委托承担所辖行政区域内全民所有自然资源资产所有权的部分管理工作。县乡政府原则上不再承担全民所有自然资源资产所有者职责。

4. 健全山林保护制度

健全水土流失和石漠化治理机制，创新政府资金投入方式，调动社会资金投入水土流失、石漠化治理。按照谁治理、谁受益的原则，赋予社会投资人对治理成果的管理权、处置权、收益权，形成水土流失、石漠化综合治理和管理长效机制。完善森林生态保护补偿机制，实行省级公益林与国家级公益林补偿联动、分类补偿与分档补助相结合的森林生态效益补偿机制；逐步提高生态公益林补偿标准，力争到 2020 年实现省级公益林与国家级公益林生态效益补偿标准并轨。严格执行矿产资源开发利用、土地复垦、矿山环境恢复治理"三案合一"，切实做好水土流失预防和治理。

5. 完善大气环境保护制度

制定严于国家标准的空气污染物排放标准，实施燃煤火电、水泥、钢铁、化工等重点行业大气污染物特别排放限值。以贵阳市、安顺市、遵义市为重点，建立黔中地区大气污染联防联控机制，完善重污染天气监测、预警和应急响应体系。2018年制定县级以上城市限制燃煤区和禁止燃煤区划定方案，尽快实现城区"无煤化"。建立更加严格的机动车环保联动监测机制。实行县（市、区）政府所在地大气环境质量排名发布制度和对大气环境质量未达标或严重下降地方政府主要负责人约谈制度。完善控制污染物排放许可制度，实施企事业单位排污许可证管理，实现污染源全面达标排放。

6. 健全水资源环境保护制度

全面推行河长制，落实河湖管护主体、责任和经费，并聘请水利、环保专家、社会组织负责人等担任河湖民间义务监督员。实行水资源消耗总量和强度双控行动。以工业园区污水、垃圾处理设施为重点，落实污水垃圾处理收费制度，全面建立以县为单位第三方治理的新机制。完善地方水质量标准体系，制定地方性水污染排放标准。建立水资源、水环境承载能力监测评价体系，到2020年完成市（州）、县（市、区、特区）区域水资源、水环境承载能力现状评价。建立健全地下水开采利用管控制度，编制地面沉降区等区域地下水压采方案，到2020年对年用地下水5万立方米以上的用水户实现监控全覆盖。建立流域内县（市、区）、重点企业参与的联席会议制度，构建风险预警防控体系，建立突发环境事件水量水质综合调度机制。编制一般工业固体废物贮存、处置等公共渣场选址规划，强化渣场渗滤液污染防范。编制养殖水域滩涂规划，全面实行养殖证制度，规范发展渔业养殖。制定出台贵州省健全生态保护补偿机制的实施意见，逐步在省域范围内推广覆盖八大流域、统一规范的流域生态保护补偿制度。开展西江跨地区生态保护补偿试点。

7. 完善土壤环境保护制度

以农用地和重点行业企业用地为重点，开展土壤污染状况详查。实施农用地分类管理，制定实施受污染耕地安全利用方案，降低农产品超标风险，强化对严格管控类耕地的用途管理，依法划定特定农产品禁止生产区域。对受污染地块实施建设用地准入管理，防范人居环境风险。建立贵州省耕地土壤环境质量类别划定分类清单、建设用地污染地块名录及其开发利用的负面清单。建立土壤环境质量状况定期调查制度、土壤环境质量信息发布制度、土壤污染治理及风险管控制度，健全土壤环境应急能力和预警体系。鼓励土壤污染第三方治理，建立政府出政策、社会出资金、企业出技术的土壤污染治理与修复市场机制。

（二）开展促进绿色发展制度创新试验

1. 健全矿产资源绿色化开发机制

完善矿产资源有偿使用制度，全面推行矿业权招拍挂出让，加快全省统一的矿业权交易平台建设。建立矿产开发利用水平调查评估制度和矿产资源集约开发机制。完善资源循环利用制度，建立健全资源产出率统计体系。2017年出台贵州省全面推进绿色矿山建设的实施意见及相关考核办法。

2. 建立绿色发展引导机制

2017年制定绿色制造三年专项行动计划，完善绿色制造政策支持体系，建设一批绿色企业、绿色园区。建立健全生态文明建设标准体系。制定节能环保产业发展实施方案，健全提升技术装备供给水平、创新节能环保服务模式、培育壮大节能环保市场主体、激发市场需求、规范优化市场环境的支持政策。建设国家军民融合创新示范区，鼓励军工企业发展节能环保装备产业。建立以绿色生态为导向的农业补贴制度。健全绿色农产品市场体系，建立经营联合体，编制绿色优质农产品目录。建立林业剩余物综合利用示范机制，推动林业剩余物生物质能气、热、电联产应用。完善绿色建筑评价标识管理办法，严格执行绿色建筑标准。建立装配式建筑推广使用机制。推行垃圾分类收集处置，推动贵阳市、遵义市、贵安新区制定并公布垃圾分类工作方案，鼓励其他市（州）中心城市、县城开展垃圾分类。建立和完善水泥窑协同处置城市垃圾运行机制，推行水泥窑协同处置城市垃圾。

3. 完善促进绿色发展市场机制

2017 年出台培育环境治理和生态保护市场主体实施意见，对排污不达标企业实施强制委托限期第三方治理。2017 年实行碳排放权交易制度，积极探索林业碳汇参与碳排放交易市场的交易规则、交易模式。建立健全排污权有偿使用和交易制度，逐步推行企事业单位污染物排放总量控制、通过排污权交易获得减排收益的机制，2017 年建成排污权交易管理信息系统。推进农业水价综合改革，开展水权交易试点，制定水权交易管理办法。研究成立贵州省生态文明建设投资集团公司。

4. 建立健全绿色金融制度

积极推动贵安新区绿色金融改革创新，鼓励支持金融机构设立绿色金融事业部。创新绿色金融产品和服务。加大绿色信贷发放力度，完善绿色信贷支持制度，明确贷款人的尽职免责要求和环境保护法律责任。稳妥有序探索发展基于排污权等环境权益的融资工具，拓宽企业绿色融资渠道。引导符合条件的企业发行绿色债券。推动中小型绿色企业发行绿色集合债，探索发行绿色资产支持票据和绿色项目收益票据等。健全绿色保险机制。依法建立强制性环境污染责任保险制度，选择环境风险高、环境污染事件较为集中的区域，深入开展环境污染强制责任保险试点。鼓励保险机构探索发展环境污染责任险、森林保险、农牧业灾害保险等产品。

（三）开展生态脱贫制度创新试验

1. 健全易地搬迁脱贫攻坚机制

对住在生存条件恶劣、生态环境脆弱、自然灾害频发等地区的农村贫困人口，利用城乡建设用地增减挂钩政策支持易地扶贫搬迁，建立健全易地扶贫搬迁后续保障机制。对迁出区进行生态修复，实现保护生态和稳定脱贫双赢；通过统筹就业、就学、就医，衔接低保、医保、养老，建设经营性公司、小型农场、公共服务站，探索集体经营、社区管理、群众动员组织的机制，确保贫困群众搬得出、稳得住、能致富。

2. 完善生态建设脱贫攻坚机制

支持贵州自主探索通过赎买以及与其他资产进行置换等方式，将国家级和省级自然保护区、国家森林公园等重点生态区位内禁止采伐的非国有商品林调整为公益林，将零星分散且林地生产力较高的地方公益林调整为商品林，促进重点生态区位集中连片生态公益林质量提高、森林生态服务功能增强和林农收入稳步增长，实现社会得绿、林农得利。2018 年在国家级和省级自然保护区、毕节市公益林区内开展试点。以盘活林木、林地资源为核心，推进森林资源有序流转，推广经济林木所有权、林地经营权新型林权抵押贷款改革，拓宽贫困人口增收渠道。建立政府购买护林服务机制，引导建档立卡贫困人口参与提供护林服务，扩大森林资源管护体系对贫困人口的覆盖面，拓宽贫困人口就业和增收渠道。制定出台支持贫困山区发展光伏产业的政策措施，促进贫困农民增收致富。开展生物多样性保护与减贫试点工作，探索生物多样性保护与减贫协同推进模式。

3. 完善资产收益脱贫攻坚机制

推进开展贫困地区水电矿产资源开发资产收益扶贫改革试点，探索建立集体股权参与项目分红的资产收益扶贫长效机制。深入推广资源变资产、资金变股金、农民变股东"三变"改革经验，将符合条件的农村土地资源、集体所有森林资源、旅游文化资源通过存量折股、增量配股、土地使用权入股等多种方式，转变为企业、合作社或其他经济组织的股权，推动农村资产股份化、土地使用权股权化，盘活农村资源资产资金，让农民长期分享股权收益。

4. 完善农村环境基础设施建设机制

全面改善贫困地区群众生活条件。实施农村人居环境改善行动计划，整村整寨推进农村环境综合整治。探索建立县城周边农村生活垃圾村收镇运县处理、乡镇周边村收镇运片区处理、边远乡村就近就地处理的模式，到2020 年实现90% 以上行政村生活垃圾得到有效处理。通过城镇污水处理设施和服务向农村延伸、建设农村污水集中处理设施和分散处理设施，实现行政村生活污水处理设施全覆盖。2017 年制定贵州省培育发展农业面源污染治理、农村污水垃圾处理市场主体方案，探索多元化农村污水、垃圾处理等环境基础设施建设与运营机制，推动农村环境污染第三方治理。建立农村环境设施建管运协调机制，确保设施正常运营。逐步建立政府引导、村集体补贴相结合的环境公用设施管护经费分担机制。强化县乡两级政府的环境保护职责，加强环境监管能力建设。建立非物质文化遗产传承机制和历史文化遗产保护机制，加强传统村落和传统民居保护。

（四）开展生态文明大数据建设制度创新试验

1. 建立生态文明大数据综合平台

建设生态文明大数据中心，推动生态文明相关数据资源向贵州集聚，定期发布生态文明建设"绿皮书"。打造长江经济带、泛珠三角区域生态文明数据存储和服务中心，为有关方面提供数据存储与处理服务。2017年建成环保行政许可网上审批系统，健全环境监管数字化执法平台。2018年完善全省污染源在线监控系统，2019年基本建成覆盖全省的环境质量自动监测网络，2020年建成覆盖环境监测、监控、监管、行政许可、行政处罚、政务办公、公众服务的贵州省生态环境大数据资源中心，实现生态环境质量、重大污染源、生态状况监测监控全覆盖。

2. 建立生态文明大数据资源共享机制

2018年制定贵州省生态环境数据资源管理办法，建立生态环境数据协议共享机制和信息资源共享目录，明确数据采集、动态更新责任，推动生态环境监测、统计、审批、执法、应急、舆论等监管数据共享和有序开放，实现全省生态环境关联数据资源整合汇聚。

3. 创新生态文明大数据应用模式

建立环境数据与工商、税务、质检、认证等信息联动机制，支撑环境执法从被动响应向主动查究违法行为转变。建立固定污染源信息名录库，整合共享污染源排放信息；建立环境信用监管体系，对不同环境信用状况的企业进行分类监管；探索在环境管理中试行企业信用报告和信用承诺制度。

（五）开展生态旅游发展制度创新试验

1. 建立生态旅游开发保护统筹机制

制定贵州省生态旅游资源管理办法，建立旅游资源数据库，健全生态旅游开发与生态资源保护衔接机制，推动生态与旅游有效融合。完善旅游资源分级分类立档管理制度，对重点旅游景区景点资源和新发现的三级及以上旅游资源，由省进行统筹规划、开发、利用，禁止低水平重复建设景区景点，统筹做好旅游资源开发全过程保护，建立旅游资源保护情况通报制度。在重点生态功能区实行游客容量、旅游活动、旅游基础设施建设限制制度。探索建立资源共用、市场共建、客源共享、利益共分的区域生态旅游合作机制。

2. 建立生态旅游融合发展机制

积极创建全域旅游示范区、生态旅游示范区。以黄果树景区、赤水旅游度假区、荔波樟江风景名胜区、梵净山国家级自然保护区为重点，探索建立资源权属明晰、管理机构统一、产业融合发展、利益分配合理的生态旅游管理体制。2017年制定贵州省全域旅游工作方案，以推进山地旅游业与生态农业、林业、康养业融合发展为重点，在黔北、黔东北、黔东南等生态农业、森林旅游功能区，建立生态旅游资源合作开发机制、市场联合营销机制和协作维护管理机制，推进生态旅游、农业旅游、森林旅游建立发展规划协调、项目整合、产品融合、品牌共建等一体化发展机制，形成多层次、多业态的生态旅游产业发展体系。

（六）开展生态文明法治建设创新试验

1. 加强生态环境保护地方性立法

全面清理和修订地方性法规、政府规章和规范性文件中不符合绿色经济发展、生态文明建设的内容。适时修订《贵州省生态文明建设促进条例》、《贵州省环境保护条例》，2020年前制定出台贵州省环境影响评价条例、水污染防治条例、世界自然遗产保护管理条例，推动城市供水和节约用水、城市排水、公共机构节约能源资源以及农村白色垃圾、塑料薄膜、限制性施用化肥农药、畜禽零星（分散）养殖等领域的地方性立法，构建省级绿色法规体系。

2. 实现生态环境保护司法机构全覆盖

实现全省各级法院环境资源审判机构全覆盖，深入推进环境资源案件集中管辖和归口管理，对涉及生态环境保护的刑事、民事、行政三类诉讼案件实行集中统一审理，推动环境资源案件专门化审判。完善打击、防范、保护三措并举，刑事、民事、行政三重保护，司法、行政、公众三方联动的"三三三"生态环境保护检察运行模式。健全检察院环境资源司法职能配置，深入推进检察机关提起公益诉讼工作，严格依法有序推进环境公益诉讼。规范环境损害司法鉴定管理工作，努力满足环境诉讼需要。探索生态恢复性司法机制，运用司法手段减轻或消除破坏资源、污染环境状况。建立生态文明律师服务团，引导群众通过法律渠道解决环境纠纷。健全环境保护行政执法与刑事司法协调联动机制。

3. 完善生态环境保护行政执法体制

探索建立严格监管所有污染物排放的环境保护管理制度，逐步实行环境保护工作由一个部门统一监管和行政执法，建立权威统一的环境执法体制。探索开展按流域设置环境监管和行政执法机构试点工作，实施跨区域、跨流域环境联合执法、交叉执法。开展省以下环保机构监测监察执法垂直管理试点，2017 年完成试点工作，实现市县两级环保部门的环境监察职能上收，推动环境执法重心向市县下移。

4. 建立生态环境损害赔偿制度

开展生态环境损害赔偿制度改革试点，明确生态环境损害赔偿范围、责任主体、索赔主体和损害赔偿解决途径等，探索建立完善生态环境损害担责、追责体制机制，探索建立与生态环境赔偿制度相配套的司法诉讼机制，2018 年全面试行生态环境损害赔偿制度，2020 年初步构建起责任明确、途径畅通、机制完善、公开透明的生态环境损害赔偿制度。

（七）开展生态文明对外交流合作示范试验

1. 健全生态文明贵阳国际论坛机制

深化生态文明贵阳国际论坛年会机制，充分发挥论坛国际咨询会等作用，探索实施会员制，建立论坛战略合作伙伴和议题合作伙伴体系。2018年编制论坛发展规划，完善论坛主题和内容策划机制，提升论坛的国际化、专业化水平。坚持既要"论起来"又要"干起来"，建立论坛成果转化机制，加快论坛理论成果和实践成果转化。

2. 建立生态文明国际合作机制

支持贵州与相关国家和地区有关方面深入开展合作，构建生态文明领域项目建设、技术引进、人才培养等方面长效合作机制；与联合国相关机构、生态环保领域有关国际组织等加强沟通联系，积极开展交流、培训等务实合作。

3. 建立生态文明建设高端智库

依托生态文明贵阳国际论坛，广泛利用国内外环保组织、高校、研究机构人才资源，建立生态文明建设高端智库，探讨生态文明建设最新理念，研究生态文明领域重大课题，提出战略性、前瞻性政策措施建议。支持贵州高校建立生态文明学院，加强生态文明职业教育。

（八）开展绿色绩效评价考核创新试验

1. 建立绿色评价考核制度

加强生态文明统计能力建设，加快推进能源、矿产资源、水、大气、森林、草地、湿地等统计监测核算。2017年起每年发布各市（州）绿色发展指数，开展生态文明建设目标评价考核，考核结果作为党政领导班子和领导干部综合评价、干部奖惩任免以及相关专项资金分配的重要依据。研究制定森林生态系统服务功能价值核算试点办法，探索建立森林资源价值核算指标体系。

2. 开展自然资源资产负债表编制

在六盘水市、赤水市、荔波县开展自然资源资产负债表编制试点，探索构建水、土地、林木等资源资产负债核算方法。2018 年编制全省自然资源资产负债表。

3. 开展领导干部自然资源资产离任审计

扩大审计试点范围，探索审计办法，2018 年建立经常性审计制度，全面开展领导干部自然资源资产离任审计。加强审计结果应用，将自然资源资产离任审计结果作为领导干部考核的重要依据。

4. 完善环境保护督察制度

强化环保督政，建立定期与不定期相结合的环境保护督察机制，2017年起每 2 年对全省 9 个市（州）、贵安新区、省直管县当地政府及环保责任部门开展环境保护督察，对存在突出环境问题的地区，不定期开展专项督察，实现通报、约谈常态化。

5. 完善生态文明建设责任追究制

实行党委和政府领导班子成员生态文明建设一岗双责制。建立领导干部任期生态文明建设责任制，按照谁决策、谁负责和谁监管、谁负责的原则，落实责任主体，以自然资源资产离任审计结果和生态环境损害情况为依据，明确对地方党委和政府领导班子主要负责人、有关领导人员、部门负责人的追责情形和认定程序。对领导干部离任后出现重大生态环境损害并认定其需要承担责任的，实行终身追责。

四　保障措施

（一）强化组织实施

中央全面深化改革领导小组经济体制和生态文明体制改革专项小组以及国家发展改革委、环境保护部等部门和单位要加强对国家生态文明试验区（贵州）建设的指导，加大政策支持力度，协调解决贵州省在建设试验区过程中的困难和问题。贵州省要建立党委和政府主要领导牵头的组织领导体系，构建党委统一领导、政府组织实施、人大政协监督、部门分工协作、全社会共同参与的生态文明建设工作格局。在市（州）推广贵阳市生态文明建设管理体制改革经验，结合实际探索建立精简统一、运转高效的生态文明建设管理机构。加强试验区建设的法治保障，重大改革措施突破现行法律、行政法规、国务院文件和国务院批准的部门规章规定的，要按程序报批，取得授权后施行。

（二）加大政策支持

加大生态文明建设资金支持力度，优化和整合资金渠道，创新政府性资金投入方式，提高资金使用效益。通过国家科技计划（专项、基金等），支持符合条件的生态文明科技创新，推动重点领域共性关键核心技术突破和成果应用示范。通过人才引进、挂职交流、项目合作等方式，培育和引进一批生态文明建设领域的领军人才、高层次创新人才和团队。在高校建设一批与生态文明建设密切相关的学科专业，推动对生态文明建设所需的硕士、博士授权点和企业科研博士后流动站给予倾斜。建立绿色科技创新产学研一体化和科技创新成果产业化技术支撑体系。建立生态文明建设重大项目库，动态发布生态文明建设重大项目工程包，推动试验区建设项目落实。

（三）及时总结推广

贵州省要加强对改革任务落实情况的跟踪督察，适时开展改革任务成效评估，必要时可委托第三方机构进行独立评估。对成熟、试行有效、值得推广的经验，要尽快总结提炼提升，形成可复制可推广的有效经验，适时在全国范围内推广。对不成熟的但具有推广价值的改革经验，可适当扩大试点范围，创新工作方法和思路，继续深入探索；对试验中发现的问题和实践证明不成功、不可行的举措，要及时调整，提出相关建议。建立健全激励和容错纠错机制，全方位开展生态文明体制改革创新试验，允许试错、宽容失败、及时纠错，注重总结经验。

（四）整合示范试点

整合已经部署开展的贵州省生态文明先行示范区和生态文明建设示范区、毕节开发扶贫生态建设试验区等综合性示范区，以及省级空间规划试点、荔波等国家主体功能区建设试点、黔东南州生态文明示范工程试点、贵阳市等全国水生态文明城市建设试点等各类专项试点示范，统一纳入国家生态文明试验区集中推进，各部门按照职责分工继续推动。

（五）营造良好氛围

加大试验区建设的宣传力度，深入解读和宣传生态文明各项制度的内涵和改革方向，营造合力推进试验区建设的良好社会氛围。创新生态文明宣传方式方法，创作一批反映生态文明建设的艺术作品。创新生态文明教育培训机制，把生态文明建设纳入各类教育培训体系，编写生态文明干部读本和教材，推进绿色理念进机关、学校、企业、社区、农村。形成创建绿色学校、机关、村寨、社区、家庭的长效机制，大力发展生态文明志愿者队伍，吸引公众积极参与生态文明建设。

贵州省生态文明建设促进条例①

第一章　总　　则

第一条　为了促进生态文明建设，推进经济社会绿色发展、循环发展、

---

① 2014 年 5 月 17 日贵州省第十二届人民代表大会常务委员会第九次会议通过，自 2014 年 7 月 1 日起施行。根据 2018 年 11 月 29 日贵州省第十三届人民代表大会常务委员会第七次会议通过的《贵州省人民代表大会常务委员会关于修改〈贵州省大气污染防治条例〉等地方性法规个别条款的决定》修正，于 12 月 18 日实行。

低碳发展，保障人与自然和谐共存，维护生态安全，根据有关法律、法规的规定，结合本省实际，制定本条例。

第二条 本省行政区域内的生态文明建设和相关活动，适用本条例。

第三条 本条例所称生态文明，是指以尊重自然、顺应自然和保护自然为理念，人与人和睦相处，人与自然、人与社会和谐共生、良性循环、全面发展、持续繁荣的社会形态。

本条例所称生态文明建设，是指为实现生态文明而从事的各项建设活动及其相关活动。

第四条 在本省行政区域内进行经济建设、政治建设、文化建设、社会建设等活动，应当与生态文明建设相协调，不得与生态文明建设的要求相抵触。

第五条 生态文明建设坚持节约优先、保护优先、自然恢复为主的方针，坚持政府引导与社会参与相结合、区域分异与整体优化相结合、市场激励与法治保障相结合的原则，实现资源利用效率提高、污染物产生量减少、经济社会发展方式合理、产业结构优化、生态系统安全。

第六条 省人民政府统一领导、组织、协调全省生态文明建设工作，县级以上人民政府负责本行政区域生态文明建设工作，并将生态文明建设纳入国民经济和社会发展规划及年度计划。

县级以上人民政府生态文明建设机构，具体负责本行政区域生态文明建设的指导、协调和监督管理工作。

县级以上人民政府有关部门按照各自职责做好生态文明建设工作。

第七条 鼓励公民、法人和其他组织参与生态文明建设，并保障其享有知情权、参与权、表达权和监督权。公民、法人和其他组织有权检举、投诉和控告危害生态文明建设的行为。

第八条 各级人民政府应当通过开展世界地球日、环境日、湿地日、低碳日、节水日以及全国节能宣传周等主题宣传活动，加强生态文明宣传，普及生态文明知识，倡导生态文明行为，提高全社会的生态文明意识。

每年6月为本省生态文明宣传月。

第九条　各级人民政府应当对建设生态文明成绩显著的单位和个人予以表彰和奖励。

第二章　规划与建设

第十条　省人民政府应当编制生态文明建设规划，市、州和县级人民政府可以根据上级人民政府生态文明建设规划编制本行政区域的生态文明建设规划，报同级人大常委会批准后实施。

生态文明建设规划主要内容包括：生态文明建设总体目标、指标体系、重点领域及重点工程、重点任务、保障机制和措施等。

经依法批准的生态文明建设规划，非经法定程序，任何单位和个人不得修改。

第十一条　省人民政府应当根据本省主体功能区规划和生态文明建设规划以及相关技术规范划定生态保护红线，确定生态保护红线区域、自然资源使用上限和环境质量安全底线并向社会公布。

本条例所称生态保护红线是指为维护国家和区域生态安全及经济社会可持续发展，保障公众健康，在自然生态功能保障、环境质量安全、自然资源利用等方面，需要实行严格保护的空间边界与管理限值。

生态保护红线区域包括禁止开发区、集中连片优质耕地、公益林地、饮用水水源保护区等重点生态功能区、生态敏感区和生态脆弱区及其他具有重要生态保护价值的区域。

编制或者调整土地利用总体规划、城乡规划、环境保护规划、林地保护利用规划、水土保持规划等，应当遵守生态保护红线。

公民、法人和其他组织在生态保护红线区域从事各种活动应当严格遵守相关要求，维护生态安全。

第十二条　县级以上人民政府应当编制生态文明建设指标体系。

生态文明建设指标体系包括生态安全、生态经济、生态环境、生态人居、生态文化、生态制度等内容。

第十三条 县级以上人民政府应当逐步建立自然生态空间规划体系,划定生产、生活、生态空间开发管制界限,落实用途管制。

各级人民政府应当优化用地结构,建立国土空间开发保护制度,划定耕地和林地保护红线,节约集约利用土地资源。

第十四条 县级以上人民政府有关部门应当根据本级人民政府或者上级人民政府生态文明建设规划制定清洁生产、循环经济发展、应对气候变化、生态农业和生态林业发展、城乡绿色交通建设、生态旅游发展、绿色建筑和绿色生态城区发展等规划或者行动方案,报同级人民政府批准后实施。

第十五条 县级以上人民政府应当积极发展生态工业、生态农业、现代种业、设施农业、生态林业、生态服务业等产业,将低碳、节能、节水、节地、节材、新能源、资源合理开发和综合利用、主要污染物减排、环保基础设施建设、固体废物处置和危险废物安全处置等项目列为重点投资领域。

第十六条 县级以上人民政府应当按照减量化、再利用、资源化的要求,逐步构建覆盖全社会的资源循环利用体系、再生资源回收体系,积极推进循环经济发展,推动资源利用节约化和集约化,降低资源消耗强度,提高资源产出率。

开发区、产业园区应当加强循环化改造,实现产业废物交换利用、能量梯级利用、废水循环利用和污染物集中处理;完善环境保护设施,发展绿色产业,建设循环经济基地。

第十七条 县级以上人民政府应当结合本地实际,推广使用天然气、风能、太阳能、浅层地温能和生物质能等绿色能源,降低化石能源使用比例,改善能源使用结构;加强工业生态化改造,推动企业降低单位产值能耗和单位产品能耗,淘汰落后的生产能力,提高能源使用效率;推行建筑节能,推广使用新型墙体材料,发展绿色建筑。

第十八条 县级以上人民政府及其有关部门应当按照国家规定逐步淘汰落后产能,并公布本区域内落后生产技术、工艺、设备和材料的限期淘汰计划和目录,有关单位应当按照计划限期淘汰。鼓励企业采用先进技术、工艺、设备和材料。

禁止引进、新建、扩建和改建不符合产业政策和环境准入条件的产业、企业及项目。

第十九条 县级以上人民政府及其有关部门应当发展生态农业，构建新型农业生产体系，推行生态循环种养模式，科学合理使用农业投入品，保障农业安全。推进畜禽粪便、废水、弃物综合利用与无害化处理，防治农业面源污染，全面改善农村生产生活条件和生态环境。

第二十条 县级以上人民政府及其有关部门应当加强森林、林地、湿地、绿地的规划和建设，发挥森林、湿地等自然生态系统在应对气候变化、改善生态环境、维护生态安全、抵御自然灾害中的重要作用。

第二十一条 县级以上人民政府及其有关部门应当合理规划生态旅游资源，加大旅游资源整合与产业融合力度，鼓励有条件的地区发展生态旅游。

第二十二条 县级以上人民政府及其有关部门应当完善城市公共交通体系，构建便捷通畅的城乡交通网络，鼓励绿色出行，减少机动车污染物排放。

第二十三条 县级以上人民政府及其有关部门应当将生态文明建设内容纳入国民教育体系和培训机构教学计划，推进生态文明宣传教育示范基地建设。

教育行政部门和学校应当将生态文明教育融入教育教学活动，推进绿色校园建设。

第二十四条 县级以上人民政府及其有关部门应当采取措施，弘扬生态文化，开展生态文化载体建设，保护生态文化景观，实施生态文化保护和利用示范工程，发展体现生态理念、地方特色的文化事业和文化产业；倡导文明、绿色的生活方式和消费模式，引导全社会参与生态文明建设。

各级人民政府以及有关部门应当利用文化设施、传媒手段和文学艺术等形式，普及生态文明知识和行为规范。

第二十五条 开展生态文明社区、单位、家庭以及示范教育基地等创建活动，树立绿色消费观念，分类投放生活垃圾，形成文明的生活习惯，提高全民生态文明素质，增强全民生态文明建设的责任感，促进全社会形成良好的生态文明风尚。

第三章 保护与治理

第二十六条 各级人民政府应当对划入生态保护红线区域的禁止开发区、自然保护区、风景名胜区、森林公园、湿地公园、集中式饮用水水源地及重要地质遗迹、自然遗迹、人文遗迹和 1000 亩以上集中连片优质耕地实行永久性保护，确保红线区域面积占全省面积的 30% 以上。

生态保护红线区域实行分级分类管理，一级管控区禁止一切形式的开发建设活动，二级管控区禁止影响其主导生态功能的开发建设活动。

第二十七条 各级人民政府应当将国有林场所有森林转为生态林，将 25°以上坡耕地全部纳入退耕还林（草）范围；划定湿地保护区域，确定湿地生态功能分区。

县级以上人民政府及其有关部门应当加强森林资源保护，禁止非法砍伐林木和破坏野生动植物资源，加强城乡绿化、通道绿化和园林绿化，改善人居环境；组织实施重大生态修复工程，改善生态环境，提高生态环境承载力。

第二十八条 实行严格的水资源管理制度。县级以上人民政府及其有关部门应当制定水资源开发利用总量、用水效率控制和水功能区限制纳污基准。实施规划水资源论证制度，建立水资源水环境承载能力监测预警机制和实时监测制度。加强水资源保护，改善水体生态功能，确保水质达到水环境功能区要求。

第二十九条 各级人民政府应当严守耕地保护红线，从严控制建设用地；严格执行工业用地招拍挂制度，探索工业用地租赁制；适度开发利用低丘缓坡地，推进农村土地整治和旧城镇旧村庄旧厂房、低效用地等二次开发利用，清理处置闲置土地。鼓励和规范城镇地下空间开发利用。

第三十条 各级人民政府应当做好土壤环境状况调查，建立严格的耕地和集中式饮用水水源地周边土壤环境保护制度，划定优先保护区域，提高土壤环境综合监管能力，建立土壤环境保护体系。

对已经造成严重污染的耕地，应当组织监测和修复，或者合理调整耕地用途。

第三十一条　各级人民政府应当加强大气污染防治，严格执行国家和地方大气污染物排放标准。

第三十二条　县级以上人民政府应当建立本行政区域内的矿山地质环境监测工作体系，加强矿山地质环境的保护和矿山废弃地的生态修复，加强山体保护。

第三十三条　县级以上人民政府应当加强水污染防治，建立目标责任制，对本行政区域的水环境质量负责，确保水质安全，定期公布出入境断面水质状况。

各级人民政府应当加强城镇、美丽乡村示范点、乡村旅游

度假区污水收集处理系统的规划、建设、运行及其监督管理，提高城镇污水处理率。鼓励对生产生活废水进行深度处理，提高中水回用率，削减污染物进入水环境的总量。

第三十四条　各级人民政府应当加强水利建设、生态建设、石漠化的综合治理，并进行分类指导、统筹推进；合理确定不同区域生态建设和石漠化治理方式，提高生态脆弱区域抗御自然灾害和贫困地区自我发展能力。

第三十五条　各级人民政府应当加强固体废物污染防治工作，加强固体废物分类收集、综合利用和无害化处理体系建设。鼓励多渠道投资建设固体废物综合处理系统。

环境保护主管部门应当建立危险废物收集、运输、处置全过程环境监督管理体系，加强对产生、收集和处置危险废物企业的监管，确保危险废物安全处置。

第三十六条　县级以上人民政府应当加强城乡环境综合治理，改善城乡生态系统，推动绿色生态城区建设，完善公共服务设施，提高城乡人居环境质量。

第三十七条　省人民政府林业、农业、环境保护等主管部门应当定期开展区域生物多样性调查，建立生物物种资源数据库和外来入侵物种名录，加

强生物多样性保护，完善外来物种风险评估制度，防范外来物种对本省生态环境的危害。

第三十八条 县级以上人民政府有关部门应当采取措施加强对具有自然生态系统代表性、民族特色、重要观赏价值的山峰、喀斯特地貌、森林景观资源、稻作梯田、古大珍稀树木等自然标志物和古城镇、古村落、古文化等历史遗迹的保护。

第四章 保障措施

第三十九条 县级以上人民政府生态文明建设机构统筹实施生态文明建设规划，制定生态文明建设年度行动计划，推进生态文明建设，做好生态文明建设工作的组织协调、任务分解、督促检查、评估考核工作。

第四十条 县级以上人民政府应当建立生态文明建设目标责任制，目标责任制主要包括下列内容：

（一）水资源管理控制指标；

（二）节能和主要污染物排放总量约束性指标；

（三）森林覆盖率、森林蓄积量、森林质量、林地保有量、湿地保有量、物种保护程度指标；

（四）重大生态修复工程；

（五）资源产出率、土地产出率指标；

（六）环境基础设施以及防灾减灾体系建设；

（七）生态文化建设指标；

（八）可再生能源占一次能源消费比重；

（九）中水回用、再生水、雨水等非饮用水水源利用指标；

（十）城乡垃圾无害化处理率、城镇污水处理率、城市园林绿化率指标；

（十一）其他经济社会发展的生态文明建设指标。

第四十一条 省、市州人民政府应当将节能减排目标逐级分解，落实到下一级人民政府，签订节能减排目标和资源产出率指标责任书，建立节能评估审查、污染物总量控制、环境质量提升与环境风险控制相结合的环境管理模式，并将节能减排目标任务和资源产出率指标完成情况作为对下一级人民政府及其负责人年度考核评价的内容。

县级以上人民政府应当每年向上一级人民政府报告节能减排目标任务和资源产出率指标完成情况和节能减排措施落实情况。

超过主要污染物排放总量控制指标的地区和企业，县级以上人民政府环境保护部门应当责令限期治理，向社会公布，并暂停审批新增同种污染物排放总量的建设项目。

第四十二条　对生态环境可能产生重大影响的建设项目，建设单位应当优先考虑自然资源条件、生态环境承载能力和保护措施，按照法律、法规规定和已经批准的建设规划、水资源论证报告、水土保持方案、环境影响评价文件、节能评估文件和气候可行性论证文件等的要求进行建设，并进行风险评估。

建立决策责任追究制度，对因盲目决策造成生态环境严重损害的，应当追究决策主要负责人及相关责任人的责任。

第四十三条　县级以上人民政府有关部门应当向同级人民政府报告职责范围内的生态文明建设工作情况，由同级生态文明建设机构对报告进行评估，评估结果作为生态文明建设目标考核的重要依据。

第四十四条　上级人民政府每年对下级人民政府和开发区管理机构进行生态文明建设目标责任考核；县级以上人民政府对政府职能部门生态文明建设目标考核结果应当纳入政府绩效考核体系，并向社会公告。

建立健全经济社会发展评价体系和考核体系，根据主体功能定位实行差别化评价考核制度，提高资源消耗、环境损害、生态效益、资源产出率等指标权重。对禁止开发区域，实行单位第一责任人生态环境保护考核一票否决制；对生态文明建设目标责任单位及第一责任人的绩效考核，实行生态环境保护约束性指标完成情况一票否决制度和第一责任人自然资源资产离任审计制度；对限制开发区域和生态脆弱的国家扶贫开发工作重点县，取消地区生产总值考核,增加循环经济产业、清洁型产业占地区生产总值比重等新指标。实行单位第一责任人生态环境损害责任追究制。

生态文明建设目标责任及考核的具体办法,由省人民政府另行规定。

第四十五条 县级以上人民政府及其有关部门对列入重点投资领域的生态文明建设项目,应当按照国家产业政策要求在项目布点、土地利用等方面给予重点支持。

第四十六条 县级以上人民政府应当将生态文明建设作为公共财政支出的重要内容,在年度财政预算中统筹安排,逐步加大投入。通过专项资金整合,综合运用财政贴息、投资补助等方式支持公益性生态文明建设项目。

鼓励和支持社会资金采取多种投资形式参与生态文明建设,鼓励金融机构在信贷融资等方面支持生态文明建设。

第四十七条 使用财政性资金的机关和组织,应当建立绿色采购制度,优先采购和使用节能、节水、节材、再生产品等有利于保护环境的产品,节约使用办公用品,按照定额指标用能、用水。

县级以上人民政府商务部门应当引导企业之间建立绿色供应链。

鼓励、引导消费者购买和使用节能、节水、再生产品,不使用或者减少使用一次性用品。

第四十八条 省人民政府应当建立健全自然资源资产产权制度和用途管制制度,编制自然资源资产负债表;制定有利于生态文明建设的资源有偿使用、绿色信贷、绿色税收、环境污染责任保险、生态补偿、环境损害赔偿以及碳排放权、排污权、节能量、水权交易等环境经济政策。逐步划定自然资源资产产权,并进行确权登记。

省人民政府发展改革、环境保护主管部门应当推行环境污染第三方治理,推进环境自动监控设施社会化、专业化运营,支持发展环境污染损害鉴定中介评估机构,推动相关环保产业良性发展。

第四十九条 省、市州人民政府应当按照保护者受益、污染者(破坏者)赔偿、受益者补偿的原则,逐步建立健全生态保护补偿机制。通过财政转移支付与资金、技术、实物补偿等方式,在全省八大水系、草海实施生态补偿，逐步对全省空气质量实行地区间生态补偿，并对生态保护区、流域上游地区和生态项目建设者、保护者、受损者提供经济补偿和经费支持。

鼓励探索区域合作等形式进行生态补偿，推动地区间搭建协商平台，建立生态补偿市场化运作机制和横向转移支付制度。

第五十条　县级以上人民政府应当安排资金，用于支持有关生态文明建设的科学技术研究开发和有利于生态文明建设的科技创新和管理创新，推动资源节约型、环境友好型技术和产品的示范、推广与应用，提高自主创新能力。

高等院校、科研机构应当加强生态文明建设相关领域的学科建设、人才培养和科学技术研究开发。鼓励高等院校、科研机构加强与省外高等院校、科研机构开展生态文明建设研究合作与交流，带动本省科技力量发展，推动生态文明建设。

创新人才发展和运行机制，采取提供创业资助、工作场所、住房、公寓、贷款担保、融资服务和薪酬激励等措施，引进、培养和聚集人才，加强生态文明人才队伍建设。

对于生态文明建设中面临的重大技术和管理问题，可以通过政府购买服务等方式，吸引省内外有实力的组织和个人，参与科技和管理创新。

第五十一条　县级以上人民政府及其有关部门应当强化科技支撑，完善技术创新体系，加强重点实验室、工程技术（研究）中心建设，开展关键技术攻关；健全科技成果转化机制，促进节能环保、循环经济等先进技术推广应用。

第五十二条　县级以上人民政府应当建立生态环境污染公共监测预警机制，制定预警方案；县级以上人民政府及其有关部门应当建立生态环境监测系统，对本行政区域水环境、大气环境、声环境、辐射环境、固体废物、森林资源系统等进行监测，监测结果向社会公布。

第五十三条　建立区域生态文明联动机制，统一区域产业环保准入标准，实施环境信息共享，推进区域水污染、大气污染联防联控。逐步完善跨界污染应急联动机制和区域危险废物、化学品环境监管机制，共同维护区域生态环境安全。

第五十四条 公安机关、审判机关和检察机关应当加大生态环境保护执法力度，依法查处破坏生态环境的违法犯罪行为。破坏生态环境违法犯罪案件，由公安机关、审判机关和检察机关生态环境保护专门机构办理。

第五十五条 法律援助机构应当为符合法律援助条件的环境污染受害人提供法律援助。鼓励律师事务所、基层法律服务机构以及律师、其他法律工作者为环境污染受害人提供法律服务。

第五章　信息公开与公众参与

第五十六条 建立生态文明建设公众参与机制，完善公众参与生态文明建设的途径、程序、保障等，为公民、法人和其他组织参与和监督生态文明建设提供便利。

涉及公众权益和公共利益的生态文明建设重大决策，或者可能对生态系统产生重大影响的建设项目，有关部门在做出决策前应当听取公众意见。

第五十七条 县级以上人民政府应当建立生态文明建设信息共享平台，重点公开下列信息：

（一）生态文明建设规划及其执行情况；

（二）生态功能区的范围及规范要求；

（三）生态文明建设指标体系及绩效考核结果；

（四）财政资金保障的生态文明建设项目及实施情况；

（五）生态文明建设资金、生态补偿资金使用和管理情况；

（六）社会反映强烈的违法行为查处情况；

（七）生态文明建设成果；

（八）生态保护红线的范围和内容；

（九）其他相关信息。

县级以上人民政府生态文明建设机构应当每年向社会发布本行政区域生态文明建设情况，并定期公布相关生态文明建设信息；

第五十八条　省人民政府环境保护主管部门应当定期发布生态环境状况公报。

重点排污单位应当向社会公开其主要污染物的名称、排放方式、排放浓度和总量、超标情况，以及污染防治设施建设和运行情况。

第五十九条　公民、法人和其他组织发现污染环境和破坏生态行为的，有权向环境保护主管部门或者其他负有环境保护监督管理职责的部门举报。

公民、法人和其他组织发现各级人民政府、环境保护主管部门和其他负有环境保护监督管理职责的部门不依法履行职责的，有权向其上级机关或者监察机关举报。

第六十条　鼓励乡村、街道（社区）、住宅小区的自治公约规定生态文明建设自律内容，对违反规定者可以提出劝告、批评和警告。

第六十一条　对污染环境、破坏生态，损害社会公共利益的行为，法律规定的社会组织可以向人民法院提起诉讼。提起诉讼的社会组织不得通过诉讼牟取经济利益。

第六章　监督机制

第六十二条　县级以上人民代表大会及其常务委员会应当加强生态文明建设的监督，定期听取和审议同级人民政府有关生态文明建设的报告，检查督促生态文明建设实施情况。

第六十三条　县级以上人民政府生态文明建设机构应当加强对本行政区域生态文明建设工作的监督；有关部门不履行生态文明建设职责或者履行不力的，由同级生态文明建设机构督促履行；仍不履行或者履行不力的，由生态文明建设机构报本级人民政府处理。

第六十四条　审判机关、检察机关办理生态环境诉讼案件或者参与处理环境事件，可以向行政机关或者有关单位提出司法建议或者检察建议，有关行政机关和单位应当在60日内书面答复。

第六十五条　县级以上人民政府生态文明建设有关部门应当建立生态文

明建设信息档案，记录单位和个人环境违法信息，向政府相关部门、金融监管机构、金融机构、承担行政职能的事业单位及行业协会等通报并向社会公开，供相关单位依照法律、法规和有关规定，在政府采购、招标投标、行政审批、政府扶持、融资信贷、市场准入、资质认定等方面，对环境违法的单位和个人予以信用惩戒。

第六十六条　广播、电视、报刊和网络等新闻媒体，应当依法对生态文明建设活动及国家机关履行生态文明建设职责情况进行舆论监督。有关单位和人员应当接受新闻媒体的监督。

第六十七条　各级人民政府可以聘请热心公益的社会各界人士，担任生态文明建设监督员，对生态文明建设提出意见和建议，及时发现、劝阻、报告不符合生态文明建设要求的行为。

第七章　法律责任

第六十八条　国家机关及其工作人员在生态文明建设工作中有下列行为之一的，由上级主管部门或者监察机关责令改正，通报批评；对直接负责的主管人员和其他直接责任人员依法给予处分：

（一）未依法及时向社会发布有关生态文明建设信息或者弄虚作假；

（二）不依法制定、公布落后生产技术、工艺、设备和材料限期淘汰计划；

（三）引进不符合生态环境保护法律、法规、政策、规划和强制性标准项目；

（四）无正当理由不接受监督；

（五）未依法实施监督管理；

（六）未依法及时受理检举、投诉和控告或者不及时对检举、投诉和控告事项进行调查、处理；

（七）未完成生态文明建设目标责任；

（八）其他玩忽职守、滥用职权、徇私舞弊的行为。

第六十九条 违反本条例规定，在生态保护红线范围内从事损害生态环境保护的活动，以及有其他破坏环境保护行为的，由有关部门责令停止违法行为，限期整改、恢复原状，对个人处以 1 万元以上 10 万元以下罚款，对单位处以 10 万元以上 100 万元以下罚款；造成损失或者环境保护损害的，依法给予赔偿；但法律、行政法规另有处罚规定的除外。

第七十条 违反本条例规定的其他行为，按照有关法律、法规的规定处罚。

B.22
贵州生态文明建设发展大事记[*]

2007年

11月20日　贵阳市中级人民法院生态环境保护审判庭和清镇市人民法院环保法庭建立，这是中国第一家生态环境保护法庭。

2009年

6月17日　贵州在三岔河流域实施河长制，成为西部地区首个试行河长制的省份。

8月22日　首届生态文明贵阳会议在贵阳召开，会议由全国政协人口资源环境委员会、北京大学和中共贵阳市委、贵阳市人民政府联合主办，达成了对建设生态文明、发展绿色经济具有积极意义的《贵阳共识》。

2010年

3月1日　全国第一部促进生态文明建设的地方性法规——《贵阳市促进生态文明建设条例》正式施行。

7月30日　主题为"绿色发展——我们在行动"的第二届生态文明贵阳会议召开，会议致力于为各方搭建一个技术交流、信息互通、成果共享的开放平台。

＊由周之翔、黎秋梅根据相关资料整理。

2011年

7月12日 《贵州省水利建设生态建设石漠化治理综合规划》启动实施暨首批14个骨干水源工程集中开工仪式举行。《贵州省水利建设生态建设石漠化治理综合规划》的实施，为贵州省解决工程性缺水问题、改善生态环境，提高水利支撑能力和生态环境承载能力提供了难得的历史机遇。

7月15日 主题为"通向生态文明的绿色变革——机遇和挑战"第三届生态文明贵阳会议召开，会议突出生态文明建设，城市是核心，企业是关键，科技是先导，教育是根本，传媒是催化剂，社会是基石的理念。

2012年

7月27日 主题为"全球变局下的绿色转型和包容性增长"的第四届生态文明贵阳会议召开。

12月17日 国家发改委批复《贵阳建设全国生态文明示范城市规划（2012～2020年）》。

2013年

1月 经党中央和国务院批准，生态文明贵阳会议升格为国家级国际性论坛，成为我国唯一以生态文明为主题的国际论坛。

4月15日 贵州从赤水河流域治理的生态实践中总结出"河长制"等十二项制度改革，在全国率先从省级层面实行河长制。

7月16日 生态文明贵阳国际论坛2013年年会在贵阳开幕，本次论坛年会主题为"建设生态文明：绿色变革与转型——绿色产业、绿色城镇和绿色消费引领可持续发展"，国家主席习近平发来贺信。

8月29日 中国·贵阳国际特色农产品交易会暨中国·贵州国际绿茶

博览会在贵阳举行，本届农交会以"生态贵州·绿色产品"为主题，茶博会以"贵州绿茶　秀甲天下"为主题。

2014年

4月10日　贵州省生态文明建设领导小组批准同意建立生态保护民事、行政案件统一集中管辖机制，这是全国首创的生态保护案件集中管辖机制。

5月6日　出台《贵州省大气污染防治行动计划实施方案》，建立健全政府统领、企业施治、市场驱动、公众参与的大气污染防治新机制，保持和进一步改善全省大气环境质量。

6月5日　国家发改委等6部委批复《贵州省生态文明先行示范区建设实施方案》，贵州成为全国首批建设生态文明先行示范区之一。

6月9日　贵州省委、省政府召开全省生态文明建设大会。7月1日，正式实施全国首部省级生态文明建设地方性法规——《贵州省生态文明建设促进条例》。

7月4日　生态文明贵阳国际论坛2014年年会新闻发布会在外交部举行，外交部新闻发言人洪磊主持，生态文明贵阳国际论坛秘书长章新胜发布年会重要信息并回答中外记者提问。

7月11日　生态文明贵阳国际论坛2014年年会开幕。论坛以"改革驱动，全球携手，走向生态文明新时代——政府、企业、公众：绿色发展的制度架构与路径选择"为主题。国务院总理李克强、联合国秘书长潘基文向论坛发来贺信，国家副主席李源潮在论坛开幕式上致辞。

8月29日　中国·贵阳国际特色农产品交易会暨绿茶博览会在贵阳举行。

9月20日　启动森林保护"六个严禁"执法专项行动，严厉打击盗伐林木、掘根剥皮、非法采集野生植物、烧荒野炊、擅自破坏植被从事采石采砂取土、擅自改变林地用途造成生态系统逆向演替等破坏森林资源的违法犯罪活动。

2015年

2 月 12 日　出台《绿色贵州建设三年行动计划（2015—2017 年)》，为加快推进贵州省生态文明先行示范区建设，切实守住发展和生态两条底线，促进经济社会与人口资源环境协调发展提供坚实的基础。

4 月 4 日　贵州省率先在全国出台《林业生态红线保护党政领导干部问责暂行办法》，规定了在林业生态红线保护工作中党政领导干部的责任，将问责、惩戒失职渎职的领导干部。当月，贵州省还正式发布并施行《贵州省生态环境损害党政领导干部问责暂行办法》，成为贵州省干部任用的重要依据。

4 月 18 日　出台《贵州省环境污染治理设施建设三年行动计划（2015～2017 年)》，集中力量解决突出环境问题，进一步改善全省环境质量，加快建设生态文明先行示范区，促进全省经济社会可持续发展。

6 月 18 日　习近平总书记在贵州视察时指出，要守住发展和生态两条底线，不以生态赤字为代价，在"金山银山"和"绿水青山"之间画上等号，追求绿色发展。生态文明贵阳国际论坛发出了生态文明建设的"中国声音"，要继续办好这个论坛。

6 月 27 日　生态文明贵阳国际论坛 2015 年年会在贵阳召开，本届年会的主题是："走向生态文明新时代——新议程、新常态、新行动"。本次年会首次以论坛名义发布《全球可持续能源竞争力报告》、《构建中国绿色金融体系的建议报告》和《国家公园管理标准建议》三份报告。

11 月 7 日　第一次全国法院环境资源审判工作会议上，贵阳清镇市人民法院被最高人民法院列为全国"环境资源审判实践基地"。

11 月 16 日　生态文明贵阳国际论坛与德国基民盟经济委员会在德国柏林共同举办了题为"从可持续发展目标到第二十一届联合国气候变化大会：地方政府为载体，企业为主体"研讨会，这是生态文明贵阳国际论坛首次在国外举办主题研讨会。

11月20日 生态文明贵阳国际论坛与世界自然保护联盟和世界自然基金会在瑞士格朗世界自然保护联盟总部举行研讨会，共同探讨生态环境保护话题。

2016年

1月4日 出台《贵州省水污染防治行动计划工作方案》，全面加强水污染防治工作，改善水环境质量，保障饮水安全。

2月14日 义务植树活动在省市县乡村同步举行。

3月1日 贵州全面开启八大流域生态环境治理工作，通过改革强化流域污染防治和生态建设，努力守住"山青、天蓝、水清、地洁"生态美景。

3月20日 贵州省环保厅被环保部列为全国首批生态环境大数据建设试点单位。

7月9日 生态文明贵阳国际论坛2016年年会在中国贵州省贵阳市举行，年会主题为"走向生态文明新时代：绿色发展·知行合一"，从绿色增长与绿色转型、和谐社会与包容发展、生态安全与环境治理和生态价值、道德和全球治理四大议题进行了内容丰富、卓有成效的探讨。

7月10日 生态文明贵阳国际论坛2016年年会的重要组成部分——首届贵州绿色博览会·大健康医药产业博览会开馆仪式在贵阳举行，是生态文明贵阳国际论坛2016年年会的最大创新和亮点。

7月27日 贵州省检察院在全国率先发布生态环境保护检察工作白皮书。

8月22日 贵州入选首批国家生态文明试验区，成为我国西部首个国家生态文明试验区。

9月1日 《贵州省大气污染防治条例》开始施行。

9月 印发《贵州省各级党委、政府及相关职能部门生态环境保护责任划分规定（试行）》，这是我国首个地方党委、政府及相关职能部门生态环境保护责任清单。

10 月 10 日　贵州发布大生态十大工程包和绿色经济"四型"产业发展引导目录，明确贵州绿色产业规划、投资引导和扶持发展的重点领域，展示贵州发展绿色经济、建设生态文明的有力行动。

11 月 6 日　在全国率先启动生态环境损害赔偿制度改革试点，提出设立贵州省生态环境损害赔偿基金。

12 月 31 日　印发《贵州省生态保护红线管理暂行办法》，加强贵州省生态保护红线管理，保障国家和区域生态安全，推进贵州省生态文明建设。

2017年

2 月 23 日　出台《贵州省人民政府办公厅关于健全生态保护补偿机制的实施意见》，根据意见，到 2020 年，实现全省森林、草地、湿地、水流、耕地等重点领域和禁止开发区域、重点生态功能区等重要区域生态保护补偿全覆盖，补偿水平与经济社会发展状况相适应，跨地区、跨流域横向生态保护补偿试点取得明显进展，多元化补偿机制初步建立，基本形成符合省情的生态保护补偿制度体系。

3 月 30 日　贵州省全面启动推行省市县乡村五级河长制，构建省、市、县、乡和村五级河长体系，实现河道、湖泊、水库等各类水域河长制全覆盖。省委书记、省长除了担任省级总河长外，同时兼任贵州最大河流乌江干流及其流域内 6 座大型水库的省级河长。

4 月 15 日　省第十二次党代会将"大生态"列入全省战略行动，强调要"牢牢守住发展和生态两条底线，全力实施大扶贫、大数据、大生态三大战略行动"，奋力开创百姓富、生态美的多彩贵州新未来。

4 月 26 日至 5 月 26 日　中央第七环境保护督察组对贵州省开展环境保护督察。省委、省政府狠抓中央环保督察问题整改，制定并公开了《贵州省贯彻落实中央第七环境保护督察组督察贵州反馈意见整改方案》，做到照单全收、立行立改、从严问责。中央环保督察反馈的 3478 件群众举报投诉件全部办结。

4月28日 2017中国·贵州国际茶文化节暨茶产业博览会在遵义市湄潭县开幕，农业部向贵州省授予"贵州绿茶国家农产品地理标志"。

6月14日 国务院决定在贵州贵安新区建设绿色金融改革创新试验区。

6月17日 生态文明试验区贵阳国际研讨会在贵阳成功举行，研讨会以"走向生态文明新时代·共享绿色红利"为主题。

6月18日 设立贵州"生态日"。

9月15日 第三次全国改善农村人居环境工作会议在贵州召开。

10月2日 中共中央办公厅、国务院办公厅印发《国家生态文明试验区（贵州）实施方案》，这是中央继2016年将贵州省列为国家生态文明试验区之后又一重大举措，对贵州省加快建设生态文明、推动实现绿色发展具有里程碑意义。

10月12日 中共中央、国务院印发《关于完善主体功能区战略和制度的若干意见》，明确将贵州省列为国家生态产品价值实现机制首批试点省。

12月26日 国家统计局、国家发展改革委、环境保护部、中央组织部联合发布《2016年生态文明建设年度评价结果公报》，结果显示，贵州的公众生态环境满意程度排名全国第2位。

12月26日 全面启动党政机关等公共机构生活垃圾强制分类，要求省直各单位率先实现生活垃圾强制分类，为全省公共机构、全社会生活垃圾分类工作提供有益管理经验和参考模式。

12月 实现了环境资源专门化审判机构市（州）全覆盖，在全国率先实现省、市两级全部设立生态环境保护检察机构。

2018年

1月15日 印发《贵州省生态扶贫实施方案（2017~2020年）》，启动实施退耕还林、森林生态效益补偿、生态护林员等十大生态扶贫工程。

2月2日 云贵川等省市推动长江经济带生态环境保护与修复，云南省、贵州省、四川省签订了赤水河流域横向生态保护补偿协议。

4 月 20 日　贵州省人民政府印发《关于加快磷石膏资源综合利用的意见》，全面实施磷石膏"以用定产"。

4 月 13 日　贵州、重庆签署合作框架协议，根据协议，双方将协同推进长江上游流域生态保护与生态修复，推进乌江等跨境流域共建共保，加强沿江涉磷工矿企业污染治理。

4 月 4 日　印发《贵州省绿色制造三年行动计划（2018～2020 年）》，全力打造高效、清洁、低碳、循环的贵州绿色制造体系。

4 月 17 日　启动实施森林城市建设三年行动计划。

5 月 6 日　2018 中国·贵州国际茶文化节暨茶产业博览会在遵义市湄潭县举行，省质监局发布新修订的《贵州"三绿一红"品牌茶叶质量标准》。

7 月 8 日　生态文明贵阳国际论坛 2018 年年会开幕式在贵州省贵阳市举行，论坛年会以"走向生态文明新时代：生态优先　绿色发展"为主题，习近平总书记发来贺信。

7 月 11 日　《贵州省生态保护红线》发布，全省生态保护红线功能区分为 5 大类，共 14 个片区。

7 月 30 日　全省生态环境保护大会暨国家生态文明试验区（贵州）建设推进会在贵阳召开。

8 月 3 日　省政府办公厅印发《贵州省城镇生活垃圾无害化处理设施建设三年行动方案（2018～2020 年)》，贵阳市、遵义市和贵安新区率先实施生活垃圾强制分类。

11 月 4 日　中央第五生态环境保护督察组进驻贵州开展生态环境保护督察"回头看"工作。

11 月 18 日　贵州省人民政府办公厅发布了关于印发生态优先绿色发展森林扩面提质增效三年行动计划（2018～2020 年）的通知，到 2020 年，将实现森林覆盖率达到 60%。

❖ 皮书起源 ❖

"皮书"起源于十七、十八世纪的英国,主要指官方或社会组织正式发表的重要文件或报告,多以"白皮书"命名。在中国,"皮书"这一概念被社会广泛接受,并被成功运作、发展成为一种全新的出版形态,则源于中国社会科学院社会科学文献出版社。

❖ 皮书定义 ❖

皮书是对中国与世界发展状况和热点问题进行年度监测,以专业的角度、专家的视野和实证研究方法,针对某一领域或区域现状与发展态势展开分析和预测,具备原创性、实证性、专业性、连续性、前沿性、时效性等特点的公开出版物,由一系列权威研究报告组成。

❖ 皮书作者 ❖

皮书系列的作者以中国社会科学院、著名高校、地方社会科学院的研究人员为主,多为国内一流研究机构的权威专家学者,他们的看法和观点代表了学界对中国与世界的现实和未来最高水平的解读与分析。

❖ 皮书荣誉 ❖

皮书系列已成为社会科学文献出版社的著名图书品牌和中国社会科学院的知名学术品牌。2016 年,皮书系列正式列入"十三五"国家重点出版规划项目;2013~2019 年,重点皮书列入中国社会科学院承担的国家哲学社会科学创新工程项目;2019 年,64 种院外皮书使用"中国社会科学院创新工程学术出版项目"标识。

权威报告·一手数据·特色资源

皮书数据库
ANNUAL REPORT(YEARBOOK)
DATABASE

当代中国经济与社会发展高端智库平台

所获荣誉

- 2016年，入选"'十三五'国家重点电子出版物出版规划骨干工程"
- 2015年，荣获"搜索中国正能量 点赞2015""创新中国科技创新奖"
- 2013年，荣获"中国出版政府奖·网络出版物奖"提名奖
- 连续多年荣获中国数字出版博览会"数字出版·优秀品牌"奖

成为会员

通过网址www.pishu.com.cn访问皮书数据库网站或下载皮书数据库APP，进行手机号码验证或邮箱验证即可成为皮书数据库会员。

会员福利

- 已注册用户购书后可免费获赠100元皮书数据库充值卡。刮开充值卡涂层获取充值密码，登录并进入"会员中心"—"在线充值"—"充值卡充值"，充值成功即可购买和查看数据库内容。
- 会员福利最终解释权归社会科学文献出版社所有。

数据库服务热线：400-008-6695
数据库服务QQ：2475522410
数据库服务邮箱：database@ssap.cn
图书销售热线：010-59367070/7028
图书服务QQ：1265056568
图书服务邮箱：duzhe@ssap.cn

社会科学文献出版社 皮书系列
SOCIAL SCIENCES ACADEMIC PRESS (CHINA)
卡号：223616823231
密码：

S 基本子库
UB DATABASE

中国社会发展数据库（下设 12 个子库）

全面整合国内外中国社会发展研究成果，汇聚独家统计数据、深度分析报告，涉及社会、人口、政治、教育、法律等 12 个领域，为了解中国社会发展动态、跟踪社会核心热点、分析社会发展趋势提供一站式资源搜索和数据分析与挖掘服务。

中国经济发展数据库（下设 12 个子库）

基于"皮书系列"中涉及中国经济发展的研究资料构建，内容涵盖宏观经济、农业经济、工业经济、产业经济等 12 个重点经济领域，为实时掌控经济运行态势、把握经济发展规律、洞察经济形势、进行经济决策提供参考和依据。

中国行业发展数据库（下设 17 个子库）

以中国国民经济行业分类为依据，覆盖金融业、旅游、医疗卫生、交通运输、能源矿产等 100 多个行业，跟踪分析国民经济相关行业市场运行状况和政策导向，汇集行业发展前沿资讯，为投资、从业及各种经济决策提供理论基础和实践指导。

中国区域发展数据库（下设 6 个子库）

对中国特定区域内的经济、社会、文化等领域现状与发展情况进行深度分析和预测，研究层级至县及县以下行政区，涉及地区、区域经济体、城市、农村等不同维度。为地方经济社会宏观态势研究、发展经验研究、案例分析提供数据服务。

中国文化传媒数据库（下设 18 个子库）

汇聚文化传媒领域专家观点、热点资讯，梳理国内外中国文化发展相关学术研究成果、一手统计数据，涵盖文化产业、新闻传播、电影娱乐、文学艺术、群众文化等 18 个重点研究领域。为文化传媒研究提供相关数据、研究报告和综合分析服务。

世界经济与国际关系数据库（下设 6 个子库）

立足"皮书系列"世界经济、国际关系相关学术资源，整合世界经济、国际政治、世界文化与科技、全球性问题、国际组织与国际法、区域研究 6 大领域研究成果，为世界经济与国际关系研究提供全方位数据分析，为决策和形势研判提供参考。

法律声明

　　"皮书系列"（含蓝皮书、绿皮书、黄皮书）之品牌由社会科学文献出版社最早使用并持续至今，现已被中国图书市场所熟知。"皮书系列"的相关商标已在中华人民共和国国家工商行政管理总局商标局注册，如LOGO（▟）、皮书、Pishu、经济蓝皮书、社会蓝皮书等。"皮书系列"图书的注册商标专用权及封面设计、版式设计的著作权均为社会科学文献出版社所有。未经社会科学文献出版社书面授权许可，任何使用与"皮书系列"图书注册商标、封面设计、版式设计相同或者近似的文字、图形或其组合的行为均系侵权行为。

　　经作者授权，本书的专有出版权及信息网络传播权等为社会科学文献出版社享有。未经社会科学文献出版社书面授权许可，任何就本书内容的复制、发行或以数字形式进行网络传播的行为均系侵权行为。

　　社会科学文献出版社将通过法律途径追究上述侵权行为的法律责任，维护自身合法权益。

　　欢迎社会各界人士对侵犯社会科学文献出版社上述权利的侵权行为进行举报。电话：010-59367121，电子邮箱：fawubu@ssap.cn。

社会科学文献出版社